国外油气勘探开发新进展丛书

GUOWAIYOUQIKANTANKAIFAXINJINZHANCONGSHU

二十五

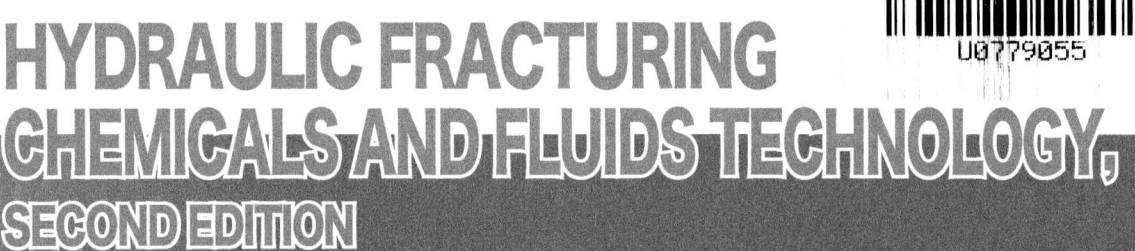

HYDRAULIC FRACTURING CHEMICALS AND FLUIDS TECHNOLOGY,
SECOND EDITION

压裂液化学与液体技术

（第二版）

〔美〕约翰内斯·芬克（Johannes Fink）著

许 可 卢拥军 石 阳 段贵府 等译

石油工业出版社

内 容 提 要

本书总结了压裂液体系、化学添加剂、现场应用等方面的最新进展，详细介绍了各压裂液添加剂的性能、类别、化学组成和应用范围，同时介绍了支撑剂、特殊材料和环境保护等压裂液相关方面的最新研究内容，阐述了压裂液研究向低成本、高效率、复合功能型和环境友好型发展的趋势。

本书可供从事压裂液化学及其添加剂研发的专业技术人员及高等院校石油相关专业师生参考阅读。

图书在版编目(CIP)数据

压裂液化学与液体技术：第二版/(美)约翰内斯·芬克(Johannes Fink)著；许可等译. —北京：石油工业出版社，2024.8

(国外油气勘探开发新进展丛书；二十五)

书名原文：Hydraulic Fracturing Chemicals and Fluids Technology, Second Edition

ISBN 978-7-5183-5718-5

Ⅰ.①压… Ⅱ.①约… ②许… Ⅲ.①压裂液–应用化学 Ⅳ.①TE357.1

中国国家版本馆 CIP 数据核字(2023)第 041573 号

Hydraulic Fracturing Chemicals and Fluids Technology, 2nd Edition
Johannes Fink
ISBN: 9780128220719
Copyright © 2020 Elsevier Inc. All rights reserved.
Authorized Chinese translation published by Petroleum Industry Press.

《压裂液化学与液体技术（第二版）》（许可 卢拥军 石阳 段贵府 等译）
ISBN: 9787518357185
Copyright © Elsevier Inc. and Petroleum Industry Press. All rights reserved.

No part of this publication may be reproduced or transmitted in any form or by any means, electronic or mechanical, including photocopying, recording, or any information storage and retrieval system, without permission in writing from Elsevier (Singapore) Pte Ltd. Details on how to seek permission, further information about the Elsevier's permissions policies and arrangements with organizations such as the Copyright Clearance Center and the Copyright Licensing Agency, can be found at our website: www.elsevier.com/permissions.

This book and the individual contributions contained in it are protected under copyright by ElsevierInc. and Petroleum Industry Press (other than as may be noted herein).

This edition of Hydraulic Fracturing Chemicals and Fluids Technology, 2nd Edition is published by Petroleum Industry Press under arrangement with ELSEVIER INC.

This edition is authorized for sale in China only, excluding Hong Kong, Macau and Taiwan. Unauthorized export of this edition is a violation of the Copyright Act. Violation of this Law is subject to Civil and Criminal Penalties.

本书由 ELSEVIER INC. 授权石油工业出版社有限公司在中国大陆地区（不包括香港、澳门以及台湾地区）出版发行。

本书仅限在中国大陆地区（不包括香港、澳门以及台湾地区）出版及标价销售。未经许可之出口，视为违反著作权法，将受民事及刑事法律之制裁。

本书封底贴有 Elsevier 防伪标签，无标签者不得销售。

注意

本书涉及领域的知识和实践标准在不断变化。新的研究和经验拓展我们的理解，因此须对研究方法、专业实践或医疗方法作出调整。从业者和研究人员必须始终依靠自身经验和知识来评估和使用本书中提到的所有信息、方法、化合物或本书中描述的实验。在使用这些信息或方法时，他们应注意自身和他人的安全，包括注意他们负有专业责任的当事人的安全。在法律允许的最大范围内，爱思唯尔、译文的原文作者、原文编辑及原文内容提供者均不对因产品责任、疏忽或其他人身或财产伤害及/或损失承担责任，亦不对由于使用或操作文中提到的方法、产品、说明或思想而导致的人身或财产伤害及/或损失承担责任。

北京市版权局著作权合同登记号：01—2024—1110

出版发行：石油工业出版社

（北京安定门外安华里 2 区 1 号 100011）

网 址：www.petropub.com

编辑部：(010)64222261 图书营销中心：(010)64523633

经 销：全国新华书店

印 刷：北京中石油彩色印刷有限责任公司

2024 年 8 月第 1 版 2024 年 8 月第 1 次印刷

787×1092 毫米 开本：1/16 印张：15.75

字数：360 千字

定价：90.00 元

（如出现装质量问题，我社图书营销中心负责调换）

版权所有，翻印必究

《国外油气勘探开发新进展丛书（二十五）》
编委会

主　　任：张道伟

副主任：马新华　郑新权　何海清

　　　　江同文

编　　委：（按姓氏笔画排序）

　　　　王连刚　卢拥军　付安庆

　　　　朱云祖　朱忠喜　范文科

　　　　周家尧　崔明月　章卫兵

《压裂液化学与液体技术》(第二版)
编委会

主 任：卢拥军

副主任：王 欣　翁定为　才 博
　　　　何春明　石 阳　杨立峰
　　　　易新斌

编 委：许 可　段贵府　李 阳
　　　　王海燕　邱晓惠　黄丽宁
　　　　舒玉华　梁 利　王丽伟
　　　　徐敏杰　梁 旭　刘玉婷
　　　　石白茹　刘松峻　王天一
　　　　田助红　车明光　付海峰
　　　　孙 强　高跃宾　梁宏波
　　　　杨战伟　韩秀玲　谢 宇
　　　　修乃岭　刘 哲　梁天成
　　　　李 帅　郭 英　江 昀
　　　　高 莹　王 辽　严星明
　　　　唐 金　陈祝兴　马泽元

序

"他山之石，可以攻玉"。学习和借鉴国外油气勘探开发新理论、新技术和新工艺，对于提高国内油气勘探开发水平、丰富科研管理人员知识储备、增强公司科技创新能力和整体实力、推动提升勘探开发力度的实践具有重要的现实意义。鉴于此，中国石油勘探与生产分公司和石油工业出版社组织多方力量，本着先进、实用、有效的原则，对国外著名出版社和知名学者最新出版的、代表行业先进理论和技术水平的著作进行引进并翻译出版，形成涵盖油气勘探、开发、工程技术等上游较全面和系统的系列丛书——《国外油气勘探开发新进展丛书》。

自2001年丛书第一辑正式出版后，在持续跟踪国外油气勘探、开发新理论新技术发展的基础上，从国内科研、生产需求出发，截至目前，优中选优，共计翻译出版了二十四辑100余种专著。这些译著发行后，受到了企业和科研院所广大科研人员和大学院校师生的欢迎，并在勘探开发实践中发挥了重要作用。达到了促进生产、更新知识、提高业务水平的目的。同时，集团公司也筛选了部分适合基层员工学习参考的图书，列入"千万图书下基层，百万员工品书香"书目，配发到中国石油所属的4万余个基层队站。该套系列丛书也获得了我国出版界的认可，先后七次获得了中国出版协会的"引进版科技类优秀图书奖"，形成了规模品牌，获得了很好的社会效益。

此次在前二十四辑出版的基础上，经过多次调研、筛选，又推选出了《非常规油气藏水力压裂：理论、操作与经济分析（第二版）》《地下流体动力学》《石油岩石力学——钻井作业与钻井设计（第二版）》《钻井工程复杂问题及处理方法》《压裂液化学与液体技术》《石油天然气生产与输送的腐蚀研究及技术进展》6本专著翻译出版，以飨读者。

在本套丛书的引进、翻译和出版过程中，中国石油勘探与生产分公司和石油工业出版社在图书选择、工作组织、质量保障方面积极发挥作用，一批具有较高外语水平的知名专家、教授和有丰富实践经验的工程技术人员担任翻译和审校工作，使得该套丛书能以较高的质量正式出版，在此对他们的努力和付出表示衷心的感谢！希望该套丛书在相关企业、科研单位、院校的生产和科研中继续发挥应有的作用。

中国石油天然气股份有限公司副总裁 张道伟

第二版前言

本书第一版出版于 2013 年。在第二版中增加了近几年的文献内容,更新时间截至 2019 年。添加的内容主要为返排液环境污染和毒性、废物处理方法以及使用方法。

Johannes Fink

第一版前言

本书着眼于压裂液化学剂最新进展,阐述了压裂的概念并重点介绍了压裂液的有机化学剂。

本书描述了各添加剂的性质,解释了为何添加剂会以其所需方式来发挥作用。书中资料是包括专利在内的文献汇编。鉴于环保的重要性越来越高,本书也对该问题做了全面介绍。

如何使用这本书

索引

本书整理出三类索引:首字母缩写词索引、化学剂索引和通用索引。

在各章中,如果首次出现缩略词,则会书写完整形式,在括号内备注缩略词[例如丙烯酸(AA)],并将其放在索引中。如果后文再次出现,则仅以缩略词表示,如 AA。如果某个术语在特定的章节中仅出现一次,则仅给出完整形式。

化学剂索引中,粗体页码是指化学式或反应方程所在页的页码。

参考文献

参考文献按章给出,并按出现的顺序排序。在参考文献之后附化学剂名称和文中所公开的添加化合物名称索引。

译者前言

伴随着我国全面进入非常规油气时代，页岩油气已成为我国石油战略发展的重要接替资源，也成为压裂改造的主要舞台。未经储层改造，页岩油气难以获得经济产量，发展好压裂改造技术既是油气勘探开发的需要，也是保障国家能源安全的需要。压裂改造就是利用地面高压泵车（组），以高于储层吸收能力的速度，向井下高压注入压裂液，使井筒内压力剧增，促使岩石出现破裂，形成并利用支撑剂支撑裂缝的过程。压裂液是直接影响压裂施工成败和增产效果好坏的关键因素之一，起到传递压力、形成地层裂缝、携带并沿着裂缝方向输送与铺置支撑剂，以及补充地层能量的重要作用。

本书是 Johannes Fink 于 2020 年编写的《压裂液化学与液体技术》专业书籍的第二版，重点介绍了北美 2013 年页岩油气革命以来的研究成果，聚焦压裂液化学在理论、技术和现场应用取得的最新进展，是从事压裂液化学及其添加剂研发的专业技术人员及现场应用工程师的重要参考书。

本书总结了压裂液体系、化学添加剂、现场应用等方面的最新进展，按照压裂液重要添加剂类别分别讨论了稠化剂、降阻剂、滤失控制剂、乳化剂、破乳剂、黏土稳定剂、pH 值控制剂、表面活性剂、阻垢剂、起泡剂、消泡剂、交联剂、凝胶稳定剂、破胶剂和杀菌剂等全部压裂液添加剂的性能、类别、化学组成以及主要生产商的商品名称、应用范围等，同时还介绍了支撑剂、特殊材料和环境保护等压裂液相关方面的最新研究内容。书中强调了在压裂液化学和应用技术的研究方法上不仅要考虑多种因素综合影响，需要采用多学科交叉渗透的研究方法，同时还强调压裂液化学的研究必须进行压裂工艺技术和油气藏地质与完井工程等的组合研究，阐述了压裂液研究向低成本、高效率、复合功能型和环境友好型的发展趋势，压裂液化学与液体技术研究成为压裂技术进步的关键因素。

全书共 20 章，全部数据及实例均来自公开发表的文献，同时每章最后附有相关文献，并给出了文献所引用的各公司的商品名称及化学组成。全书由卢拥军负责总体组织、协调和审核。文前、第 1 章、第 4 章、第 10 章和第 19 章由卢拥军翻译，第 2 章、第 3 章、第 8 章、第 14 章、第 16 章和第 17 章和附录索引由许可翻译，第 5 章、第 9 章、第 13 章和第 20 章由石阳翻译，第 6 章、第 7 章、第 12 章由段贵府翻译，第 11 章、第 15 章和第 18 章由李阳翻译，邱晓惠、黄丽宁、舒玉华、王丽伟和徐敏杰参与了部分图表和文字的校核工作。

本书出版得到了中国石油油气藏改造重点实验室和中国石油科技管理部项目"超高温清洁压裂液与变黏功能滑溜水研究"（2020B-4120）、中国石油勘探与生产分公司项目"储层改造方案优化及效果跟踪评价"（101021kt3071001b66）、国家自然科学基金"超深层新型抗高温聚合物冻胶压裂液及耐温减阻机制"（51834010）的资助。中国石油天然气股份有限公司郑新权、雷群、杨能宇、管保山、王欣、邱金平等给予了大力支持，翁定为、才博、何春明、王海燕等给予了指导和帮助，在此一并致谢。

由于语言特点的差异、中英文对应词汇的缺乏以及本书译者水平有限，加之时间较紧，不足之处在所难免，敬请读者见谅和指正。

致 谢

感谢系负责人沃尔夫冈·科恩教授长久以来的关怀和鼓励。感谢大学图书馆克里斯蒂安·哈森赫特尔博士、约翰·德拉诺伊博士、弗朗茨·朱雷克、玛吉特·凯什米里、多洛雷斯·克纳布尔、弗里德里希·舍尔、克里斯蒂安·斯拉—梅尼克和雷纳特·查布施尼格提供文献资料的支持,在他们的帮助下本书得以成功编纂。

感谢米斯科克大学的伊·拉卡托斯教授,引导我对该课题产生兴趣。

最后,还要感谢出版商的亲切支持,特别是凯蒂哈蒙提供的支持。

Johannes Fink

目　录

1 概述 …………………………………………………………………（1）
　1.1 压裂液添加剂的分类 ……………………………………………（1）
　1.2 应力与裂缝 ………………………………………………………（2）
　1.3 增产技术对比 ……………………………………………………（2）
　1.4 模拟方法 …………………………………………………………（3）
　1.5 测试 ………………………………………………………………（5）
　1.6 特殊应用 …………………………………………………………（8）
　1.7 页岩储层 …………………………………………………………（12）
　1.8 纳米压裂液 ………………………………………………………（13）
　参考文献 ………………………………………………………………（13）

2 压裂液类型 …………………………………………………………（17）
　2.1 压裂液类型简述 …………………………………………………（17）
　2.2 不同技术对比 ……………………………………………………（20）
　2.3 液体选择系统 ……………………………………………………（20）
　2.4 油基压裂液体系 …………………………………………………（21）
　2.5 泡沫基压裂液体系 ………………………………………………（21）
　2.6 压裂液应用分析 …………………………………………………（23）
　2.7 改善热稳定性 ……………………………………………………（24）
　2.8 酸化技术 …………………………………………………………（25）
　2.9 特殊问题 …………………………………………………………（26）
　2.10　压裂液的性能表征 ……………………………………………（28）
　参考文献 ………………………………………………………………（29）

3 稠化剂 ………………………………………………………………（34）
　3.1 纳米材料稠化剂 …………………………………………………（34）
　3.2 水基压裂液用稠化剂 ……………………………………………（36）
　3.3 浓缩液 ……………………………………………………………（42）
　3.4 油基压裂液用稠化剂 ……………………………………………（43）
　3.5 黏弹性 ……………………………………………………………（44）
　参考文献 ………………………………………………………………（46）

4 降阻剂 ………………………………………………………………（51）
　4.1 不配伍性 …………………………………………………………（51）
　4.2 聚合物 ……………………………………………………………（51）
　4.3 环境因素 …………………………………………………………（52）

4.4　二氧化碳泡沫压裂液……………………………………………………（53）
  4.5　油包水乳液………………………………………………………………（53）
  4.6　带有弱不稳定键的聚丙烯酰胺…………………………………………（54）
  参考文献…………………………………………………………………………（55）
5　降滤失剂……………………………………………………………………………（56）
  5.1　降滤失剂的作用机制……………………………………………………（56）
  5.2　化学添加剂………………………………………………………………（58）
  参考文献…………………………………………………………………………（63）
6　乳化剂………………………………………………………………………………（66）
  6.1　水包油乳化剂……………………………………………………………（66）
  6.2　反相乳化剂………………………………………………………………（66）
  6.3　水包水乳化剂……………………………………………………………（67）
  6.4　油包水包油乳化剂………………………………………………………（67）
  6.5　微乳液……………………………………………………………………（67）
  6.6　固相稳定乳液……………………………………………………………（68）
  6.7　生物处理的乳液…………………………………………………………（69）
  参考文献…………………………………………………………………………（70）
7　破乳剂………………………………………………………………………………（72）
  7.1　破乳剂的基本原理………………………………………………………（72）
  7.2　化学试剂…………………………………………………………………（73）
  7.3　螯合剂……………………………………………………………………（73）
  参考文献…………………………………………………………………………（74）
8　黏土稳定剂…………………………………………………………………………（75）
  8.1　黏土的特征………………………………………………………………（75）
  8.2　引起页岩不稳定的机理…………………………………………………（78）
  8.3　防膨剂……………………………………………………………………（79）
  参考文献…………………………………………………………………………（85）
9　pH 值调节剂………………………………………………………………………（89）
  9.1　缓冲理论…………………………………………………………………（89）
  9.2　pH 值控制………………………………………………………………（91）
  参考文献…………………………………………………………………………（92）
10　表面活性剂………………………………………………………………………（93）
  10.1　表面活性剂性能…………………………………………………………（93）
  10.2　页岩微生物………………………………………………………………（97）
  10.3　无水压裂表面活性剂……………………………………………………（97）
  参考文献…………………………………………………………………………（98）
11　阻垢剂……………………………………………………………………………（99）
  11.1　分类和机理………………………………………………………………（99）

  11.2 数学模型 ……………………………………………………………（101）
  11.3 阻垢剂化学成分 …………………………………………………（102）
  参考文献 ……………………………………………………………………（107）
12 **起泡剂** ………………………………………………………………………（112）
  12.1 环境安全型流体 …………………………………………………（113）
  12.2 液态二氧化碳泡沫 ………………………………………………（113）
  参考文献 ……………………………………………………………………（114）
13 **消泡剂** ………………………………………………………………………（115）
  13.1 消泡原理 …………………………………………………………（115）
  13.2 消泡剂的分类 ……………………………………………………（117）
  参考文献 ……………………………………………………………………（119）
14 **交联剂** ………………………………………………………………………（120）
  14.1 交联反应动力学 …………………………………………………（120）
  14.2 交联剂 ……………………………………………………………（120）
  参考文献 ……………………………………………………………………（125）
15 **温度稳定剂** …………………………………………………………………（127）
  15.1 化学成分 …………………………………………………………（127）
  15.2 特殊问题 …………………………………………………………（128）
  参考文献 ……………………………………………………………………（130）
16 **破胶剂** ………………………………………………………………………（131）
  16.1 水基体系的破胶 …………………………………………………（131）
  16.2 氧化破胶剂 ………………………………………………………（132）
  16.3 延迟释放酸 ………………………………………………………（132）
  16.4 生物酶破胶剂 ……………………………………………………（133）
  16.5 胶囊破胶剂 ………………………………………………………（134）
  16.6 用于瓜尔胶的破胶 ………………………………………………（134）
  16.7 黏弹性表面活性剂 ………………………………………………（137）
  16.8 颗粒型破胶剂 ……………………………………………………（137）
  参考文献 ……………………………………………………………………（139）
17 **杀菌剂** ………………………………………………………………………（144）
  17.1 生长机制 …………………………………………………………（144）
  17.2 性能控制 …………………………………………………………（147）
  17.3 杀菌剂处理措施 …………………………………………………（148）
  17.4 特殊化学品 ………………………………………………………（149）
  参考文献 ……………………………………………………………………（150）
18 **支撑剂** ………………………………………………………………………（153）
  18.1 流体滤失 …………………………………………………………（153）
  18.2 示踪剂 ……………………………………………………………（153）

18.3　支撑剂的成岩作用 …………………………………………………（154）
　　18.4　支撑剂 ……………………………………………………………（154）
　　参考文献 …………………………………………………………………（162）
19　特殊添加剂 ……………………………………………………………（165）
　　19.1　自生热系统 ………………………………………………………（165）
　　19.2　可交联合成聚合物 ………………………………………………（166）
　　19.3　单相微乳液 ………………………………………………………（167）
　　19.4　复合交联剂 ………………………………………………………（167）
　　参考文献 …………………………………………………………………（167）
20　环境因素 ………………………………………………………………（168）
　　20.1　风险分析 …………………………………………………………（168）
　　20.2　处理方法 …………………………………………………………（186）
　　20.3　污水的回收 ………………………………………………………（198）
　　20.4　绿色配方 …………………………………………………………（201）
　　20.5　自降解发泡成分 …………………………………………………（202）
　　参考文献 …………………………………………………………………（202）
附录 …………………………………………………………………………（212）

1 概　述

水力压裂是一种用于提高油气井产量的技术。水力裂缝是一种叠加结构,在裂缝外保持原状,因此在此工艺中,储层的有效渗透率保持不变。

随着井眼半径的增加,井眼与油藏之间的接触面增大,从而提高了产能。

1.1 压裂液添加剂的分类

压裂液添加剂的分类见表1.1。

表1.1　压裂液添加剂的分类[1-2]

类别	用途	主要成分
酸	通过溶解矿物和黏土来减少堵塞,达到更强的注入能力或穿透能力,使气体流到地表	盐酸
杀菌剂	防止细菌腐蚀管道、管件和降解稠化剂,从而保证流体黏度和支撑剂的输送	1-甲基-4-异噻唑啉-3-酮、溴萘酚、戊二醛
破胶剂	促进携带支撑剂的冻胶破胶,主要在压裂后期添加来提高返排效果	过硫酸铵、过氧化镁
黏土稳定剂	形成一个流体屏障来阻止黏土流动,防止黏土堵塞裂缝	四甲基氯化铵、氯化钠
缓蚀剂	减少油套管腐蚀	乙氧基辛基酚、壬基酚、异丙醇
交联剂	使液体变稠,通常用金属盐,以增加液体黏度和支撑剂输送能力	乙二醇、硼砂、石油馏出物
消泡剂	在不需要泡沫时减少泡沫,降低表面张力,使气体逸出	2-乙基乙醇、油酸、草酸
起泡剂	减少流体用量,提高支撑剂输送能力	2-丁氧基乙醇、二甘醇
减阻剂	降低流体流动摩擦阻力,提高高压条件下施工排量和流体流动能力	丙烯酰胺、乙二醇、石油馏出物、甲醇
稠化剂	提高流体黏度和支撑剂悬浮输送能力	丙二醇、瓜尔胶、乙二醇
pH值调节剂	使用缓冲液保持不同阶段的pH值,以确保各种添加剂的最大有效性	氢氧化钠、醋酸
支撑剂	使裂缝保持张开,使气体从裂缝中流出,通常由沙子、玻璃或陶粒组成	聚苯乙烯、石英、陶粒、石墨
阻垢剂	防止矿物质堆积结垢堵塞流体流动通道	丙烯酰胺、聚羧酸钠
表面活性剂	降低液体表面张力,改变液体通过裂缝的方向	萘、1、2、4-三甲基苯、乙醇、甲醇、2-丁氧基乙醇

1.2 应力与裂缝

水力压裂是石油科学中的新兴技术之一,其应用时间约 60 年。水力压裂的经典论述认为裂缝近似垂直于最小应力方向[3],对于大多数深部储层来说,最小的应力是水平应力,因此在压裂过程中会产生垂直裂缝。

根据弹性理论,利用垂向应力与水平应力即可计算出实际应力。例如,在充满了具有孔隙弹性常数和静水压力的液体的多孔介质中,地应力必须被修正。水平应力可由修正的垂直应力和泊松比计算得到。在某些情况下,特别是在浅层油藏中,可以产生水平裂缝和垂直裂缝,表 1.2 总结了可能的裂缝应力模式。

表 1.2 裂缝应力模式

p_b	裂缝启裂压力
$3s_{H,min}$	最小水平应力
$s_{H,max}$	最大水平应力(=最小水平应力+构造应力)
T	岩石的抗拉强度
p	孔隙压力

1.2.1 裂缝启裂压力

了解储层中的应力对于确定裂缝启裂压力是至关重要的。裂缝启裂压力可以用 Terzaghi 给出的公式来估算[4]。

$$p_b = 3s_{H,min} - s_{H,max} + T - P \tag{1.1}$$

变量解释见表 1.2。闭合压力表示裂缝宽度为零时的压力,通常等于最小水平应力。

1.2.2 压力递减分析

压裂过程中的压力响应为有关作业成功与否提供了重要信息。流体效率可以通过闭合时间来估算。

1.3 增产技术对比

除了水力压裂,还有其他增产技术,如酸压和基质酸化,水力压裂也用于煤层气增产。压裂液通常分为水基、油基、醇基、乳化剂和泡沫基压裂液。本文综述了水力压裂的基本原理,以及为特定作业选择配方的指导方针[5-7]。

聚合物的水化、交联和降解是这些材料经历的关键过程。多年来,技术改进主要集中在改善交联冻胶的流变性能、热稳定性和返排特性方面。

1.3.1 压裂液的作用

压裂液必须同时满足以下参数位于高值时一定是稳定的：
（1）温度；
（2）泵送速率；
（3）剪切速率。

这些苛刻的条件会导致压裂液降解，并使支撑剂在压裂作业完成前过早析出。大多数商业上使用的压裂液都是凝胶状或泡沫状的水溶液。

通常，液体通过聚合胶凝剂形成胶凝，在压裂过程中，稠化或凝胶化的液体有助于将支撑剂保持在流体中。压裂液注入地下岩层的目的如下[8]：
（1）形成一条从井筒延伸至地层的，具有一定导流能力的通道；
（2）将支撑剂材料输送到裂缝中，形成具有导流能力供液体流动的通道。

1.3.2 压裂作业流程

压裂作业分为以下几个阶段：注入预处理液、前置液、携砂液，最后注入顶替液。前置液是一种用于调节地层的低黏度流体，它可能含有降滤失剂和表面活性剂，并具有一定的矿化度，以防止地层伤害。裂缝的形成是通过注入前置液（一种黏性流体），但不需要支撑剂。

裂缝形成后，必须注入支撑剂以保持裂缝的渗透性。当裂缝闭合时，留在该处的支撑剂形成了一个大的流动区域，为油气流入井筒提供了一个高导流性通道。因此，支撑剂被用来维持开放性裂缝。黏性流体用于输送、悬浮支撑剂，最终使支撑剂充填在裂缝中。在水力压裂处理过程中，这些流体通常表现出剪切速率范围的幂律行为。

为了得到沿井筒高度和裂缝半长均匀导流的裂缝，需要支撑剂均匀分布，但支撑剂在非牛顿流体中沉降的复杂性质往往导致裂缝下部支撑剂浓度较高。这通常会导致裂缝上部和井筒缺乏足够的支撑剂覆盖。支撑剂的聚簇、封装、桥接和嵌入都是降低支撑剂充填层导流能力的潜在因素[9]。

作业结束时，最终进入顶替阶段，在这一阶段需要使用顶替液和其他清洁剂。实际生产过程中详细的时间表取决于所使用的特定系统。

压裂作业完成后，应尽快降低流体黏度，以使支撑剂就位，并使流体能通过裂缝快速返回，控制破胶发生的时间是很重要的。此外，降解的聚合物会产生少量残渣，限制流体通过裂缝流动。

1.4 模拟方法

裂缝几何形状的模拟是水力压裂技术中最困难的技术挑战之一[10]。

通过考虑岩石的弹性特性的油气井水力破裂过程的离散元模拟，提出了莫尔—库仑裂缝判据[11]。其中岩石的建模是由弹性梁连接的 Voronoi 多边形阵列完成的，弹性梁屈服于构造应力和压裂液的静水压力。流体压力的处理方法与液压柱的处理方法类似。结果表明，模拟过程符合实际情况。

基于有限元软件 ABAQUS,建立了三维非线性流固耦合有限元模型[10]。利用该模型对中国大庆油田某水平井分段压裂过程进行了模拟,考虑了射孔、井筒、水泥套管、产层、两层封隔器、微环空裂缝和横向裂缝等因素。

这些实验数据用于数值计算。微环隙裂缝和横向裂缝同时产生,典型的 t 形裂缝出现在压裂的早期阶段,随后微环隙裂缝消失,只有横向裂缝保留并扩展。

可以得到储层孔隙压力分布和压裂过程中的裂缝形态。模拟直接输出井底压力的变化规律与实验数据吻合[10]。

1.4.1 产能模拟

建立了一个计算水力压裂井产能的模型,包括了流体滤失造成的裂缝面伤害的影响[12]。

将该模型的结果与以前的三种模型进行了比较,这些模型假设井周围有椭圆流或径向流,渗透率在方位上变化。计算出的油井产能存在显著差异,这表明早期关于流动几何的假设可能会导致对油井产能指数的严重高估。Levine 和 Prats 给出的有限导流裂缝和没有裂缝伤害的解析解一致[13]。

该模型的简便性和离散性使其非常适合在电子表格中实现,并与裂缝性能模型连接。对侵入层伤害的清除取决于地层的毛细管性质和生产过程中对受伤害层施加的压力[12]。研究还发现,当被侵带渗透率降低 9% 以上时,会对被侵带造成明显的伤害。

1.4.2 裂缝扩展

通过注入黏性、不可压缩的牛顿流体,模拟了渗透性岩石中预先存在的二维裂缝的扩展[14],特别指出的是,通过 Fitt 方法解决低渗透储层水力压裂已推广到高渗透储层[15]。

假定裂缝中的流体流动是层流,应用润滑理论,推导出了裂缝半宽与流体压力和泄漏速度的偏微分方程,由该方程的解得到泄漏速度随沿裂缝的距离和时间的函数。通过考虑李点对称的线性组合,导出了群不变解。边值问题被重新表述为一对初值问题。考虑了裂缝半宽与漏速成正比的模型[14]。

根据 Barenblatt 方法,建立了具有尖端黏聚带的水力裂缝模型[16-17],研究了非黏性压裂液和非渗透性岩石的特殊情况。假定非黏性流体的黏度为零,证明了在有限内聚力的条件下,内聚力区长度也不能超过一定的极限。得到了黏结区的极限形式,从而评价了断裂韧性的极限。有效断裂韧度随着幂次为 -0.5 而趋于极限值。

1.4.3 支撑剂

支撑剂是压裂中最关键的问题,因为它在很大程度上决定了最终的产能。最高效和有效的压裂增产设计创造了一个最佳的有效裂缝区域。能够产生具有足够导流能力的裂缝区域,大幅度提高储层泄流能力[18]。

在所有设计中,有效裂缝面积与预测 360d 累计产量之间存在很强的相关性。累计产量对裂缝导流能力的敏感性明显低于对裂缝有效面积的敏感性。与使用常规支撑剂的压裂作业相比,使用部分单层支撑剂的增产设计更具竞争力,且成本更低。

1.4.4 液体滤失

液体滤失的建模对规划压裂作业和分析完井过程非常重要。由于其复杂性,建立理论模型相当困难,因为许多参数难以或无法评估。

建立了经验和半经验模型,但测试可能会影响这些模型所使用的基础数据的可靠性。为此,对目前使用的一些模型进行了审查,并提出了比以前的模型更适合现有数据的两种不同的模型[19]。

1.4.5 泡沫压裂液

采用混合模型将泡沫流体内相视为粒状流体,对其流变特性进行了数值模拟研究[20]。模拟结果表明,气相分布均匀。泡沫质量越高,靠近壁面的速度梯度越高。

在湍流情况下,随着泡沫质量的增加,湍流动能和黏度都增加。当泡沫质量为63%时,泡沫压裂液的流变性发生了急剧变化。

模拟结果表明,在泡沫质量大于63%的区域,混合模型更加适用和有效[20]。

1.4.6 返排控制

为使压裂液有序排出,设计了一种控制和检测系统,可避免使用手动控制时出现的压力振动和返砂等缺陷[21]。

计算机程序被用作人机对话的接口,该程序可在线控制设备收集压力和流量参数,并控制阀门状态和状态显示。通过这种方式,可以得到最佳的释放压裂液的方法。

1.5 测试

1.5.1 支撑剂铺置

在水力压裂处理中,裂缝是通过压裂液在高压下使地层破裂而形成的。由压裂液携带的支撑材料组成的钻井液被泵入诱导裂缝通道,在流体压力释放时防止裂缝闭合。

产能的提高主要取决于支撑裂缝的尺寸,而支撑裂缝的尺寸是由支撑剂的输送和支撑剂的铺置情况所控制的。沉降和对流是支撑剂铺置的控制机制,对非牛顿流体的支撑剂运移和铺置效率进行了实验研究和数值模拟。

用一个小玻璃模型来模拟水力裂缝和其他参数,如携砂液体积注入速率、支撑剂浓度和聚合物产生的流变性能[22]。

小型玻璃模型可以轻松而廉价地模拟水力裂缝中的流动模式。观察到的流型与由非常大的流模型获得的流型惊人的相似。当黏性能与重力能比值增大时,沉降量减小,支撑剂铺置效率提高,提高非牛顿流体流动指数会降低支撑剂的铺置效率。

1.5.2 滑溜水压裂

低伤害压裂液通常用于更好的裂缝尺寸限制和更低的残留,这不仅可以延长裂缝长度,还可以提高裂缝导流能力。滑溜水压裂技术开发于20世纪80年代,比冻胶压裂技术更便宜。

它可以减少压裂液和支撑剂的体积,并显著提高压裂施工排量。与常规冻胶压裂相比,滑溜水压裂可以产生类似或更好的生产效果[23]。

滑溜水压裂技术越来越多地应用于非常规页岩气藏的增产[24]。与交联液相比,作为压裂液的滑溜水具有成本低、创建复杂裂缝网络的可能性高、对地层伤害小和易于返排等优点。

在处理过程中,大量的水被注入地层。即使返排液回收率很高,仍有大量的水留在油藏内。

形成的水力裂缝和重新激活的天然裂缝内的水相动态对压裂效果有重要影响。它受相对渗透率、毛细管力、重力偏析和裂缝导流能力的控制。

利用油藏模拟模型研究了生产过程中裂缝含水饱和度分布的变化。毛细管力和重力分异引起的吸水作用对水饱和度的分布起重要作用,特别是在长关井期间,这反过来又影响了气体的流动[24]。

1.5.3 冲蚀作用

冲蚀作用在石油工业中很常见,高压管道在水力压裂过程中,材料的破坏经常发生[25]。随着运行次数的增加,管道内表面的冲蚀和腐蚀缺陷会造成严重的材料损失,从而导致设备失效。

一种模拟压裂液对金属材料冲蚀磨损行为的装置被研制出来[25],用于研究多相流速度、压裂支撑剂和冲击角等参数引起的冲蚀破坏机理。同时,采用微观表面测试方法分析了高压管道金属材料的冲蚀失效机理。

1.5.4 流体滤失

当水力裂缝扩展时,流体流动和相关的压降必须考虑沿裂缝路径和裂缝两侧地层的情况[26]。流体滤失是影响裂纹长度的主要因素。

为了找到一种有效的,用数学描述这一现象的方法,可以将薄裂纹表示为孔隙压力在地层中扩展的边界条件。这种模型已经被用于在注入热水的过程中,将热从煤层传导到岩层中。一个线性化形式的方程的解已经提出,允许应用积分变换。所得到的方程的解析解包括一些可以用数值计算的积分。

该模型允许严格跟踪生成的裂缝体积、滤失量和增加的裂缝宽度,优于离散公式,并允许在压裂液注入过程中及时计算裂缝尺寸[26]。

1.5.5 储层伤害

详细描述了闭合后裂缝环境破坏的情况,以及如何将其集成到油藏模拟模型中[27]。

开发了一种特殊的初始化算法,并在支持工具中进行了测试,通过油藏模拟器可以计算致密气藏压裂后的性能。

为了表征裂缝的几何形状和性质,我们将裂缝中支撑剂浓度分布以及裂缝宽度变化的信息转化为裂缝网格块的渗透率和孔隙度。

建立了考虑滤失过程的压裂过程裂缝扩展模型。采用两相非混相驱替的Buckley-Leverett方程对压裂液渗入基质的情况进行了模拟[27]。

1.5.6 交联压裂液

通过30MPa下的大型循环试验,对硼酸交联瓜尔胶和硼酸交联泡沫压裂液的流变性和对流换热特性进行了评价[28]。

结果表明,硼酸交联瓜尔胶在高温下会发生严重的化学降解。当温度高于阈值时,交联剂几乎失效,瓜尔胶不再交联。此外,硼酸交联泡沫压裂液的黏度与泡沫质量的增加成正比。这与温度的升高成反比。

流体特性指数对非牛顿流体在壁面处的速度梯度的影响很大。对流换热系数与温度呈负相关。

剪切诱导气泡尺度的微对流对泡沫流体的传热有显著的促进作用。

建立了硼酸交联瓜尔胶与泡沫压裂液黏度与对流换热系数的相关性[28]。

1.5.7 水相圈闭

在特定油藏条件下,驱替压差和初始含水饱和度是评价水相圈闭伤害的两个关键因素[29]。传统方法需要很高的驱替压力来驱动液体通过致密岩石,因此很难测量非常小的液体流速。此外,存在着一种非常有利的流道选择性现象,导致存在于较薄孔隙中的水无法有效移动。因此,驱油后的束缚水饱和度较高,导致水相圈闭对油层渗透率的伤害过高。

提出了一种建立致密油岩心样品初始含水饱和度和测定液体渗透率的高回压驱替方法[29],并将该方法与常规方法的结果进行了比较。根据储层流体流动情况,采用回压操作模拟孔隙压力和下游压力。

结果表明,采用常规方法得到的平均初始含水饱和度为46.2%。然而,新方法建立的饱和度仅为29.9%,与储层封闭岩心资料的结果一致。常规方法估算的水相圈闭对油层渗透率的伤害平均为37.0%,新方法估算的平均为21.8%。传统的方法高估了水相圈闭伤害的41.4%[29]。

当水基流体用于钻井、完井和增产作业时,水相圈闭经常发生[30]。水相对致密砂岩气储层产能影响较大。

由于这些油藏中普遍存在水相圈闭,因此通常建议使用表面活性剂来减轻对地层的伤害。然而,表面活性剂帮助消除水相造成的地层伤害的机制目前还不完全清楚。

考虑表面活性剂对致密气砂岩地层润湿性变化、黏附功和表观水膜厚度的影响,研究了致密气砂岩地层截留水相去除机理。

理论方法表明,水滴与储层岩石表面的接触角越大,开采天然气将水从储层中排出所需的能量就越少[30]。

当使用0.05%阳离子表面活性剂溶液时,接触角增长最大。其他实验结果表明,0.05%阳离子表面活性剂溶液有利于降低黏附功、含水饱和度和表观水膜厚度,从而有效消除水相俘获损伤,恢复岩石渗透率。随着压降的增加,表面活性剂在去除滞留的水相方面变得更加有效[30]。

1.5.8 渗吸

页岩在水力压裂过程中和压裂后通常会发生自发渗吸。这一机理对页岩油气采收率有重要影响。从常规自吸模型、常用实验方法和需关注的关键机理三个方面综述了近年来页岩自吸研究的进展[31]。

在将大量含溶解氧压裂液注入致密储层的过程中,页岩气吸水对于设计和优化水力压裂作业至关重要[32]。近年来的研究表明,溶解氧可以促进一定的氧化反应,从而影响回排水的盐度和pH值。然而,溶解氧和氧化反应对页岩基质吸水和回流水中单个离子浓度的影响仍未得到很好的评价。

脱气和氧化条件下进行水的自吸实验,测定了水的质量和水中不同离子的浓度。研究结果表明,脱气条件下的初始吸水量和最终吸水量均高于氧化条件下的吸水量。这些差异主要是由于脱气条件下,页岩孔隙网络中的空气增强溶解到吸水水中,从而增加了水的相对渗透率。

研究结果还表明,溶解氧氧化黄铁矿产生硫酸盐和铁离子。黄铁矿矿物附近丰富的孔隙为黄铁矿的氧化提供了富黄铁矿、富水和富氧的环境[32]。

以鄂尔多斯盆地常用的瓜尔胶压裂液和滑溜水压裂液为研究对象,系统研究了渗透率、黏土含量、压裂液类型、毛细管力、润湿角、裂缝等主要影响因素[33]。

研究结果表明,黏土含量是控制毛细管渗吸的关键因素,岩心样品的吸渗流体体积与黏土含量呈线性关系。此外,对于压裂液漏失,毛细管自吸和渗透力是重要的控制因素。毛细管自吸量是渗透吸收质量的4.7倍,瓜尔胶压裂液的自吸速率是滑溜水压裂液的2倍。这些结果表明,裂缝性储层在渗吸过程中有利提高采收率[33]。

表面活性剂增强自发渗吸是提高页岩油藏采收率的有效方法[34]。采用核磁共振技术研究了添加表面活性剂对页岩自吸性能的影响。通过测量接触角和IFT来评价不同表面活性剂的润湿性改变和IFT降低的效率。

实验结果表明,所研究的阴离子表面活性剂对页岩润湿性改变的效果优于非离子表面活性剂,润湿性改变可能是提高页岩采收率的关键因素[34]。

1.6 特殊应用

非常规气藏,包括致密气、页岩气和煤层气,正在成为当前和未来天然气供应的重要组成部分[35]。

然而,这些油藏往往面临独特的增产挑战。在低渗透油藏中使用水基压裂液可能会导致有效裂缝半长损失,这是由于引入的水滞留在地层中导致的相圈闭。

在这种情况下,由于较强的水扩散系数,大多数致密气藏的水湿性仍然增加了这一问题。孔隙系统中增加的含水饱和度会限制气态烃(如甲烷)的流动。

在低含水饱和度的低渗透地层中,毛细管力可达10~20MPa或更高。此外,在非饱和油藏中使用水也会降低渗透率,令油藏含水饱和度不断增加,从而使气体流动。液态石油气和挥发性烃流体的组成可能有助于水的相圈闭[35]。

1.6.1 连续油管压裂

连续油管在浅层井压裂中的成功,使连续油管在深层、高温储层中的应用越来越普遍[36]。对于深井来说,连续油管压裂液的关键性能要求是低摩擦压力损失和暴露在高剪切带和高温环境下时具有足够的支撑剂携带能力。

通过中试和现场试验[36],这些研究最终开发出了一种优化的连续油管压裂液。

聚合物基压裂液通过弯曲连续油管和直油管时,都可以被控制延迟,以减小摩擦压力损失。然而,当流体通过一个小直径的油管,然后通过高剪切区域时,流体的稳定性会显著降低。为了满足这些环境的要求,需要正确选择流体。一种成功的流体配方需要平衡摩擦压力损失的限制和流体的最大流变稳定性。

连续油管水力喷射压裂:水力喷射压裂是低渗透水平井和直井的一种独特技术。该方法在高压下使用流体启动并准确定位水力裂缝,无需封隔器,节省了作业时间,降低了作业风险。

文献[37]中描述了一种水力喷射压裂工具,在压裂过程中,压裂工具被放置在待压裂的地层中,然后流体通过射流冲击地层,压力足以切割套管和水泥环并在其中形成空腔。压力必须足够高,以便能够通过腔内的滞止压力破坏地层。

高滞止压力产生的尖端腔中形成水冲的支离破碎,因为液体被困在腔的结果不得不流出腔的一般方向相反的方向进入喷射流体。空腔尖端对地层施加的高压导致裂缝形成,并向地层延伸一定距离。

在某些情况下,支撑剂悬浮或沉积在裂缝中的压裂液中。支撑剂可以是颗粒状物质,例如沙粒、陶瓷颗粒或铝土矿砂等人造颗粒、核桃壳或其他可被压裂液悬浮的物质。支撑剂的作用是防止裂缝闭合,从而在地层中提供导流通道,产出液可以通过该通道轻松流向井筒。支撑剂的存在也增加了喷射流体的侵蚀作用[38]。

Rogers 等对水力射流射孔和起裂机理进行了研究[39]。通过计算一种压裂液在连续油管中的摩擦力,确定了用于现场测试的泵压和流量。

通过理论与实践的比较,证明理论计算与现场试验的水力参数基本一致。实践证明,该工具能够满足现场测试的要求[39]。

1.6.2 致密气

水力压裂是提高致密气井产能的最佳技术之一[40]。在低渗透油藏中,必须慎重考虑压裂液的选择。

有些储层压力较低,需要使用增能流体,而另一些储层由于黏土膨胀和运移,对水基流体很敏感。由于冻胶残渣导致支撑剂充填层损坏是水力压裂后产量降低的主要原因之一。为了最大限度地减少伤害,提高产量,一种新型优质高效压裂液已经开发出来。

该体系由少量的羧甲基瓜尔胶和锆交联剂组成。交联延迟时间可以调整,摩擦压力损失可以最小化,这使得该流体成为深井压裂和连续油管压裂的理想流体。该系统可以用 CO_2 和 N_2 充能或发泡,也可以用于二元泡沫系统。应用实例已公开[40]。

增能流体,如 CO_2 泡沫或混合 CO_2 流体,主要用于优化返排和支撑剂输送。

降温压裂液(Cold fracturing fluid)在压裂过程中具有较强的冷却作用,可以降低岩石应力。然而,这些类型的流体应该从热应力效应、清理过程和支撑剂运移等方面进行精确评估[41]。降温压裂液已成功地在地热储层中进行了测试,取得了较好的效果,但在致密气藏中的应用并不成功。

使用液态 CO_2 作为压裂液提供了一种可行的增产方法。在美国,这些流体已成功应用于多种地层。该工艺已被证明是常规压裂液的经济替代品。

液氮也可以在有限的情况下使用。从这些结果可以得出结论,液态 CO_2 似乎是致密气增产最有效的压裂液。

降温压裂技术与地下 CO_2 捕获和储存的耦合是一种有趣的、有前途的替代可能性[41]。

1.6.3 页岩气

本节重点描述一种油页岩和天然气水合物的现场生产方法,该方法通过向水平布置的压裂井中注入液化气体形成裂缝网络。随后,热被用来液化干酪根或分解气体水合物,这样就可以从压裂地层中回收页岩油或气体[42]。

在 $-75°F$ 的温度下,在 500psi❶ 的压力下注入液氮,体积会增加 14 倍。然而,如果裂缝体积没有增加,在此温度下膨胀压力将增加到约 7000psi。

利用水作为加热剂是很重要的,因为注入水将取代气体水合物分解和水合物冰收缩所产生的空隙,还将防止水合物床可能发生的坍塌[43]。

注入水后,加热的水将分解气体水合物,气体将通过所形成的裂缝系统向下迁移到下部生产井眼,进入套管环空,进而到达地面。

加热水所需要的能量可以由燃料蒸汽发生器中产生的气体燃烧来提供。热水注入应在天然气水合物区域的顶部,以便注入水向下运移,避免从较低区域注入水时原有注入水会从新注入水中换取热量。

静水压力、增加的注入压力和较低的生产井眼压力,将迫使释放的气体从浮力系数向下流动,而不是向上流动[43]。

1.6.4 煤层气

从煤中开采天然气通常需要进行水力压裂增产,相关领域学者提出了各种处理煤层方法的有效性的基础研究[44-45]。

用含有脱水剂的井处理液处理煤层将提高甲烷产量。该添加剂提高了地层的产水渗透性,并与煤表面顽强结合,从而在长期生产中实现了效益。

脱水表面活性剂可以是聚氧乙烯、聚氧丙烯和聚碳酸乙烯或对叔丁基苯酚—戊基苯酚与甲醛缩合,或者它们可以由 80%~100% 甲基丙烯酸烷基酯单体和亲水单体组成的共聚物[46-47]。为此目的选定的化合物如图 1.1 所示。

这种井处理液可用于压裂和竞争作业,在生产过程中提高和保持裂缝导流能力。

活性水压裂液和植物胶压裂液在中国煤层气压裂中应用广泛[48]。但由于流变性差,水不

---

❶ 1psi=6.894757kPa。

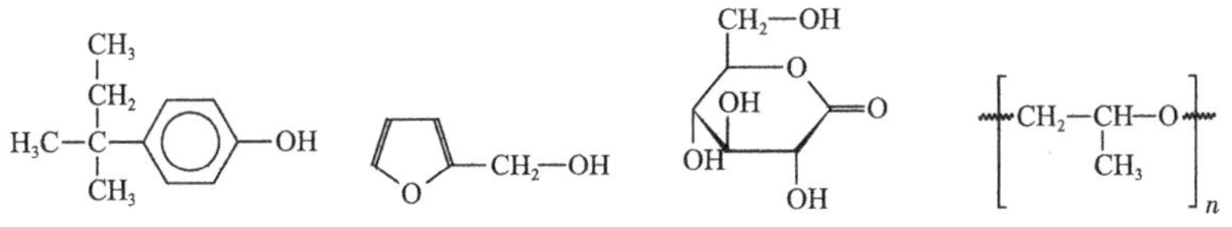

图 1.1 脱水聚合物单体

溶物含量高,残留含量高,因此有一定的局限性。

采用非离子型聚丙烯酰胺、$ZrOCl_2$ 交联剂、pH 值调节剂、$(NH_4)_2S_2O_8$ 破胶剂和活化剂组成的冻胶压裂液。该配方适用于低温(20～40℃)低渗透煤层气储层。

这种冻胶压裂液具有制备简单、成本低、抗剪切能力强、滤失系数低、破胶速度快、破胶后无残留和易返排等优点。此外,冻胶压裂液的性能优于活性水和植物胶,非常适合于低温煤层气的压裂施工[48]。

传统的水力压裂已成为煤层气开采的一种有效增产方法,并在应用中取得了许多显著的成果[49]。但在现场应用中逐渐出现了水马力较大、压裂设备体积较大、封堵要求较严等问题。为了改善该技术的应用现状,提出了脉冲水力压裂技术,通过脉动水压力激发振荡,积累储层损伤,削弱岩石强度,提高煤层气抽采效果。

利用 PFC2D 数值软件对不同侧压比下脉冲水力压裂与传统水力压裂的裂缝行为进行了比较。结果表明,与传统水力压裂相比,脉冲水力压裂所需要的压裂压力更低,裂缝更多,压裂区域更大,并对辽宁省大兴煤矿 N2706 底板过孔巷道进行了现场应用,结果表明[49]:

(1)脉冲水力压裂所有压裂孔的破裂压力均低于传统水力压裂计算的起裂压力,与模拟结果一致;

(2)脉冲水力压裂形成的穴的泄流浓度、泄流量等泄流参数值普遍大于传统水力压裂。

模拟结果和应用结果均表明,脉冲水力压裂具有压裂压力低、裂缝多的特点,在煤层气开采应用中具有比传统水力压裂更大的优势。脉冲水力压裂产生的大量累积损伤会极大地破坏煤层的完整性,导致大量微裂缝的产生,显著削弱了储层的强度。因此,在较低的水马力下,会形成更复杂的裂缝网络。脉冲水力压裂后中孔隙和大孔隙所占比例增加,孔隙度增加了 17.29%,表明脉冲水力压裂能够显著提高煤层气储层的渗透率[49]。

煤的渗透性是煤层气采收率的关键参数。众所周知矿物会堵塞流动通道,降低煤的渗透性。数值模拟了同生矿物和后生矿物溶蚀作用下煤的孔隙空间变化。

采用高分辨率螺旋显微断层扫描技术,从含有同生矿物和表观矿物的煤样内部结构中获取三维图像。然后从图像中得到两个子集并进行分割,以分离同生矿物、表观矿物和显微组分[50]。

研究了同生矿物和表观矿物分别溶解和共同溶解对孔隙度和渗透率的影响。通过扫描电子显微镜和能量色散光谱(SEM-EDS)对矿物进行了鉴定。溶解过程采用一级动力学反应模型。

数值模型结合了格子 Boltzmann 方法和有限体积方法。结果表明,加入活性溶液后,煤的渗透性显著提高。研究发现,孔隙度的变化使渗透率增加,当仅溶解后生矿物时,渗透率增加约50%。

因此,溶解与连通渗流网络相邻的同生矿物可以通过增加连通孔隙空间来提高渗透率。此外,研究还表明在某些情况下,矿物从裂缝壁脱落而产生的缝隙对溶蚀性能有直接影响[50]。

1.7 页岩储层

页岩油藏开发的一个主要问题是所有水力压裂井的产量急剧下降[51]。近年来,CO_2吞吐注入已被证明是一种潜在的提高采收率的方法。研究了注入压力和自吸水对CO_2吞吐性能的影响。本实验研究采用 Eagle Ford 岩心样品和 Wolfcamp 死油。对鹰滩页岩岩心样品的微观孔隙特征进行分析,结果表明,98.08%的孔隙粒径分布在3~50nm之间。实验结果表明,CO_2吞吐提高采收率(EOR)具有巨大潜力。经过7次吞吐循环,累计采收率可达68%。由于沥青质沉淀、含油饱和度降低和注入CO_2波及效率低,每个循环的采收率随着注入循环次数的增加而降低。

通过研究不混相和混相条件下注入CO_2对注入压力的影响,发现CO_2吞吐在混相条件下比非混相条件下具有更好的采收率(超过9.1%)。在此基础上,设计了一种新的实验方法,用15% KCl水溶液和 Wolfcamp 死油对岩心样品进行饱和,研究了自吸水对CO_2吞吐提高采收率性能的影响。页岩岩心中自吸水的存在阻碍了原油的开采。与无水工况相比,经过7次吞吐循环后,采收率下降了45.3%。模拟研究可以更好地理解CO_2吞吐技术在富液页岩油藏中的应用,这对于在油田生产中应用和优化CO_2吞吐技术至关重要[51]。

多级水力压裂是开采页岩油的必要手段。然而,压裂后的返排水回收率通常低于30%,这引起了技术和环境方面的担忧[52]。水的吸收是一个复杂的物理化学过程的函数,特别是毛细管力。然而,因为缺乏从地球化学的角度对油—盐—页岩润湿性特征的直接研究,特别是有机质,从而阻碍了更好地管理和预测返排水采收率。为了对系统润湿性有更深入的了解,我们假设水力压裂液(通常是含盐量低于 5000mg/L 的滑水)增加了油—盐水—有机质系统的亲水性,从而有助于页岩吸水。盐度的降低,特别是Ca^{2+}和Mg^{2+},增加了油和有机质的表面电位,促进了电双层膨胀。因此它触发了亲水性。利用文献数据进行了地球化学模拟,以解释低矿物度盐水中页岩油的采收率增量。

在25℃、60℃和100℃的不同温度下,根据不同盐水盐度(280000、140000 和 28000×10^{-6}的地层盐水和20000×10^{-6}的氯化钾)的 pH 值计算了油和有机质的表面种类和表面电位。

表面络合模拟结果表明,油—盐水—有机质体系的润湿性主要受原位盐度控制,其次受 pH 值和温度的影响。在给定的 pH 值下,降低的盐度触发了更大的正表面电位,原油和有机质表面,意味着更大的电双层膨胀,从而亲水性。此外,随着 pH 值的增加,地层中石油和有机质的运移潜力逐渐降低,甚至在低矿化度水存在时,地层中石油和有机质的运移潜力会由正变为负。在 pH 值为3.5~7时,随着温度的升高,原油和有机质的表面电位均呈下降趋势。分离压力结果表明,将样品从高盐度盐水地层饱和到低盐度 KCl 溶液,分离压力将从负值(吸引力)转变为正值(排斥)。

研究结果支持了降低矿化度增加油—盐水有机质亲水性的假设,这可能有助于页岩吸水[52]。

在致密油储层中,多级水力压裂随水平井一起压裂是建立复杂裂缝网络的常用方法[53]。现场返排数据分析表明,大部分压裂液包含在复杂的裂缝网络中,裂缝闭合是早期清理的主要驱动机制。目前裂缝相关参数无法准确获取,因此有必要研究裂缝可压缩性和不确定性对失水及后续生产动态的影响。

考虑应力相关的孔隙度和渗透率,建立了一系列力学模型[53]。可以定量评估裂缝不确定性(如天然裂缝密度、支撑剂分布和天然裂缝非均质性)对返排和产能的影响。研究结果表明,与忽略裂缝闭合相比,在返排过程中考虑裂缝闭合可促进基质吸水,延迟原油的出油时间。随着天然裂缝密度的增加,出油时间提前,地下水滞留量增加。当天然裂缝与水力裂缝连接时,支撑剂可以提高油井产能,但支撑剂嵌入会导致原油产量下降。此外,非均质性更强的裂缝网络将导致更低的返排速率,这反映了裂缝在水滤失中的作用[53]。

1.8 纳米压裂液

本节提出了一种在压裂过程中控制地层孔隙流体滤失的方法[54],即将纳米颗粒添加到压裂液中,以堵塞地下地层中孔隙的孔道。

结果显示压裂液被抑制进入孔隙,通过最大限度地减少流体滤失,可以保持较高的净压力,从而形成更大范围的裂缝网络。此外,纳米颗粒减少了压裂液与地层之间的相互作用,特别是在水敏地层中。因此,纳米颗粒有助于保持生成的支撑裂缝的完整性和导流能力。

纳米颗粒是从硅、石墨烯、铝、铁、钛、金属氧化物、氢氧化物及其混合物组成的基团中选择的。每100mL前置液中含有约0.01g至约10g纳米颗粒。此外,纳米颗粒具有至少一个平面,从而覆盖孔喉并抑制前置液流体进入地下地层孔隙的运动[54]。

利用纳米颗粒进行井筒密封:

可以用纳米颗粒对井筒进行内部密封[55],地层中的孔喉被压裂液中的纳米颗粒填充,密封后可以降低滤失,也减少了表面滤饼的积累。密封特定井筒区域的孔隙结构,减少了对额外降滤失材料的需求,从而形成非常薄的滤饼,并显著降低了压差卡钻的可能性。

此外,油基钻井液也可以用水基钻井液代替,纳米颗粒处理液可以永久降低地层的渗透性,因此特别适合使用射孔、基质酸化或压裂技术进行增产的井。

在一个测试实施方案中,将长度约为100nm、直径约为6nm的纳米晶纤维素分散在大约1%的盐水溶液中[$CaCl_2/CaBr_2$ 12.2lb/gal,1461882g/L]。为了确定地层封堵的程度,在引入处理液之前和之后测量了岩心样品的渗透率(三个孔隙体积,流速不大于2mL/min)。测试在250°F(121℃)下进行。岩心的初始渗透率和最终渗透率是用2%的氯化钾溶液测量的。

测试岩心的初始渗透率为744mD(流量不大于5mL/min)。在注入处理液18h后,岩心的渗透率降至11mD。因此,将纳米晶纤维素引入相对高渗透率的岩心会造成显著的孔隙堵塞[55]。

参 考 文 献

[1] T. Colborn, C. Kwiatkowski, K. Schultz, M. Bachran, Natural gas operations from a public health perspective, Human and Ecological Risk Assessment [J]. An International Journal, 2011, 17(5): 1039−1056.

[2] C.D. Kassotis, D.E. Tillitt, C.-H. Lin, J.A. McElroy, S.C. Nagel, Endocrine-disrupting chemicals and oil and natural gas operation, potential environmental contamination and recommendations to assess complex environmental mixtures [J]. Environmental Health Perspectives, 2016, 124(3): 256-264.

[3] M.K.Hubbert, D.G.Willis, Mechanics of Hydraulic Fracturing [C]. Transactions of AIME, 1957.

[4] K. von Terzaghi, Die Berechnung der Durchlässigkeitsziffer des Tones aus dem Verlauf der hydrodynamischen Spannungserscheinungen, Sitzungsberichte der Akademie der Wissenschaften in Wien, Mathematisch-Naturwissenschaftliche Klasse, Abteilung 2a, 1923.

[5] C.D. Ebinger, E. Hunt, Keys to good fracturing: Pt. 6: New fluids help increase effectiveness of hydraulic fracturing [J]. Oil & Gas Journal, 1989, 87(23): 52-55.

[6] J.W. Ely, Henry L. Doherty Monogr Ser, Fracturing Fluids and Additives, Recent Advances in Hydraulic Fracturing [J]. SPE, Richardson, Texas. 1989, vol. 12.

[7] Z.R. Lemanczyk, The use of polymers in well stimulation: performance, availability and economics [C]. Use of Polymers in Drilling & Oilfield Fluids Conf. Plast Rubber Inst. London, Engl.12/9/91, 1991.

[8] P.A. Kelly, A.D. Gabrysch, D.N. Horner, Stabilizing crosslinked polymer guars and modified guar derivatives [P]. US Patent 7 195 065, assigned to Baker Hughes Incorporated, Houston, TX, March 27, 2007.

[9] J.T. Watters, M. Ammachathram, L.T. Watters, Method to enhance proppant conductivity from hydraulically fractured wells [P]. US Patent 7 708 069, assigned to Superior Energy Services, L.L.C., New Orleans, LA, May 4, 2010.

[10] G.M. Zhang, H. Liu, J. Zhang, H.A. Wu, X.X. Wang, Three-dimensional finite element simulation and parametric study for horizontal well hydraulic fracture [J]. Journal of Petroleum Science & Engineering 2010, 72(3-4): 310-317.

[11] G.S.A. Torres, J.D. Munoz Castano, Simulation of the hydraulic fracture process in two dimensions using a discrete element method [J]. Physical Review. E, Statistical, Nonlinear, and Soft Matter Physics, 2007, 75(6-2): 066109.

[12] K.E. Friehauf, A. Suri, M.M. Sharma, A simple and accurate model for well productivity for hydraulically fractured wells [J]. SPE Production & Operations, 2010, 25(4): 453-460.

[13] J.S. Levine, M. Prats, The calculated performance of solution-gas-drive reservoirs [J]. Society of Petroleum Engineers Journal, 1961, 1(3): 142-152.

[14] A.G. Fareo, D.P. Mason, A group invariant solution for a pre-existing fluid-driven, fracture in permeable rock, Nonlinear Analysis [J]. Real World Applications, 2010, 12(1): 767-779.

[15] A.D. Fitt, D.P. Mason, E.A. Moss, Group invariant solution for a pre-existing fluid driven fracture in impermeable rock [J]. Zeitschrift für Angewandte Mathematic und Physik, 2007, 58(6): 1049-1067.

[16] G.I. Barenblatt, V.M. Entov, V.M. Ryzhik, Theory of Fluid Flows Through Natural Rocks [M]. Kluwer Academic Publishers, Dordrecht, Boston, 1990.

[17] V. Mokryakov, Analytical solution for propagation of hydraulic fracture with barenblatt's cohesive tip zone [J]. International Journal of Fracture, 2011, 169(2): 159-168.

[18] H. Brannon, T.R.I.I. Starks, Less can deliver more [J]. Oilfield Technology, 2010, 3(2): 59-63.

[19] P.E. Clark, Analysis of fluid loss data II: Models for dynamic fluid loss [J]. Journal of Petroleum Science & Engineering, 2010, 70(3-4): 191-197.

[20] X. Sun, S. Wang, Y. Lu, Study on the rheology of foam fracturing fluid with mixture model [J]. Advanced Materials Research. (Durnten-Zurich, Switzerland): Pt. 3, Renewable and Sustainable Energy II, 2012, 512-515: 1747-1752.

[21] Y. Feng, K. Fu, Automatic control of liquid discharging after hydraulic fracture of oil well [J]. Advanced Materials Research (Durnten-Zurich, Switzerland): Pt. 2, Manufacturing Science and Materials

Engineering, 2012, 443-444: 774-778.

[22] E.M. Shokir, A.A. Al-Quraishi, Experimental and numerical investigation of proppant placement in hydraulic fractures [J]. Petroleum Science and Technology, Hydraulic Fracturing Chemicals and Fluids Technology, 2009, 26(15): 1690-1703.

[23] S.N. Shah, A.H.A. Kamel, Investigation of flow behavior of slickwater in large straight and coiled tubing [J]. SPE Production & Operations, 2010, 25(1): 70-79.

[24] Y. Cheng, Impact of water dynamics in fractures on the performance of hydraulically fractured wells in gas-shale reservoirs [J]. Journal of Canadian Petroleum Technology, 2012, 51(2): 143-151.

[25] J. Zhang, J. Fan, Y. Xie, H. Wu, Research on erosion of metal materials for high pressure pipelines [J]. Advanced Materials Research (Durnten-Zurich, Switzerland), 2012, 482-484(2): 1592-1595.

[26] M.J. Economides, D.N. Mikhailov, V.N. Nikolaevskiy, On the problem of fluid leakoff during hydraulic fracturing [J]. Transport in Porous Media, 2007, 67(3): 487-499.

[27] A. Behr, G. Mtchedlishvili, T. Friedel, F. Haefner, Consideration of damaged zone in a tight gas reservoir model with a hydraulically fractured well [J]. SPE Production & Operations, 2006, 21(2): 206-211.

[28] X. Sun, S.-Z. Wang, Y. Bai, S.-S. Liang, Rheology and convective heat transfer properties of borate cross-linked nitrogen foam fracturing fluid [J]. Heat Transfer Engineering, 2010, 32(1): 69-79.

[29] J. Tian, Y. Kang, P. Luo, L. You, D. Zhang, A new method of water phase trapping damage evaluation on tight oil reservoirs [J]. Journal of Petroleum Science & Engineering, 2019, 172: 32-39.

[30] Y. Zhong, H. Zhang, E. Kuru, J. Kuang, J. She, Mechanisms of how surfactants mitigate formation damage due to aqueous phase trapping in tight gas sandstone formations [J]. Colloids and Surfaces. A, Physicochemical and Engineering Aspects, 2019, 573: 179-187.

[31] C. Li, H. Singh, J. Cai, Spontaneous imbibition in shale: A review of recent advances [J]. Capillarity, 2019, 2(2): 17-32.

[32] M. Xu, M. Binazadeh, A. Zolfaghari, H. Dehghanpour, Effects of dissolved oxygen on water imbibition in gas shales [J]. Energy & Fuels, 2018, 32(4): 4695-4704.

[33] S. Liu, J. Wang, H. He, H. Wang, Mechanism on imbibition of fracturing fluid in nanopore [J]. Nanoscience and Nanotechnology Letters, 2018, 10(1): 87-93.

[34] J. Liu, J.J. Sheng, Experimental investigation of surfactant enhanced spontaneous imbibition in chinese shale oil reservoirs using NMR tests [J]. Journal of Industrial and Engineering Chemistry, 2019, 72: 414-422.

[35] R.S. Lestz, L. Wilson, R.S. Taylor, G.P. Funkhouser, H. Watkins, D. Attaway, Liquid petroleum gas fracturing fluids for unconventional gas reservoirs [J]. Journal of Canadian Petroleum Technology, 2007, 46(12): 68-72.

[36] K.E. Cawiezel, R.S. Wheeler, D.R. Vaughn, Specific fluid requirements for successful coiled-tubing fracturing applications [J]. SPE Production & Operations, 2007, 22(1): 83-93.

[37] D.M. Justus, Hydrajet perforation and fracturing tool [P]. US Patent 7 159 660, assigned to Halliburton Energy Services, Duncan, OK, January 9, 2007.

[38] J.B. Surjaatmadja, Hydrajet tool for ultra high erosive environment [P]. US Patent 7 841 396, assigned to Halliburton Energy Services Inc., Duncan, OK, November 30, 2010.

[39] S. Tian, G. Li, Z. Huang, J. Niu, Q. Xia, Investigation and application for multistage hydrajet-fracturing with coiled tubing [J]. Petroleum Science and Technology, 2009, 27(13): 1494-1502.

[40] D.V.S. Gupta, T.L. Jackson, G.J. Hlavinka, J.B. Evans, H.V. Le, A. Batrashkin, M.T. Shaefer, Development and field application of a low-pH, efficient fracturing fluid for General aspects 27 tight gas fields in the Greater Green River basin, Wyoming [J]. SPE Production & Operations, 2009, 24(4): 602-610.

[41] M.M. Rafiee, T. Wilsnack, H.D. Voigt, F. Haefner, Cold-frac technology in tight gas reservoirs [J].

in: DGMK/OGEW-Frühjahrstagung des Fachbereiches Aufsuchung und Gewinnung, 2009, DGMK Tagungsbericht, 2009, 1: 441-450.

[42] J.Q. Maguire, In-situ method of producing oil shale and gas (methane) hydrates, onshore and off-shore [P]. US Patent 7 198 107, assigned to Maguire and James Q., Norman, OK, April 3, 2007.

[43] J.Q. Maguire, In-situ method of fracturing gas shale and geothermal areas [P]. US Patent 7 784 545, August 31, 2010.

[44] M.W. Conway, R.A. Schraufnagel, The effect of fracturing fluid damage on production from hydraulically fractured wells [J]. in: Proceedings Volume, Ala Univ. et al. Int. Unconven. Gas Symp. (Intergas 95), Tuscaloosa, AL, 1995, 5/14-20/95: 229-236.

[45] G.S. Penny, M.W. Conway, Coordinated studies in support of hydraulic fracturing of coalbed methane [G]. Final report (July 1990 - May 1995), Gas Res. Inst. Rep. GRI-95/0283, Gas Res. Inst., September 1995.

[46] K.H. Nimerick, J.J. Hinkel, Enhanced methane production from coal seams by dewatering [P]. EP Patent 444 760, assigned to Pumptech NV and Dowell Schlumberger SA, September 4, 1991.

[47] W.M. Harms, E. Scott, Method for stimulating methane production from coal seams [P]. US Patent 5 249 627, assigned to Halliburton Co., October 5, 1993.

[48] C. Dai, Q. You, H. Zhao, B. Guan, X. Wang, F. Zhao, A study on gel fracturing fluid for coalbed methane at low temperatures [J]. Energy Sources, Part A: Recovery Utilization, and Environmental Effects, 2011, 34(1): 82-89.

[49] J. Xu, C. Zhai, L. Qin, Mechanism and application of pulse hydraulic fracturing in improving drainage of coalbed methane [J]. Journal of Natural Gas Science and Engineering, 2017, 40: 79-90.

[50] H.L. Ramandi, M. Liu, S. Tadbiri, P. Mostaghimi, Impact of dissolution of syngenetic and epigenetic minerals on coal permeability [J]. Chemical Geology, 2018, 486: 31-39.

[51] L. Li, J.J. Sheng, Y. Su, S. Zhan, Further investigation of effects of injection pressure and imbibition water on CO_1 huff-n-puff performance in liquid-rich shale reservoirs [J]. Energy & Fuels, 2018, 32(5): 5789-5798.

[52] L. Zeng, Y. Chen, M.M. Hossain, A. Saeedi, Q. Xie, Wettability alteration induced water uptake in shale oil reservoirs: A geochemical interpretation for oil-brine-OM interaction during hydraulic fracturing [J]. International Journal of Coal Geology, 2019, 213: 103277.

[53] K. Liao, S. Zhang, X. Ma, Y. Zou, Numerical investigation of fracture compressibility and uncertainty on water-loss and production performance in tight oil reservoirs [J]. Energies, March 2019, 12(7): 1189.

[54] P.d. Nguyen, J.C. Hampton, System and method for hydraulic fracturing with nanoparticles [P]. US Patent Application 20180 010 435, assigned to Halliburton Energy Services, Inc., Houston, TX, January 2018.

[55] D.J. Brady, M.K.R. Panga, W. Abdallah, Wellbore sealant using nanoparticles [J]. US Patent Application 20180 037 797, assigned to Schlumberger Technology Corp., February 2018.

2 压裂液类型

水力压裂通常涉及向井中高速泵入不携支撑剂的黏性流体或前置液,这些流体通常由水和液体添加剂组成,添加剂的目的是使流体具有较高的黏度,泵入速度通常高于流体向地层滤失的速度,由此形成的高压使岩石破裂,形成人工裂缝或延伸现有裂缝。

压开地层后,压裂液中添加砂粒等支撑剂,制成携砂液,泵送到新压开的裂缝中,以防止停泵后裂缝闭合。携砂液基液的支撑剂输送能力取决于水基液中添加的增黏剂类型[1]。

2.1 压裂液类型简述

自 20 世纪 50 年代后期,多数压裂作业采用的压裂液包括瓜尔胶或瓜尔胶衍生物,例如羟丙基瓜尔胶(HPG)、羟丙基纤维素(HPC)、羧甲基瓜尔胶和羧甲基羟丙基瓜尔胶。

含硼、钛、锆或铝络合物的交联剂用于增加聚合物的有效相对分子质量,使其更适合用于高温井。

不论是否使用交联剂,压裂液中都会添加纤维素衍生物,例如羟乙基纤维素(HEC)或羟丙基纤维素(HPC)以及羟乙基羧甲基纤维素(HECMC)。黄胞胶和硬葡聚糖具有较强的支撑剂悬浮能力,但比瓜尔胶衍生物更昂贵,因此不常采用。

聚丙烯酰胺(PAM)和聚丙烯酸酯聚合物以及共聚物通常用于高温井,或在任一温度环境下少量添加作为降阻剂[1]。

可采用黏弹性表面活性剂(VES)制成无聚合物水基压裂液。这类压裂液通常通过加入适量的阴离子、阳离子、非离子和两性离子表面活性剂来制备。添加的活性剂形成了三维结构,使流体具备所需的黏度。当表面活性剂浓度超过临界浓度时,流体的黏度随之增加。随后,表面活性剂分子聚集成胶束,且可相互作用而形成网状结构,从而表现出黏性和弹性特性。

阳离子表面活性剂通常包括如十六烷基三甲基溴化铵等的长链季铵盐,是截至目前最具商业应用价值的一类阳离子表面活性剂。其他增加表面活性剂溶液黏弹性的常用试剂包括盐类,例如氯化铵、氯化钾、氯化钠、水杨酸钠和异氰酸钠,以及非离子有机分子,例如氯仿。表面活性剂溶液中的电解质含量对于控制其黏弹特性也很重要[1]。

含有这类阳离子表面活性剂的流体在高盐水浓度环境下容易降低其黏度,因此不太适用于砾石充填完井充填液或钻井液。阴离子表面活性剂也常应用于压裂液配置。

两性/两性离子表面活性剂[2]、有机酸、有机盐和无机盐同样有助于产生黏弹性特性。二羟基烷基甘氨酸盐、烷基两性乙酸盐、VES 丙酸盐、烷基甜菜碱、烷基酰胺基丙基甜菜碱以及烷基氨基单或二丙酸盐等表面活性剂可以从某些蜡、脂肪和石油中提取。这些表面活性剂可与无机水溶盐或有机添加剂如邻苯二甲酸、水杨酸或其盐类一同使用。

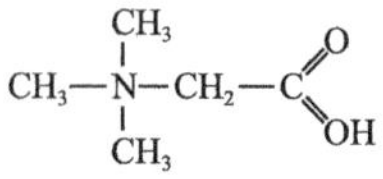

图 2.1 甜菜碱　　两性离子表面活性剂(尤其是含甜菜碱结构的活性剂)适用于温度约150℃的井,因此这类活性剂特别适合在中高温地层中应用。甜菜碱分子式如图 2.1 所示。然而,同上述阳离子黏弹性表面活性剂类似,阴离子表面活性剂通常与高浓度盐水不配伍。

无聚合物 VES 压裂液将支撑剂有效地输送到裂缝的同时保证对支撑剂充填层的损伤最小化。正确评估压裂液的流变特性和支撑剂沉降特性对实施压裂作业具有重要作用[3]。

VES 压裂液的流变性和黏度温度特性的研究表明,表面活性剂压裂液为剪切稀化非牛顿流体,在某一剪切速率和温度范围内可以用幂律模型描述流体的流变特性。然而随着剪切速率和温度增加,流体符合牛顿流体特征。

当 VES 浓度为 4% 时,流体内生成稳定的蠕虫状胶束结构,使流体具备良好的黏弹性和支撑剂输送能力[3]。

2012 年,Deng 等介绍了易于制备、基于表面活性剂的无聚合物压裂液配方[4]。测试了压裂液中可能的组分,包括十四烷基三甲基溴化铵、十六烷基三甲基溴化铵、十八烷基三甲基溴化铵和水杨酸。也对压裂液的黏弹性和支撑剂输送能力进行了评价。

这些水基凝胶具有较强的支撑剂输送能力和较高黏弹性。十八烷基三甲基溴化铵与水杨酸合成的凝胶可实现流体的最佳性能。合成凝胶的黏弹性随溴化铵与酸用量比的增大而增强[4]。

砂、中等强度的陶粒或烧结铝矾土都可以作为支撑剂,支撑剂表面涂覆树脂可以提高其聚集能力,从而提高其强度。支撑剂可以涂覆树脂或诸如纤维等支撑剂返排控制剂。支撑剂密度、规格或浓度等设计参数取值不同可获得不同的沉降速率。

水力压裂作业使用低成本、低黏度压裂液,可以在渗透率极低的储层造缝增产。压裂增产的机理基于形成微裂缝(岩石剥落)、岩石剪切位移以及加大铺砂浓度提高导流能力,高导流能力是压裂增产成功的最重要机理。该机理类似于劈裂木柴效应。

高黏度增产处理液通常在水性溶液中添加多聚糖或合成聚合物,并由有机金属化合物交联。使用金属交联聚合物的增产作业包括压裂增产、砾石充填完井、堵水以及其他完井作业。

为了确保压裂作业成功,铺砂完成后,压裂液黏度最终会降低至接近水的黏度。由此,开井生产后在一部分压裂液返排的同时不会带出大量的支撑剂。如果压裂液黏度足够低,其将会在地层流体的影响下从地层自然流至井筒。压裂液黏度降低或改变的过程即为破胶阶段,破胶时需要向初始凝胶中掺入被称为破胶剂的化学剂。

基于瓜尔胶聚合物的某些压裂液无须添加破胶剂便可实现自然破胶,但其破胶时间因储层条件的不同而不同,通常超过 24h,或需数周、数月,甚至好几年。

为了缩短破胶时间,通常在配置压裂液时向凝胶中掺入破胶剂。破胶剂通常是可降解聚合物凝胶的氧化剂或酶。破胶剂中起到作用的是氧化剂或酶,氧化剂包括过硫酸盐、亚铬盐、有机过氧化物、碱土金属和过氧化锌盐。

破胶时机也很重要。凝胶过早破胶会引起悬浮的支撑剂提前沉降,压裂液也会在压裂裂缝中运移不远处开始漏失。提前破胶还会导致流体黏度过早降低,不能产生足够缝宽的裂缝。反而言之,凝胶液破胶过慢可能导致压裂液返排过慢,从而延迟恢复生产。

其他可能出现的问题包括,支撑剂在裂缝内运移过快,导致部分裂缝堵塞,降低压裂作业的效果。最优的状态是,压裂液泵入作业一旦完成,凝胶液应即刻开始破胶,并在压裂作业完成后大约24h内完全破胶。

压裂液组分包括溶剂、水溶性聚合物的或溶剂中的水化物、交联剂,无机破胶剂、某种酯类化合物以及胆碱羧酸盐。溶剂可以是氯化钾水溶液,无机破胶剂可以是某种金属氧化物,例如碱土金属和过渡金属的氧化物,也可以是镁、钙或锌过氧化物。酯类化合物可以是草酸酯、柠檬酸酯、乙二胺四乙酸脂等三元聚羧酸酯。有羟基基团的酯还可以乙酰化,例如,柠檬酸可以被乙酰化而形成乙酰柠檬酸三乙酯,该酯是水基压裂液配置的优先选择。

水合聚合物可以是水溶性多糖,例如半乳甘露聚糖或纤维素。交联剂可以是硼酸盐、钛酸盐或含锆化合物,例如 $Na_3BO_3 \cdot nH_2O$。

文献综述了商业化的压裂液添加剂[5]。表2.1列出了压裂液中的可能组分,从中可以看出压裂液配方的复杂性。一些添加剂不能同时使用,例如凝油剂不能用于水基压裂液体系。目前90%以上的压裂液是水基压裂液。水基压裂液经济实用,添加化学剂后使压裂液呈现多项物理特性。压裂液添加剂主要有两种用途[6]:(1)增强压裂液造缝能力和携砂能力;(2)地层伤害最小。

表2.1 压裂液组分

组分/类别	功能/评价
水溶性聚合物	稠化剂,输送支撑剂,降低压裂液滤失率
减阻剂	减少管道阻力
降滤剂	形成滤饼,稠化剂量不足时降低压裂液滤失率
破胶剂	降解稠化剂或使交联剂失效(具有多种化学机制)
乳化剂	柴油预混凝胶
黏土稳定剂	用于含黏土地层
表面活性剂	防止水润湿地层
防乳化剂	破坏乳液
pH值调节剂	提高流体的稳定性(例如在高温条件下)
交联剂	提高增稠压裂液的黏度
起泡剂	用于泡沫基压裂液
凝胶稳定剂	使凝胶较长时间保持活性
消泡剂	消除泡沫
凝油剂	同交联剂类似,用于油基压裂液
杀菌剂	抑制微生物的降解作用
水基凝胶体系	压裂液中常见
交联凝胶体系	增加压裂液黏度
油基凝胶体系	用于水敏地层

续表

组分/类别	功能/评价
聚合物堵剂	也用于其他增产作业
胶凝剂	用于柴油基凝胶预混
树脂涂层支撑剂	支撑剂材料
陶粒	支撑剂材料

增黏剂(例如聚合物和交联剂)、温度稳定剂、pH值调节剂和降滤失剂有助于形成裂缝。破胶剂、杀菌剂、表面活性剂、黏土稳定剂和气体可以降低地层伤害程度。表2.2总结了水力压裂过程中应用的各类流体和技术。

表2.2 各类压裂液体系

类型	评价
水基压裂液	主流压裂液
油基压裂液	应用于水敏地层,容易引起火灾
醇基压裂液	很少使用
乳化压裂液	应用于高压、低温环境
泡沫压裂液	应用于低压、低温环境
非交联压裂液	技术简单
氮气泡沫压裂液	快速清理
稠化水压裂技术	通常是最佳解决方案
混配压裂液	优化施工流程
原位沉淀技术	降低结垢组分含量[7-8]

2.2 不同技术对比

最佳技术的选用取决于储层类型。Cottrell等于1998年在某一特定储层条件下对比了不同压裂技术的适用性。在堪萨斯Hugoton油田对多种压裂方法进行了测试[9]。

同泡沫压裂技术以及其他老式、简单的技术相比,复合凝胶压裂技术在该油田应用最成功。此次研究对象包括约56口井,均采用了该项压裂技术。

2.3 液体选择系统

学者已开发出基于PC的交互式计算机模型,可以辅助工程师选择给定储层属性下最佳的压裂液、添加剂以及支撑剂[10-11]。

该模型还可以根据储层产能和经济性优化改造体积。为了优选压裂液、添加剂以及支撑剂,该专家系统会搜寻来自不同公司的增产作业专家、查阅相关文献,并基于专家系统框架形成筛选准则。

除以上功能,专家系统可模拟、计算和实验测量压裂期间压裂液的滤失特征。Krupnick 等给出了将实验数据转换到给定储层条件下估算压裂液滤失量的步骤[12]。

2.4 油基压裂液体系

相比于水基凝胶,烃冻胶配置压裂液的一大优点是可应用于一些特殊地层,例如容易吸收大量水的部分地层,还有一些遇水膨胀的水敏性地层。

2.5 泡沫基压裂液体系

泡沫基压裂液可应用于许多压裂作业,尤其适用于环境敏感地层[13]。泡沫压裂液组分可重复使用,其剪切性稳定,在广泛的温度范围下也能形成稳定泡沫,甚至在相对较高的温度下也具有高黏度[14]。

CO_2 泡沫、N_2 泡沫以及二元泡沫压裂液广泛用于致密和深层地层,其功能包括激活压裂液和提高总体返排量和返排速率[15]。

泡沫压裂液通常是在相对小体积的液体中分散大量气体。泡沫压裂液内添加表面活性剂,在气体同液体混合时促进发泡和稳定产生泡沫[16]。

粗制泡沫压裂液内分布大小不均匀的气泡,气泡由大气泡和小气泡组成,细结构泡沫的尺寸分布相对均匀,大多气泡相对较小[17]。

在粗制泡沫压裂液中也可能分布细结构泡沫。这类泡沫压裂液即使泡沫质量很高时,细结构泡沫也能够携带支撑剂运移。N_2 和 CO_2 由于不易燃、容易获得并且相对便宜,是泡沫压裂液中最常用的气体[16]。

用于降低表面和界面张力的表面活性剂也是泡沫压裂液体系中的重要组分,表面活性剂可以提高返排率,同时避免在地层内形成流体截留屏障[15]。提高返排率可以降低总作业成本以及减少压裂液返排的时间,因此在增产措施中具有经济性。最重要的是包覆支撑剂破损率低,可实现高裂缝导流能力。文献综述了 CO_2 泡沫压裂液以及用于提高返排率的表面活性剂的应用情况[15]。

业内已研发出可循环使用的泡沫压裂液[18]。压裂液输送至地层后,其 pH 值改变,泡沫被破坏。在这一阶段,压裂液也释放了支撑剂。此后,压裂液返排至地面。最终,通过调节返排液的 pH 值至压裂液初始 pH 值,再添加气体形成泡沫压裂液,实现循环使用。

2.5.1 泡沫类型

天然气开采是应对世界能源资源枯竭的绿色方案,以往使用水基压裂液从深层和致密地质储层开采天然气。然而水基压裂液开发天然气不具有经济可行性,同时还容易引起许多环境问题,学者们测试了其他优选压裂液,其中泡沫基压裂液是一种较新颖而且有效的技术。文献[19]中综述了泡沫基压裂液相关的技术。

泡沫基压裂液是选用恰当的表面活性剂混合气相和液相而制成,其质量取决于组分,高品质的泡沫压裂液具有更高含量的气体。注入泡沫压裂液的物性,包括其流变性和黏度,对于压裂作业都十分重要。

常用的泡沫压裂液类型及其组分见表2.3。

表2.3 泡沫压裂液类型[20]

类型	主要成分
水基泡沫压裂液	水 + 起泡剂 + N_2(气体)或 CO_2(气体)
二氧化碳泡沫压裂液	CO_2(液体)+ 起泡剂 + N_2(气体)
酸基泡沫压裂液	酸 + 起泡剂 + N_2(气体)
醇基泡沫压裂液	甲醇 + 起泡剂 + N_2(气体)

根据目前的研究,泡沫压裂液具有两种独立流态(低质量和高质量),且具有独特的多相流形态。泡沫黏度应该足够低,以便进入裂缝趾端,并且黏度又要足够高,以便具备良好的支撑剂输送能力。泡沫压裂液具有较强支撑剂输送能力、降低水耗、减少化学剂使用、返排更快速和容易、环境破坏程度低等优势,然而存在较多未知、应用成本高以及表面活性剂对环境的潜在危害是其应用的局限性[19]。

2.5.2 泡沫基压裂液在页岩气压裂中的应用

页岩储层渗透率非常低,不足以实现经济性开采。因此需要恰当的增产技术,包括水力压裂[21]。

文献中综述了使用泡沫压裂液的页岩气增产应用研究[21],同时描述了全球页岩矿床分布、页岩气开采的重要性、主要页岩气增产技术、不同泡沫类型和储层物性下泡沫基压裂液的有效性、泡沫基压裂液相对于其他压裂液的优势以及局限性、现有的实验和数值模拟研究以及现场应用研究。

根据泡沫基压裂的实验和数值模拟研究结果,N_2泡沫基压裂优于CO_2泡沫基压裂。控制泡沫流变性的有效黏度随着温度的升高和压力的降低而降低,泡沫质量提升将使裂缝长度减小和裂缝宽度增大。该技术仅在全球数个页岩区块进行测试,且大部分研究集中在美国和加拿大。因此,对于世界其他国家来说,泡沫基压裂技术还是比较新颖的[21]。

2.5.3 二氧化碳干法泡沫压裂液

通过循环使用与水配伍的超临界CO_2泡沫可显著减少淡水用量[22]。起泡剂产生的泡沫存在的唯一难点是如何保持长期稳定性,泡沫失稳将导致流体黏度降低,同时影响支撑剂输送能力。

2019年,Hosseini等研究了添加聚电解质复合纳米颗粒和蠕虫状胶束后泡沫层的稳定性[22]。静电作用是改善水力压裂效果的决定性因素,文献中通过使用采出水中制备的聚电解质复合纳米颗粒体系研究其作用机理。研究发现,两个带相反电荷的聚电解质可以在水相和超临界CO_2之间形成更稳定的泡沫层,存在原油时泡沫层会降解。该泡沫基压裂液体系已经用于致密页岩层增产作业。合成的聚电解质复合纳米颗粒同两性离子表面活性剂具有较强配伍性。两性离子表面活性剂在高于临界胶束浓度条件下于高度浓缩的盐水中制备,形成蠕虫状胶束,产生高黏度压裂液,干法泡沫压裂液可以使用产出水作为外连续相。

同没有添加聚电解质复合纳米颗粒的泡沫压裂液体系相比,上述泡沫基压裂液可提高裂缝扩展能力以及和支撑裂缝内的返排率。聚电解质复合纳米颗粒表面活性剂的结构通过界面动电势、颗粒尺寸分析和透射电子显微镜法验证;通过在聚电解质复合纳米颗粒周长范围内对蠕虫状胶束静电重排,或利用聚电解质复合纳米颗粒和蠕虫状胶束产生静电黏合胶束两种方式形成新型强化纳米颗粒,由此确定了表面活性剂的作用机理。

文献还建立了拉曼光谱模型,获得了聚电解质复合纳米颗粒表面活性剂的光谱,开展光谱分析,观察聚合物分子结构变化[22]。流变特性测定和填砂管实验结果表明,相界面的络合作用促使压裂液黏度增加和泡沫质量提升,填砂管实验介质是在盐度33.3×10^{-3}和66.7×10^{-3}盐水体系中分别添加比率为1:9和4:6的聚电解质复合纳米颗粒表面活性剂。

实验发现了剪切稀释作用增强和压裂液返排率提升。在盐度分别为33.3×10^{-3}和66.7×10^{-3}的盐水中添加聚电解质复合纳米颗粒的蠕虫状胶束制成超临界CO_2泡沫压裂液,对肯塔基致密砂岩岩心开展压裂实验,压裂液滤失率从78%降低至35%,因此新加入的混合剂可以有效控制地层伤害。产出水配置压裂液具有良好配伍性,产出水处理成本得以降低,足以说明非常规储层采用超临界CO_2泡沫压裂液进行压裂具有环保性[22]。

2.6 压裂液应用分析

近些年,随着水力压裂以及水平井钻井技术的发展,从页岩地层中大规模开采油气成为可能。尽管技术实现了突破性进步并获得了巨大经济效益,仍需提高水力压裂效率,同时最大限度减少对环境的潜在影响。

Thomas 等分析了水力压裂液开发和应用的三个关键方面[23]:
(1)压裂液的特点和性能;
(2)分析和预测压裂液的运移和去向;
(3)降低压裂液对环境影响的技术。

文献中还探讨了水凝胶压裂液的流变性、裂缝扩展和支撑剂输送的高保真度模拟、潜在环境影响、土工合成材料在减轻土壤污染中的应用以及环保压裂液五方面的关键技术和研究结果[23]。

聚丙烯酰胺减阻剂是滑溜水压裂液的主要成分。然而,这类聚合物在井下条件的状况却几乎未知,这可能对环境有重要的影响,比如影响到选择返排液重复利用还是净化处理[24]。

2018年,Xiong 等评价了在页岩层特征、含氧量、温度、压力和盐度等影响下,高分子聚丙烯酰胺的化学降解特性[24]。通过对马塞勒斯(Marcellus)页岩岩心实施滑溜水压裂获得实验数据,岩心条件包括露头岩样到模拟高压/高温条件井下的岩心。基于对尺寸排阻色谱法分析发现,在特定高压/高温条件下,聚丙烯酰胺分子质量峰值下降2个数量级,从10MDa降至200kDa。降解速率同压力和盐度无关,但在高温、压裂液内溶解氧时降解速率显著增加。

纳米级羟基自由基浓度测量结果表明,聚丙烯酰胺的降解符合自由基链解聚机理。可能由于低pH值下溶解亚铁离子,页岩样品吸附30%左右的聚丙烯酰胺时,催化聚丙烯酰胺的化学降解。

实验结果表明,高压/高温水力压裂作业条件下,无须添加氧化破胶剂,自由基解聚会引起聚丙烯酰胺降解[24]。

2.7 改善热稳定性

为了承受高温环境,压裂液需添加更多量的聚合物。聚合物和添加剂的浓度由此增加[25]。但是含大量聚合物的压裂液不会完全破胶,残余聚合物碎片会堵塞地层,并极大降低裂缝导流能力。

Almubarak等开发了适用于高温环境的双缔合型聚合物压裂液[25]。该压裂液组分包含瓜尔胶衍生物和聚丙烯酰胺类聚合物。相比于常规的压裂液体系,该压裂液易于水化、需要较少的添加剂、可快速聚合,并且能在较低聚合物用量下呈现良好流变性能。在研究中,Almubarak等进一步优化压裂液性能,甚至可以承受204℃高温。

实验测试了聚合物含量30lb/1000gal和40lb/1000gal的双缔合型聚合物压裂液,混合比分别为1:1和1:2[羧甲基羟丙基瓜尔胶(CMHPG):聚丙烯酰胺类聚合物]。聚合物由金属交联剂交联后放置在流变仪内,测量200°F至400°F范围内聚合物的黏度。当温度达到聚合物的破坏温度后,添加缓冲剂、交联延缓剂和去氧剂,测试高于该温度点时聚合物的黏度。实验中还使用了多种交联剂,用以测试金属交联剂解离率对热稳定性的影响。

结果表明,温度超过330°F时,混合比1:2(羧甲基羟丙基瓜尔胶(CMHPG):聚丙烯酰胺类聚合物)聚合物的热稳定性优于配置比例1:1的聚合物。后者的破坏温度为350°F,前者的为370°F。添加交联剂可以控制聚合物解离速率,在温度高于370°F时,通过增加聚合物的抗剪切性改善混合物热稳定性。不同添加剂不同程度地提高了聚合物溶液的热稳定性。3种添加剂中,最能增强热稳定性的是去氧剂,作用最弱的是缓冲剂[25]。

过硫酸盐可以在井筒等条件下活化,从而产生降解有机化合物的强氧化性自由基。Manz等测试了有机添加剂的过硫酸盐活性转化过程,实验在模拟压裂盐水内观察糠醛转化过程[26]。

糠醛降解的伪一级反应动力学分析建立在模拟裂缝条件下,包括高温、酸性、硫酸铁环境以及实验模拟压裂盐水条件。糠醛降解所需的活化能量,在无硫酸铁的酸性(pH值为2.54)压裂液内是105.6kJ/mol,在溶有23.3mg/L硫酸铁的酸性压裂液内是105.1kJ/mol。采用了一种高压反应器来模拟压力对过硫酸盐活化的影响。结果表明,在55℃下增加压力可以促进过硫酸盐的活化作用。

反应器内压力增加到3000psi(207bar)时,表观糠醛活化能几乎是常压条件下的一半。实验结果也获得了反应后副产物,结果显示,过硫酸盐活化期间压裂液盐水内形成了卤化有机物[26]。

2.8 酸化技术

酸化压裂和基质酸化之间存在差异。酸化压裂适用于低渗透、酸溶岩层。基质酸化适用于高渗透储层。适于酸化压裂的地层包括灰岩层($CaCO_3$)或白云岩层($CaCO_3 \times MgCO_3$)。

这些地层容易同盐酸反应形成氯化物和CO_2。与添加支撑剂的压裂技术相比,酸化压裂的优势是不存在支撑剂返排的问题。酸液不均匀刻蚀裂缝面,裂缝闭合后保留高导流通道,利于储层流体流动到井筒[27]。

然而,由于酸液同地层反应而被消耗,酸化压裂形成的裂缝较短。如果在盐酸内追踪到氟化物,则表明产生了不溶性氟化钙沉淀。由此,沉淀物对裂缝的堵塞会影响增产作用的期望效果。

2.8.1 胶囊包裹酸

通常酸以及刻蚀剂可以与胶凝剂混合,之后用油和聚合物包裹[28-29]。

2.8.2 原位自生酸

酸化压裂通常适用于碳酸盐地层。由于土酸的岩石溶解度低,酸化压裂在砂岩地层中并不常用。目前已研究出砂岩地层有效实施酸化压裂的方法和酸液组分,主要包括以下两方面[30]:

(1)在足以压开形成裂缝的压力条件下,向地层注入酸化压裂液。酸化压裂液组分包括磺酸酯、氟化盐、支撑剂和水,磺酸酯水解后产生磺酸。

(2)地层内注入酸液后,通过磺酸与氟化盐反应原位生成氢氟酸。地层内原位生成的氢氟酸在单层有效铺砂的协助下,能够对砂岩地层实施酸化压裂,并生成支撑扩展裂缝。同常规的添加支撑剂压裂作业相比,原位生成酸压裂技术增加裂缝宽度,有助于形成高导流能力,最终提高油气产能。

2.8.3 液体滤失

压裂液滤失限制了酸化压裂措施的效果。学者们已研制出控制压裂液滤失的降滤失剂,并描述了其特性[31-32]。研究发现,酸液增黏后能够显著降低压裂液滤失率,在渗透率极低的灰岩岩心中该效果最明显。增黏剂的性质也会影响降滤效果。聚合物比表面活性剂类增黏剂更有效[33]。

黏度可控型酸液含有凝胶,泵入地层1d之后破胶,酸液黏度恢复至原始黏度。这类酸既可用来基质酸化,也可以用于酸化压裂,可获得更长的裂缝长度。酸液的pH值可控制凝胶的形成和破胶。凝胶适用地层温度为50~135℃[34]。

2.8.4 酸化中的破胶剂

酸化压裂中交联凝胶(用基底凝胶与钛交联剂或锆交联剂制备)的破胶剂组分包括氟化

物、磷酸盐、硫酸根等的络合物以及多羧基化合物。破胶剂颗粒涂覆不溶于水的树脂涂层,由此降低释放破胶剂材料的速率,从而凝胶黏度缓慢降低[35]。

2.9 特殊问题

2.9.1 缓蚀剂

应用于压裂液和其他修井液中的水溶性1,2-二硫醇-3-硫酮可以作为水相环境中的腐蚀抑制剂[36]。这些化合物是由异丙苯酚封端的聚合物(环氧乙烷)与硫元素反应制备的。

该化合物比其非氧化类聚物更适用于水相体系。添加浓度范围通常为$10\times10^{-6}\sim500\times10^{-6}$,最终取决于体系中水的相对密度。

2.9.2 铁离子抑制剂

实验测试结果和现场经验表明铁在增产作业中带来重大和复杂的问题[37]。增产作业时,使用酸化压裂液还是无酸或弱酸性压裂液,因铁的影响造成了不确定性。在一般情况下,酸液会溶解设备和管道中的铁化物,溶解后同压裂液混合一起泵送到地层。

酸液在同地层反应时还可以溶解地层内的铁。如果压裂液内没有添加有效的铁控制剂,溶解的铁可能沉淀。在压裂液返排至井筒过程中,沉淀物会积聚,最终可能降低原始及改造裂缝渗透率,对压裂液返排和后续油气生产造成不利影响。

有些配位剂可以控制铁,例如葡糖酸-δ-内酯、柠檬酸、乙二胺四乙酸、氨三乙酸、羟乙基乙二胺三乙酸、羟乙基亚氨基二乙酸以及这些化合物合成的盐。以上化合物必须与羟胺盐或肼盐等含氮化合物一起添加[38-40]。图2.2所示为部分配位剂化学式。

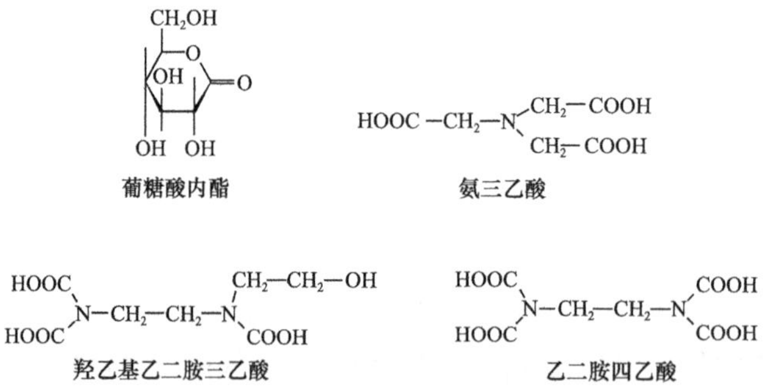

图 2.2 铁控制配位剂

通常,配位剂具有独特的化学特性,最显著的特性是在含游离酸的水溶液中具有高溶解度。进行了线性岩心的驱替实验来研究酸蚀蚓孔形成规律。

实验温度为150°F时,羟乙基乙二胺三乙酸和羟乙基亚氨基二乙酸都可以在灰岩岩心中形成酸蚀蚓孔,但酸蚀速率和强度不同。考虑到上述配位剂在酸性条件下具有高溶解度,可以在pH值低于3.5时测试酸性压裂液性能[41]。

为了控制 pH 值小于 7.5 水性压裂液中的铁,可添加一硫代酸[42]。其可用作三价铁离子的降铁剂,与前文所述的配位剂作用相反。

2.9.3 温度稳定剂

在压裂初期,不需要聚合物降解而导致黏度降低。在高温条件下,压裂液内的聚合物会降解。

在压裂施工前注入大量前置液降低地层温度,可以防止压裂初期聚合物降解。此外,为了延长压裂液的温度稳定性,将压裂液泵送至地层之前,可以在压裂液内添加未水合瓜尔胶微粒或瓜尔胶衍生聚合物[43]。最后,调整 pH 值至中等碱性条件可以改善温度稳定性。

硅烷化处理可以提高瓜尔胶的耐温性[44]。最佳的硅烷化条件是:反应温度为 85℃,瓜尔胶与三甲基氯硅烷的摩尔比为 5:1。硅烷化后,瓜尔胶基水溶凝胶的黏度大大提高,即使在 80℃高温下也具有高黏度。

高温条件下的最佳交联剂是锆化合物。表 2.4 为高温条件下瓜尔胶基压裂液的组分。该压裂液具有较高黏度,在 80~120℃中高温条件下具有温度稳定性。

表 2.4 高温瓜尔胶压裂液配方[45]

组分	功能
瓜尔胶	稠化剂
锆或铪化合物	交联剂
碳酸氢盐	缓冲剂

2.9.4 起泡剂

添加起泡剂可以加快压裂液从地层返排的效率[46-47]。压裂液内添加诸如含结块粉末和颗粒的起泡剂后,实施压裂作业,起泡剂在地层内分解。表 2.5 为常用起泡剂。从而在滤饼上生成更多孔隙,形成基质内压裂液卸荷的驱动力。

表 2.5 常用起泡剂[47]

化合物
二亚硝基五亚甲基四胺
碳酸氢钠
4-对甲基苯磺酰肼
偶氮二甲酰胺
4,4′氧代双苯磺酰胺基脲

孔隙度的增加提高了地层与裂缝之间的连通性,从而提高了压裂液的返排速率。基质内的自由气体为压裂裂缝和生产井建立流通通道。

2.9.5 防冻配方

表 2.6 为压裂液的防冻配方。在该组分下,压裂液可被应用于 −45～−35℃低温环境[48]。

表 2.6 压裂液的防冻配方[48]

成分	含量,%
烃相①	2～20
表面活性剂 矿化水 生产磺酸盐添加剂产生的污泥(碳氢化合物 10%～30%,磺酸钙 20%～30%,碳酸钙和氢氧化物 18%～40%)②	10～35
乳油③	0.5～2.0

注:① 凝析油、石油或苯;
② 减缓滤失速率,提高携砂能力、防冻性和稳定性;
③ 乳化剂。

2.9.6 气井中的储层伤害

Gall 等[49]对人工压裂、低渗透砂岩岩心进行了储层伤害评价,研究结果表明,稠化压裂液会严重限制气体在狭窄裂缝内流动。糖类聚合物(例如羟丙基瓜尔胶、HEC 和黄胞胶)会显著降低气体在含裂缝岩心内的流通能力,最高可降低 95%。

与此相反的是,压裂液返排后,聚丙烯酰胺凝胶几乎没有阻碍气体在含裂缝岩心内的流通。表面活性剂和破胶剂等其他组分对气体流动性伤害很小。

2.10 压裂液的性能表征

长久以来,黏度测量是压裂液最重要的性能之一。尽管很久以前,学者们已经能够在实验条件下测量流体流动阻力,然而仍需要在井场测量流体的特性,这促使研发更轻便和更简单的黏度测量装置[50]。

这类装置必须耐用并且简单,以便具有不同技术水平的人员进行操作。最终,变速马氏漏斗黏度计和范氏黏度计得到现场广泛应用。在某些情况下也会使用布氏黏度计。

研究表明,加强控制压裂液的某些变量可以优化压裂作业,提高增产成功率。因此,建议加强控制压裂液质量[51-52],该控制计划包括在低温下监测破胶剂的性能,高温条件下,添加交联剂、温度稳定剂以及其他添加剂时,测量压裂液对各种因素的敏感性。

2.10.1 流变性

添加交联凝胶以便成功实施水力压裂作业时,有必要精确测量压裂液的流变特性。实验表明,硼酸交联凝胶的流变性难以用旋转黏度计测量。在实验室装置中,可以模拟现场泵送条件(即凝胶快速交联),压裂液在油管/套管中的流动以及在裂缝中的流动[53]。通过实验测出压裂液的 pH 值和温度,胶凝剂的类型和浓度对压裂液流变性的影响。

这些参数对裂缝内凝胶的黏度具有重要影响。通过实验数据,建立了在现场规格的管道中估算摩擦压力的关系式。结合现场校准,该关系式可用于准确预测硼酸交联压裂液的摩擦压力。

2.10.2 锆交联剂

测定凝胶中含锆交联剂的浓度,首先往流体内添加酸使其破胶,将锆转换成离子形态[54],随后添加偶氮胂Ⅲ产生彩色络合物,可以用标准比色法测量锆含量。砷化物具有剧毒性。图 2.3 为可测量凝胶中锆含量的比色试剂。

图 2.3 可测量凝胶中锆含量的比色试剂

2.10.3 氧化破胶剂

通过对凝胶周期性或持续性采样,由比色法可以测量氧化破胶剂的浓度[55]。比色试剂包含铁离子和硫氰酸根,故对氧化剂敏感。基于此可以控制压裂液内的破胶剂添加量,方法原理是亚铁离子氧化为三价铁离子过程,与硫氰酸根形成深红色络合物。

$$Fe^{2+} \longrightarrow Fe^{3+} + e^-$$

2.10.4 体积排出色谱法

体积排出色谱法[56-57]用于监测由各种氧化破胶剂和酶破胶剂引起的稠化剂降解。

研究表明部分断链或未断链聚合物可显著降低多孔介质的流通性。瓜尔胶聚合物降解过程中会产生不溶性残余物,从而影响多孔介质的孔隙尺寸[58]。

2.10.5 支撑剂评价

研究人员已建立表征支撑剂效果的标准化方法[59-60]。Wen 等(2007 年)用实例验证了评价支撑剂效果的方法[61]。

对于某些支撑剂,实验表明裂缝长期导流能力和闭合压力之间的关系式为一多项式[61],

$$F = A_1 + A_2 p + A_3 p^2 + A_4 p^3 \tag{2.1}$$

式中 F——裂缝长期导流能力;
p——闭合压力;
A_1, A_2, A_3, A_4——常数。

类似地,裂缝导流能力 F 和时间 t 在特定闭合压力下的指数关系[61],

$$F = \exp(A_5 t) + A_6 \tag{2.2}$$

式中 A_5, A_6——常数;
t——时间。

参 考 文 献

[1] B. Lukocs, S. Mesher, T.P.J. Wilson, T. Garza, W. Mueller, F. Zamora, L.W. Gatlin, Non-volatile phosphorus

hydrocarbon gelling agent [M]. July 2007.

[2] T.L. Allan, J. Amin, A.K. Olson, R.G. Pierce, Fracturing fluid containing amphoteric glycinate surfactant [P]. US Patent 7 399 732, assigned to Calfrac Well Services Ltd., Calgary, Alberta, CA, Chemergy Ltd., Calgary, Alberta, CA, July 15, 2008.

[3] Z. Wang, S. Wang, X. Sun, The influence of surfactant concentration on rheology and proppant-carrying capacity of VES fluids [J]. Advanced Materials Research (Durnten Zurich, Switzerland): Pt. 1, Natural Resources and Sustainable Development, 2012, 361–363: 574–578.

[4] Q. Deng, J. Xu, X. Gu, Y. Tang, Properties evaluation of polymer-free fluid for fracturing application [J]. Advanced Materials Research (Durnten-Zurich, Switzerland): Pt. 2, Advanced Composite Materials, 2012, 482–484: 1180–1183.

[5] Anonymous, Fracturing products and additives [J]. World Oil, August 1999, 220(8): 135, 137, 139–145.

[6] P.C. Harris, Fracturing-fluid additives [J]. Journal of Petroleum Technology, October 1988, 40(10): 1277–1279.

[7] M.J. Hrachovy, Hydraulic fracturing technique employing in situ precipitation [P]. WO Patent 9 406 998, assigned to Union Oil Co. California, March 31, 1994.

[8] M.J. Hrachovy, Hydraulic fracturing technique employing in situ precipitation [P]. US Patent 5 322 121, assigned to Union Oil Co. California, June 21, 1994.

[9] T.L. Cottrell, W.D. Spronz, W.C. Weeks Ⅲ, Hugoton infill program uses optimum stimulation technique [J]. Oil & Gas Journal, 1988, 86(28): 88–90.

[10] S.A. Holditch, H. Xiong, Z. Rahim, J. Rueda, Using an expert system to select the optimal fracturing fluid and treatment volume [J]. in: Proceedings Volume, SPE Gas Technol. Symp., Calgary, Can, 1993, 6/28–30/93 :pp. 515–527.

[11] H. Xiong, B. Davidson, B. Saunders, S.A. Holditch, A comprehensive approach to select fracturing fluids and additives for fracture treatments [C]. in: Proceedings Volume, Annu. SPE Tech. Conf., Denver, 1996, 10/6–9/96: 293–301.

[12] G.S. Penny, C.M. W, Fluid Leakoff, Recent Advances in Hydraulic Fracturing (SPE Henry L. Doherty Monogr Ser) [J]. SPE, Richardson, Texas, 1989, vol. 12: 147–176.

[13] A.L. Stacy, R.B. Weber, Method for reducing deleterious environmental impact of subterranean fracturing processes [P]. US Patent 5 424 285, assigned to Western Co. North America, June 13, 1995.

[14] J.E. Bonekamp, G.D. Rose, D.L. Schmidt, A.S. Teot, E.K. Watkins, Viscoelastic surfactant based foam fluids [P]. US Patent 5 258 137, assigned to Dow Chemical Co., November 2, 1993.

[15] H.C. Tamayo, K.J. Lee, R.S. Taylor, Enhanced aqueous fracturing fluid recovery from tight gas formations: foamed CO_2 pre-pad fracturing fluid and more effective surfactant systems [J]. Journal of Canadian Petroleum Technology, 2008, 47(10): 33–38.

[16] T.D. Welton, B.L. Todd, D. McMechan, Methods for effecting controlled break in pH dependent foamed fracturing fluid [P]. US Patent 7 662 756, assigned to Halliburton Energy Services, Inc., Duncan, OK, February 16, 2010.

[17] R.L. Middaugh, P.C. Harris, S.J. Heath, R.S. Taylor, O.F. Hoch, M.L. Phillippi, B.F. Slabaugh, J.M. Terracina, Coarse-foamed fracturing fluids and associated methods [P]. US Patent 7 261 158, assigned to Halliburton Energy Services, Inc., Duncan, OK, August 28, 2007.

[18] J. Chatterji, B.J. King, K.L. King, Recyclable foamed fracturing fluids and methods of using the same [P]. US Patent 7 205 263, assigned to Halliburton energy Services, Inc., Duncan, OK, April 17, 2007.

[19] W.A.M. Wanniarachchi, P.G. Ranjith, M.S.A. Perera, A. Lashin, N. Al Arifi, J.C. Li, Current opinions on foam-based hydro-fracturing in deep geological reservoirs [J]. Geomechanics and Geophysics for Geo-

Energy and Geo-Resources, 2015, 1(3-4): 121-134.

[20] L. Gandossi, U. Von Estorff, An overview of hydraulic fracturing and other formation stimulation technologies for shale gas production [C]. Eur. Commisson Jt. Res. Cent. Tech. Reports, 2015, 2634: 1-57.

[21] W.A.M. Wanniarchchi, P.G. Ranjith, M.S.A. Perera, Shale gas fracturing using foambased fracturing fluid: a review [J]. Environmental Earth Sciences, 2017, 76(2): 91.

[22] H. Hosseini, J.S. Tsau, K. Shafer-Peltier, C. Marshall, Q. Ye, R. Barati Ghahfarokhi, Experimental and mechanistic study of stabilized dry CO_2 foam using polyelectrolyte complex nanoparticles compatible with produced water to improve hydraulic fracturing performance [J]. Industrial & Engineering Chemistry Research, 2019, 58(22): 9431-9449.

[23] L. Thomas, H. Tang, D.M. Kalyon, S. Aktas, J.D. Arthur, J. Blotevogel, J.W. Carey, A. Filshill, P. Fu, G. Hsuan, T. Hu, D. Soeder, S. Shah, R.D. Vidic, M.H. Young, Toward better hydraulic fracturing fluids and their application in energy production: a review of sustainable technologies and reduction of potential environmental impacts [J]. Journal of Petroleum Science and Engineering, 2019, 173: 793-803.

[24] B. Xiong, Z. Miller, S. Roman-White, T. Tasker, B. Farina, B. Piechowicz, W.D. Burgos, P. Joshi, L. Zhu, C.A. Gorski, A.L. Zydney, M. Kumar, Chemical degradation of polyacrylamide during hydraulic fracturing [J]. Environmental Science & Technology, 2018, 52(1): 327-336.

[25] T. Almubarak, L. Li, H. Nasr-El-Din, J.H. Ng, K. Sokhanvarian, M. Alkhaldi, S. Almubarak, Pushing the thermal stability limits of hydraulic fracturing fluids [C]. in: SPE Asia Pacific Oil and Gas Conference and Exhibition, Society of Petroleum Engineers, Brisbane, Australia, 2018, pp. 1-16.

[26] K.E. Manz, T.J. Adams, K.E. Carter, Furfural degradation through heat-activated persulfate: impacts of simulated brine and elevated pressures [J]. Chemical Engineering Journal, 2018, 353: 727-735.

[27] H. Mukherjee, G. Cudney, Extension of acid fracture penetration by drastic fluid-loss control [C]. SPE Unsolicited Paper, 1992.

[28] M.E. Gonzalez, M.D. Looney, The use of encapsulated acid in acid fracturing treatments [P]. WO Patent 0 075 486, assigned to Texaco Development Corp. and Gonzalez, Manuel E. and Looney, Mark D., December 14, 2000.

[29] M.E. Gonzalez, M.D. Looney, Use of encapsulated acid in acid fracturing treatments [P]. US Patent 6 207 620, assigned to Texaco Inc., March 27, 2001.

[30] Q. Qu, X. Wang, Method of acid fracturing a sandstone formation [P]. US Patent 7 704 927, assigned to BJ Services Company, Houston, TX, April 27, 2010.

[31] B.D. Sanford, C.R. Dacar, S.M. Sears, Acid fracturing with new fluid-loss control mechanisms increases production, little knife field, North Dakota [C]. in: Proceedings Volume, SPE Rocky Mountain Reg. Mtg., Casper, Wyo, 1992, 5/18-21/92: pp. 317-324.

[32] D.J. White, B.A. Holms, R.S. Hoover, Using a unique acid-fracturing fluid to control fluid loss improves stimulation results in carbonate formations [C]. in: Proceedings Volume, SPE Permian Basin Oil & Gas Recovery Conf., Midland, Texas, 1992, 3/18-20/92: pp. 601-610.

[33] R.D. Gdanski, Fluid properties and particle size requirements for effective acid fluidloss control [C]. in: Proceedings Volume, SPE Rocky Mountain Reg. Mtg.: Low Permeability Reservoirs Symp., Denver, 1993, 4/26-28/93: pp. 81-94.

[34] V. Yeager, C. Shuchart, In situ gels improve formation acidizing [J]. Oil & Gas Journal, 1997, 95(3): 70-72.

[35] J.L. Boles, A.S. Metcalf, J.C. Dawson, Coated breaker for crosslinked acid [P]. US Patent 5 497 830, assigned to BJ Services Co., March 12, 1996.

[36] B.A. Oude Alink, Water soluble 1,2-dithio-3-thiones [P]. US Patent 5 252 289, assigned to Petrolite

Corp., October 12, 1993.
[37] P. Smolarchuk, W. Dill, Iron control in fracturing and acidizing operations [C]. in: Proceedings Volume, volume 1, 37th Annu. Cim. Petrol. Soc. Tech. Mtg., Calgary, Can, 1986, 6/8−11/86 : pp. 391−397.
[38] W.R. Dill, W.G.F. Ford, M.L. Walker, R.D. Gdanski, Treatment of iron−containing subterranean formations [P].EP Patent 258 968, March 9, 1988.
[39] W.W. Frenier, Well treatment fluids comprising chelating agents [P]. WO Patent 0 183 639, assigned to Sofitech NV and Schlumberger Serv. Petrol and Schlumberger Canada Ltd. and Schlumberger Technol. BV and Schlumberger Holdings Ltd., November 8, 2001.
[40] M.L. Walker, W.G.F. Ford, W.R. Dill, R.D. Gdanski, Composition and method of stimulating subterranean formations [P]. US Patent 4 683 954, August 4, 1987.
[41] W.W. Frenier, C.N. Fredd, F. Chang, Hydroxy aminocarboxylic acids produce superior formulations for matrix stimulation of carbonates [C]. in: Proceedings Volume, SPE Europe Formation Damage Conf., The Hague, Netherlands, 2001, 5/21−22/2001.
[42] M. Brezinski, T.R. Gardner, W.M. Harms, J.L. Lane Jr., K.L. King, Controlling iron in aqueous well fracturing fluids [P]. EP Patent 599 474, assigned to Halliburton Co., June 1, 1994.
[43] K.H. Nimerick, C.L. Boney, Method of fracturing high temperature wells and fracturing fluid therefore [P]. US Patent 5 103 913, assigned to Dowell Schlumberger Inc., April 14, 1992.
[44] J. Zhang, G. Chen, Improvement of the temperature resistance of guar gum by silanization [J]. Advanced Materials Research(Durnten−Zurich, Switzerland): Pt. 1, Advanced Materials, 2012, 415−417 : 652−655.
[45] H.D. Brannon, R.M. Hodge, K.W. England, High temperature guar−based fracturing fluid [P]. US Patent 4 801 389, assigned to Dowell Schlumberger Inc., January 31, 1989.
[46] I.S. Abou−Sayed, R.D. Hazlett, Removing fracture fluid via chemical blowing agents [P].US Patent 4 832 123, assigned to Mobil Oil Corp., May 23, 1989.
[47] A.R. Jennings Jr., Method of enhancing stimulation load fluid recovery [P]. US Patent 5 411 093, assigned to Mobil Oil Corp., May 2, 1995.
[48] K.A. Barsukov, V.Y. Ismikhanov, A.A. Akhmetov, G.S. Pop, G.A. Lanchakov, V.M. Sidorenko, Composition for hydro−bursting of oil and gas strata − consists of hydrocarbon phase, sludge from production of sulphonate additives to lubricating oils, surfactant−emulsifier and mineralised water [P]. SU Patent 1 794 082, assigned to Urengoi Prod. Assoc., February 7, 1993.
[49] B.L. Gall, D.R. Maloney, C.J. Raible, A.R. Sattler, Permeability damage to natural fractures caused by fracturing fluid polymers [C]. in: Proceedings Volume, SPE Rocky Mountain Reg Mtg., Casper, Wyo, 1988, 5/11−13/88 :pp. 551−560.
[50] C.F. Parks, P.E. Clark, O. Barkat, J. Halvaci, Characterizing polymer solutions by viscosity and functional testing [C]. in: Proceedings 192nd ACS Nat. Mtg., vol. 55, Amer. Chem. Soc. Polymeric Mater Sci Eng. Div Tech. Program, Anaheim, Calif., 1986, 9/7−12/86 :pp. 880−888.
[51] J.W. Ely, How intense quality control improves hydraulic fracturing [J]. World Oil 217 (11) (November 1996), 59, 60, 62−65, 68.
[52] J.W. Ely, B.C. Wolters, S.A. Holditch, Improved job execution and stimulation success using intense quality control [C]. in: Proceedings Volume, 37th Annu. Southwestern Petrol. Short Course Ass. et al. Mtg., Lubbock, Texas, 1990, 4/18−19/90 : pp. 101−114.
[53] S.N. Shah, P.C. Harris, H.C. Tan, Rheological characterization of borate crosslinked fracturing fluids employing a simulated field procedure [C]. in: Proceedings Volume, SPE Prod. Technol. Symp., Hobbs, N Mex, 1988, 11/7−8/88.
[54] S. Chakrabarti, C.Z. Marczewski, Determining the concentration of a cross−linking agent containing

zirconium [P]. GB Patent 2 228 996, assigned to British Petroleum Co. Ltd., September 12,1990.

[55] S. Chakrabarti, J.P. Martins, D. Mealor, Method for controlling the viscosity of a fluid [P]. GB Patent 2 199 408, assigned to British Petroleum Co. Ltd., July 6,1988.

[56] H.D. Brannon, J.P.R.M. Tjon, Characterization of breaker efficiency based upon size distribution of polymeric fragments [C]. in: Proceedings Volume, Annu. SPE Tech. Conf., Dallas,1995,10/22−25/95: pp. 415−429.

[57] B.L. Gall, C.J. Raible, The use of size exclusion chromatography to study the degradation of water-soluble polymers used in hydraulic fracturing fluids [C]. in: Proceedings 192nd ACS Nat. Mtg., vol. 55, Amer. Chem. Soc. Polymeric Mater Sci Eng. Div Tech. Program, Anaheim, Calif.,1986,9/7−12/86: pp. 572−576.

[58] A. Kyaw, B.S. Binti, Nor Azahar, S.Q. Tunio, Fracturing fluid (guar polymer gel) degradation study by using oxidative and enzyme breaker [J]. Research Journal of Applied Sciences, Engineering and Technology, 2012,4(12): 1667−1671.

[59] Petroleum and natural gas industries − Completion fluids and materials − Part 5: Procedures for measuring the long-term conductivity of proppants [M]. ISO Standard ISO-13503-5, International Organization for Standardization, Geneva, Switzerland,2006.

[60] Recommended practice for measuring the long-term conductivity of proppants [M]. API Standard API RP 19C, American Petroleum Institute, Washington, DC,2008.

[61] Q. Wen, S. Zhang, L. Wang, Y. Liu, X. Li, The effect of proppant embedment upon the long-term conductivity of fractures [J]. Journal of Petroleum Science & Engineering, February 2007,55(3−4): 221−227.

3 稠 化 剂

压裂液的主要添加剂就是稠化剂,稠化剂的类型对压裂液体系增压、携砂以及降滤失等性能指标具有决定性作用。水溶性聚合物作为稠化剂是水基压裂液的基本添加剂,主要包括植物胶、纤维素衍生物及合成聚合物。

3.1 纳米材料稠化剂

通常可采用水平钻井技术和水力压裂增产措施提高低渗透储层油气产能[19]。然而,开发出能够在储层条件下保持优良的流变特性,同时对地层的伤害最小化的压裂液,仍然具有挑战性。近年来,学者们越来越关注应用纳米技术来提升水力压裂增产效果,本章将详细介绍可用作稠化剂的化合物(表3.1)。

表3.1 稠化剂

化合物	参考文献
亲水和疏水性单体的水溶性共聚物,硅烷或硅氧烷的丙烯酸酯共聚物	[1]
羧甲基纤维素、聚乙二醇	[2-3]
黏土与纤维素醚复掺	[4]
含有酰胺改性羧基的聚糖	[5]
铝酸钠和氧化镁	[6]
热稳定羟乙基纤维素(HEC)溶液,由30%硫代硫酸铵或硫代硫酸钠和20%羟乙基纤维素配制	[7]
丙烯酸(AA)聚合物和疏水改性氧化烯	[8]
丙烯酸酯共聚物和乙烯基树脂(乙烯基磺酸盐-乙烯基酰胺)	[9]
阳离子类聚合物(聚半乳糖)和阴离子性黄胞胶	[10]
乙烯基氨基甲酸酯同丙烯酸或烷基丙烯酸酯缔合的共聚物	[11]
2-硝基烷基醚改性淀粉	[12]
聚葡糖醛酸	[13]
铬铁木素磺酸盐和羧甲基纤维素	[14]
纤维素微纤丝①	[15-16]
季烷基酰胺铵盐	[17]
壳聚糖②	[18]

注:① 约180℃高温下具有稳定性;
②溶于酸性溶液。

文献[19]综述了纳米颗粒在非常规储层压裂改造中的应用现状,同时详述了其作用机理、应用情况、研究结果、技术挑战以及未来的研究方向。

文献研究表明了纳米材料的应用前景,例如使用纳米交联剂和生物分子复合纳米材料可改善黏弹性表面活性剂压裂液、泡沫基压裂液和聚合物压裂液的流变性。以往的研究表明,纳米材料具有独特的性能:小尺寸、高比表面积、磁性、超强度和稳定性,可用于开发井下纳米传感器、纳米支撑剂、破胶剂以及降滤失剂。然而还需进一步研究纳米交联剂的交联机理和储层条件下纳米颗粒增强压裂液黏度的作用机理。

通常采用的纳米颗粒包括氧化铝、氧化铜、碳纳米管,以及低成本的碳酸钙、氧化硅和飞灰纳米颗粒等,这些材料在非常规储层中的潜在应用需进一步研究。借助纳米压裂液可实现非常规储层的润湿相转变和界面张力降低,提高油气采收率,因此纳米颗粒增强型压裂液的应用前景令人可期[19]。

近些年,压裂液添加了纳米颗粒材料[20]。这些纳米颗粒解决了压裂液的某些技术限制。例如,黏弹性表面活性剂压裂液在中渗透储层(200mD)中呈现高漏失率,应用温度范围也受限,温度超过104℃时,黏度显著降低。

硼酸交联凝胶的性能同储层压力紧密相关,其黏度在高压下显著下降。此外,在高温储层(>178℃)中,压裂液难以在所需时间内保持足够黏性。

为解决以上挑战,通常使用高浓度的合成聚合物,主要是丙烯酰胺基聚合物。加大聚合物添加量可在高温度条件下保持压裂液黏度的稳定性。然而,添加大量聚合物会加重由压裂液残渣导致的潜在储层伤害。这些挑战可以通过纳米技术解决,对水力压裂应用产生重大影响。

例如,添加氧化锌和氧化镁纳米颗粒后,黏弹性表面活性剂压裂液的极限工作温度从93℃提升至121℃。以硼酸官能团纳米二氧化硅颗粒为交联剂时,硼酸交联凝胶可在20000psi高压下保持黏性,常规硼酸交联凝胶在此高压条件下黏度至少下降80%。添加纳米颗粒后,黏弹性表面活性剂/聚合物混合流体的流变性也得到增强。使用泡沫可以减少压裂用水量。α-烯基磺酸盐配置的压裂液体系可以用二氧化碳进行发泡。氧化铝纳米颗粒可以稳定由α-烯基磺酸盐、黏弹性表面活性剂和二氧化碳生成的泡沫,在无水压裂中具有应用前景。

文献[20]综述了纳米颗粒材料的上述所有性能,并概述了纳米颗粒用于配置压裂液的最新进展。

3.1.1 聚合物

稠化剂的聚合物包括聚氨酯、聚酯、聚丙烯酰胺、天然聚合物和改性天然聚合物[21]。

3.1.2 pH值调节型稠化剂

离子聚合物的黏度取决于pH值。具体来讲,pH值调节型稠化剂可以通过丙烯酸、甲基丙烯酸、乙基丙烯酸酯、乙烯基单体(三苯乙烯基、乙烯氧基)和丙烯酸甲酯等单体共聚来制备。当pH值低于5.0时,该共聚物可提供稳定的水相胶体分散体,但当pH值调整到5.5至

10.5或更高时,该共聚物可作为水性体系的有效稠化剂[22-23]。

3.1.3 混合金属氢氧化物

典型的膨润土钻井液在添加混合金属氢氧化物时,会转变为一种剪切性极强的稀化液[24]。在静止状态下,这些流体表现为具有极高黏度,但当施加剪应力时,其稠度会被稀释接近至水。

从理论上讲,可以用金属氢氧化物与膨润土形成一个三维的、脆弱的网络来解释两者混合流体的剪切变稀现象。

带正电的混合金属氢氧化物颗粒附着在带负电的膨润土薄片表面。通常,氢氧化铝镁盐用作金属氢氧化物混合剂。

混合金属氢氧化物在钻井应用中具有以下优点[25]:

(1)高钻屑清除率;
(2)关井期间固体悬浮;
(3)泵阻力降低;
(4)稳定井眼;
(5)钻井速率高;
(6)保护生产储层。

混合金属氢氧化物钻井液已成功用于水平井、河流、道路和海湾下的隧道掘进,流体钻探,使用连续油管的大直径井孔钻探,以及扩孔胶结管。

混合金属氢氧化物可以由用铵处理的相应氯化物制备[26]。对各种钻井液进行的实验表明,混合金属氢氧化物体系与丙二醇的配伍性良好[27],对所测钻井液的表皮损伤最小。

由天然矿物,特别是水滑石制成的热活化混合金属氢氧化物,除了镁和铝成分外,可能还含有少量或痕量金属杂质,这些成分对活化特别有用[28]。

文献[29-30]描述了具有三维空间晶格结构的石榴石型[$Ca_3Al_2(OH)_{12}$]二价和三价金属混合氢氧化物。

3.2 水基压裂液用稠化剂

胶凝剂也被称为增黏剂,是指一种可以使压裂液变成凝胶,从而增加其黏度的材料[31]。

适合的胶凝剂包括瓜尔胶、黄胞胶、韦兰胶、刺槐豆胶、茄替胶、卡拉胶、罗望子胶、黄蓍胶。瓜尔胶可以被官能化成羟乙基瓜尔胶、羟丙基瓜尔胶或羧甲基瓜尔胶。水溶性纤维素醚的例子包括甲基纤维素、羧甲基纤维素(CMC)、HEC和羟乙基羧甲基纤维素[31]。人工聚合物已经进行了应用,例如来自AM、甲基丙烯酰胺、AA或甲基丙烯酸的共聚物,或来自2-丙烯酰胺基-2-甲基-1-丙烷磺酸(AMPS)衍生物和N-乙烯基吡啶的共聚物[31],但也使用天然多糖及其衍生物[32]。相对少量加入时,其可以增加流体的黏度。表3.2列出了适合压裂液的聚合物。

表 3.2 适用于压裂液的稠化剂概述

稠化剂	参考文献
羟丙基瓜尔胶①	
半乳甘露聚糖②	[33]
HEC 改性的乙烯基膦酸	[34]
羧甲基纤维素	
N-乙烯基内酰胺单体与乙烯基磺酸盐的聚合物③	[35]
网状细菌纤维素④	[36]
细菌分泌黄胞胶⑤	[37]

注：① 普通用途的增稠效果是淀粉的 8 倍；
② 与硼基交联剂一起使用可提高温度稳定性；
③ 高温稳定性；
④ 优异的流体性能；
⑤ 产生高黏度。

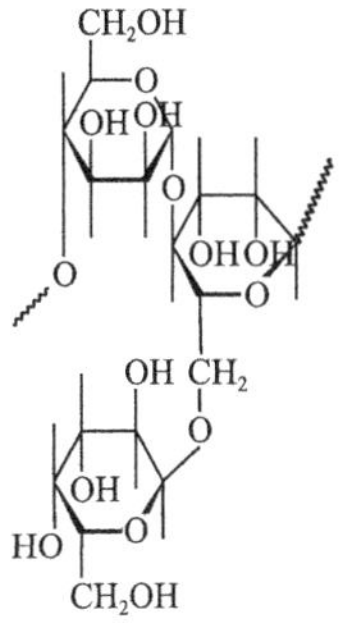

瓜尔胶如图 3.1 所示。在羟丙基瓜尔胶中，一些羟基与氧代丙基单元醚化。烃类压裂液胶凝的成分与水相压裂液的成分有本质的不同。配方可由胶凝剂、磷酸酯、交联剂、多价金属离子和催化剂、脂肪季铵盐组成[38]。

一些商用的锆酸盐交联剂，如四（三乙醇胺）锆酸盐，在高 pH 值条件下交联过快，从而因剪切降解而导致黏度显著下降[39]。

相比之下，也可以使用三乙醇胺[40-42]的其他锆络合物，但其交联速度较慢[39]。另外，观察到由于剪切降解引起的类似黏度损失。

已经开发了一种包含 pH 缓冲剂，可交联的有机聚合物和锆交联剂溶液的水基交联剂[39]。锆络合物含有链烷醇胺和乙二醇。

图 3.1 瓜尔胶的结构单元

最适用的四烃基锆酸盐是四（正丙醇锆酸盐），可用作正丙醇溶液中的 TYZORNPZ，锆的 ZrO_2 含量约为 28%（按重量计）。

该成分还包含可交联的有机聚合物，例如瓜尔胶衍生物。然而，当成分的 pH 值小于 6.0 或大于 9.0，或当储层渗透率较小，使得储层中残余固体量较低而防止储层伤害时，可加入羧甲基壳聚糖[39]。

3.2.1 瓜尔胶

瓜尔胶是瓜尔豆属豆科植物瓜尔豆（Cyamopsis tetragonolobus）的一种多糖分支，原产于印度，在美国南部也有发现。其分子质量约为 220kDa，主链由甘露糖组成，侧链由半乳糖组成。甘露糖与半乳糖的比例为 2:1。

具有这种结构的多糖被称为异甘露聚糖，尤其是半乳甘露聚糖。因此瓜尔胶的衍生物被称为半乳甘露聚糖。

瓜尔胶基胶凝剂,通常是羟丙基瓜尔胶,由于其理想的流变性,经济性和易水合性而被广泛用于增稠压裂液。非乙酰化黄胞胶是黄胞胶的一种变体,其可与瓜尔胶协同作用,在较低的聚合物浓度下提供优异的黏度和颗粒输送。

硼酸盐交联和锆酸盐交联的羟丙基瓜尔胶液的静态漏失实验表现出几乎相同的滤失系数[43]。对其应力敏感性的研究表明,锆酸盐滤饼具有黏弹性,而硼酸盐滤饼仅具有弹性。对于各类岩心渗透率,非交联流体没有表现出滤饼类型的行为,而是取决于多孔介质特性的黏性流动。

在用瓜尔胶胶凝的水溶液中加入乙二醇类(EG)可以增加液体的黏度并稳定卤水液体。这种液体在27~177℃(80~350°F)的高温下更稳定。水力压裂作业后,使用少量的瓜尔胶聚合物可最大程度地减少储层伤害,但是通过添加EG可以达到相同的黏度[44]。

交联剂可以是硼酸盐、钛酸盐或锆酸盐。通过添加硫代硫酸钠可以改善凝胶的稳定性。图3.2表示了含2.4kg/m³瓜尔胶和5%KCl的卤水加入不同剂量的EG在93℃(200°F)下的黏度变化。

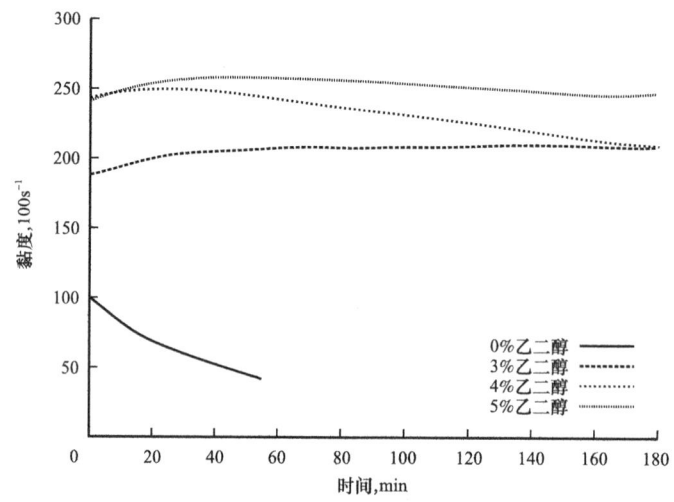

图3.2 不同含量的乙二醇(EG)的瓜尔胶卤水黏度[44]

以乙二胺四乙酸钠衍生物为破胶剂,与EG复配,可相应调节黏度随时间的衰减[44]。

瓜尔胶中的阴离子半乳甘露聚糖被认为适合用作稠化剂,该阴离子半乳甘露聚糖是通过用AMPS和1-烯丙氧基-2-羟丙基磺酸[45]生成的磺酸酯基团将羟基部分酯化而得。当单独使用或与阳离子聚合物组合使用并且分布在溶剂中时,该组分能够使黏度增强。

多羟基化合物可以通过各种反应进行改性。以葡萄糖为模拟化合物的醚化反应如图3.3所示。用于瓜尔胶改性的乙烯基化合物如图3.4所示。

可通过加入难溶性硼酸盐(溶解速度较慢)来提高含半乳甘露聚糖聚合物的压裂液的温度稳定性。这提供了一种用于在高温下增溶的硼源,从而增强了半乳甘露聚糖聚合物的交联。

纳米颗粒对压裂液流变性的影响已有研究[46]。在气化生成的碳纤维上涂上二氧化硅,然后用十八烷基三氯硅烷进行官能化处理。该改性纤维可被添加到压裂液凝胶中。在pH值分

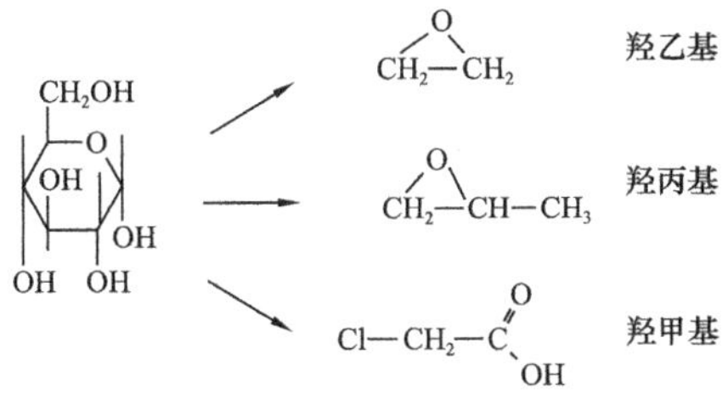

图 3.3 多羟基化合物的改性 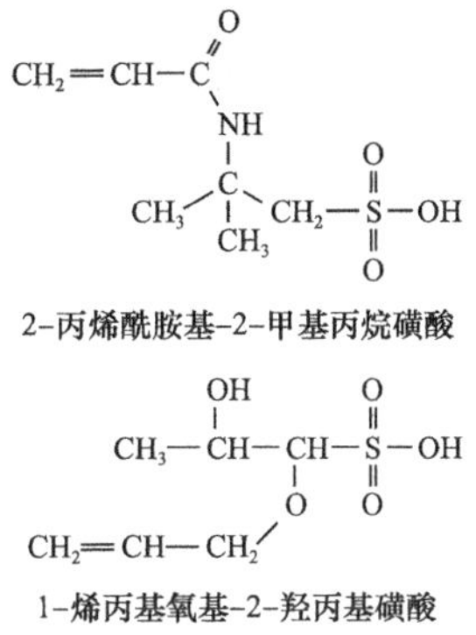　　　图 3.4 瓜尔胶的乙烯基改性剂

别为 8.6、9.3 和 10.3 的条件下进行的流变性测量表明,与压裂液通常使用的凝胶相比,只有在 pH 值较低的条件下,凝胶才会发生相互作用。

加入改性纳米颗粒最低限度地增加了瓜尔胶的储能模量。这些凝胶的表现与普通瓜尔胶相似,在施加的剪切作用下不会对凝胶造成永久性损伤。此外,加入改性纳米颗粒也不会改变瓜尔胶的结构和交联位置[46]。

将聚烷氧基亚烷基酰胺接枝到瓜尔胶上,可得到合适的瓜尔胶衍生物。瓜尔胶或羟丙基瓜尔胶的改性可通过三个步骤实现[47]:

(1)与氯乙酸钠的羧甲基化;
(2)与硫酸二甲酯的酯化反应;
(3)用聚烷氧基亚烷基酰胺酰胺化。

随后进行了红外光谱分析。用分子质量为 300～3000Da 的聚烷氧基亚烷基酰胺对一系列羧甲基化程度为 0.2～0.3 的羟丙基瓜尔胶衍生物进行了改性。

为了调节最终材料的疏水性,聚烷氧基亚烷基酰胺中的氧丙烯与氧乙烯的比例在 9:1 至 8:58 之间。接枝聚合物的黏度比纯瓜尔胶低一到两个数量级[47]。

3.2.2　羟乙基纤维素

在过氧化氢和亚铁盐的反应产物的存在下,HEC 可以通过与乙烯基膦酸的反应进行化学改性。HEC 与乙烯基膦酸可形成接枝共聚物。

直链淀粉是一种水溶性的葡萄糖线性聚合物。直链淀粉和纤维素之间的区别在于葡萄糖单元的连接方式;直链淀粉具有 α- 键,而纤维素含有 β- 键。由于这种差异,直链淀粉可溶于水,而纤维素则不可溶。化学改性使纤维素具有水溶性。直链淀粉和纤维素如图 3.5 所示。

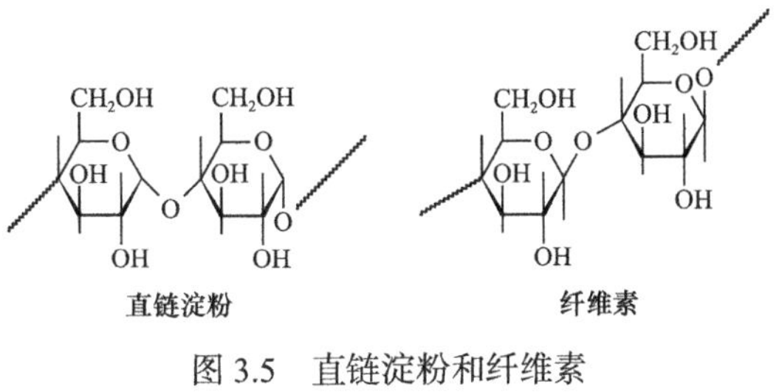

图 3.5　直链淀粉和纤维素

有学者提出将改性 HEC 用作水力压裂液的稠化剂[34]。可以使用多价金属阳离子来交联聚合物分子以进一步增加压裂液的黏度。

3.2.3 生物技术产品

(1) 结冷胶。

结冷胶是一种由伊乐藻假单胞菌产生的胞外多糖的总称。其是一种分子质量为 500kDa 的线性阴离子多糖,由 1,3-β-D- 葡萄糖、1,4-β-D- 葡萄糖、1,4-β-D- 葡萄糖和 1,4-α-L- 鼠李糖组成。

(2) 威兰胶。

威兰胶通过有氧发酵生产。其主链与结冷胶相同,但侧链由 L- 甘露糖或 L- 鼠李糖组成,可用于降滤失剂中,与碱性溶液中的钙离子配伍性良好。

(3) 网状细菌纤维素。

与传统纤维素不同,网状细菌纤维素具有交织的网状结构,具有独特的性能和功能。其可在水性系统的各种条件下改善流体流变性和颗粒悬浮性[36]。

(4) 黄胞胶。

黄胞胶由野油菜黄单胞菌产生,1964 年便已投入商业应用。黄胞胶是水溶性多糖聚合物,重复单元的分子结构[48]见表 3.3 和图 3.6。

表 3.3 变种黄胞胶

单体数	重复单元	比例
五聚体	D- 葡萄糖:D- 甘露糖:D- 葡萄糖醛酸	2:2:1
四聚体	D- 葡萄糖:D- 甘露糖:D- 葡萄糖醛酸	2:1:1

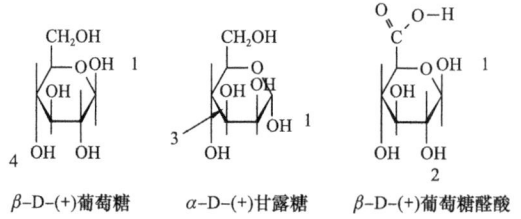

图 3.6 烃类及其衍生物

D- 葡萄糖部分以 β-(1,4) 构型连接,并且内部 D- 甘露糖部分以 α-(1,3) 构型连接,通常与葡萄糖部分交替。D- 葡萄糖醛酸部分以 β-(1,2) 构型连接到内部甘露糖部分。外侧甘露糖部分以 β-(1,4) 构型连接到葡萄糖醛酸部分。

通常油田采用的是黄胞胶发酵液,其中含有 8%~15% 的聚合物。与其他多糖相比,其黏度与温度的相关性较小。

3.2.4 黏弹性压裂液配方

与常规聚合物配方相比,黏弹性表面活性剂(VES)压裂液具有以下优点[49]:

(1)含油区的渗透率更高;
(2)较低的地层或地下伤害;
(3)压裂后稠化剂回收率更高;
(4)无须酶或氧化剂来降低黏度;
(5)易于水合作用,并更快地积聚至最佳黏度。

VES压裂液的缺点是成本高,耐盐性低,在深井压裂应用中高温稳定性差。目前在这些方面已有所突破。

黏弹性流体的成分是一种两性离子表面活性剂,芥酸酰胺基丙基甜菜碱,一种阴离子聚合物或N-芥酸-N,N-双(2-羟乙基)-N-甲基氯化铵,聚萘磺酸盐和阳离子表面活性剂,甲基聚氧乙烯十八烷基氯化铵和聚氧乙烯椰油烷基伯胺[49-50]。相应的流体具有很好的黏弹性。

典型的黏弹性表面活性剂是N-芥酸-N,N-双(2-羟乙基)-N-甲基氯化铵和油酸钾,与相应的活化剂如水杨酸钠和氯化钾混合时形成凝胶溶液[51]。

阳离子表面活性剂既可溶于有机溶剂,也可溶于无机溶剂。通过在活性表面活性剂单元上附加多个长链烷基,可提高其在烃类溶剂中的溶解度[51]。例如:十六烷基三丁基膦和三辛基甲基铵离子。

相反,黏弹性溶液的阳离子表面活性剂具有一个相当长的线性烃基,其附着在表面活性剂基团上。显然,在结构方面,不可能制备出满足在烃类中具有一定溶解度又具有黏弹性的溶液。

于是,设计了一种折中方案,既适用于可逆增稠水基井筒流体、同时可溶于有机流体和水溶液的表面活性剂化合物。

牛脂酰胺基丙基胺氧化物[52]是一种适合非离子表面活性剂的凝胶剂。相比阳离子流体类型,非离子流体对生产储层的伤害较小,并且比阴离子胶凝剂更有效。

含支链的油酸酯合成过程为:2-甲基油酸甲酯或2-甲基油酸酯可在嘧啶基催化剂存在下由油酸甲酯和碘甲烷制备[51],然后将甲酯水解得到2-甲基油酸。

通常认为,与VES凝胶液接触会瞬间降低凝胶的黏度,但已发现矿物油可作为VES凝胶液系统的内部破胶剂[53]。给定温度下的黏度破坏速率受盐类型和盐量的影响。对于低分子矿物油,需要在VES组分添加到水溶液后再将其添加。

通过使用内部破胶剂组合,可以确定VES压裂液的初始和最终破胶时间。除矿物油外,还可使用脂肪酸化合物或细菌作为内部破胶剂[53-54]。

3.2.5 其他聚合物

丙烯酸2-乙基己酯和丙烯酸的共聚物既不溶于水也不溶于烃类。酯单元具有疏水性,酸单元具有亲水性。粒径小于10μm的水悬浮液可用于制备水性水力压裂液[55]。丙烯酸2-乙基己酯如图3.7所示。

N-乙烯基内酰胺或含乙烯基的磺酸盐单体的水溶性聚合物可减少高温地下环境中井处理

液的失水并提升其他性能[35]。加入褐煤、单宁酸和沥青材料作为分散剂。乙烯基单体如图 3.8 所示。

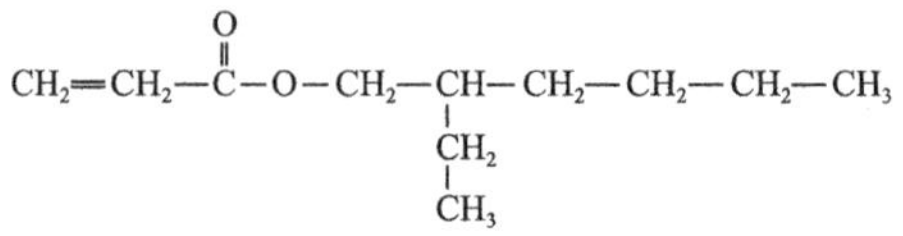

$$CH_2=CH_2-\overset{O}{\underset{}{C}}-O-CH_2-\overset{}{\underset{CH_3}{CH}}-CH_2-CH_2-CH_3$$

图 3.7　丙烯酸 2-乙基己酯

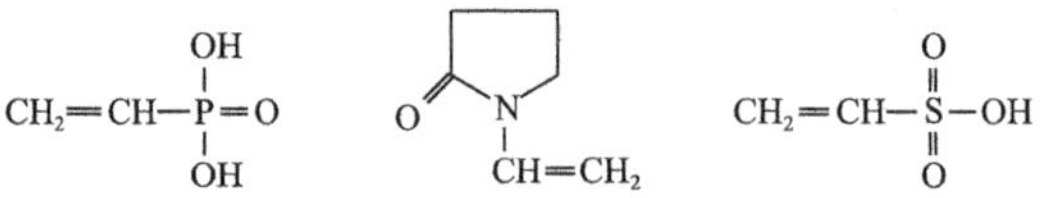

$$CH_2=CH-\overset{OH}{\underset{OH}{P}}=O \qquad \text{N-乙烯基吡咯烷酮} \qquad CH_2=CH-\overset{O}{\underset{O}{S}}-OH$$

乙烯基膦酸　　　　　　N-乙烯基吡咯烷酮　　　　　乙烯基磺酸

图 3.8　合成稠化剂的单体

（1）丙交酯聚合物。

可降解热塑性丙交酯聚合物可适用于压裂液。水解是丙交酯聚合物降解的主要机制[56]。

（2）可生物降解的配方。

建议使用可生物降解的钻井液配方,该配方中多糖的浓度不会造成细菌污染。聚合物是一种高黏度 CMC,对多糖降解产生的细菌酶敏感[57]。

采用简单的生化需氧量测定方法对水中溶解氧含量进行了测定,研究了 7 种钻井液添加剂的生物降解性能。淀粉的生物降解性较高,但烯丙基单体聚合物和含芳香族添加剂的生物降解性较低[58]。

3.3　浓缩液

长久以来,通过使用传统的分批混合技术进行压裂增产作业,这涉及到在储罐中预混合化学品并循环流体,直到获得所需的胶凝液流变性。这种方法非常耗时,如果混合过早结束,则石油公司的液体处理成本负担较大。

若凝胶液的制备能够根据需求进行,则可以避免泄漏或处理过程中的环境伤害。因此,利用水、甲醇和油开发了凝胶液按需制备技术[59]。该制备程序不需要分批混合,最大限度地减少了化学品和基液的处理。客户只对所使用的产品收费,而且几乎消除了有关处理的环境问题。由计算机监控化学品的添加,结合现场程序,确保整个处理过程的质量控制。在处理过程中,通过改变聚合物添加量,可以准确地改变流体流变性。

通过分批混合干粉程序发展出了羟丙基瓜尔胶的柴油基浓缩液的应用[60]。这种浓缩物的应用降低了压裂液体系的要求,使用羟丙基瓜尔胶的柴油基浓缩液减少了物流成本,提升了相关公司的收益。

表 3.3 列出了压裂浓缩携砂液的组分。这种聚合物浓缩携砂液在适当的 pH 值下与水混合时容易分散和水合,从而产生高黏度的水基压裂液。压裂浓缩携砂液有助于在井场连续生产大量的高黏度处理液。合适的表面活性剂如图 3.9 所示。

表 3.3 浓缩携砂液组分[61]

组分	示例
疏水性溶剂	柴油
悬浮剂	有机黏土
表面活性剂	乙氧基化壬基酚
水溶聚合物	羟丙基瓜尔胶

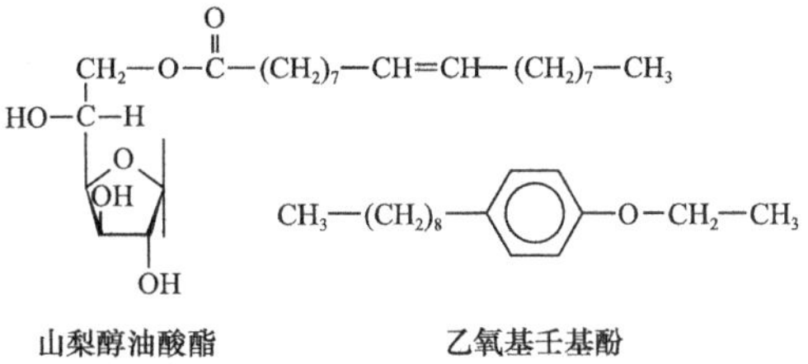

图 3.9 浓缩携砂液用表面活性剂

通过将聚合物添加到含有黄胞胶作为稳定剂的浓甲酸钠溶液中,制备不小于 15% 的 HEC、疏水改性纤维素醚、疏水改性 HEC、甲基纤维素、羟丙基甲基纤维素和聚环氧乙烷的流化水悬浮液[62]。

黄胞胶在加入甲酸钠之前先溶解在水中。然后将聚合物添加到溶液中,形成聚合物的流体悬浮液。聚合物悬浮液可用作后续使用的水性浓缩液。

3.4 油基压裂液用稠化剂

3.4.1 有机凝胶磷酸铝盐酯

柴油或原油的稠化剂可以使用磷酸二酯或含有磷酸二酯的铝化合物来制备[63]。金属磷酸二酯的制备方法是将三酯与五氧化二磷反应生成聚磷酸盐,然后与己醇反应生成磷酸二酯[64]。

然后将后一种双酯化合物与柴油中的非亲水性铝化合物[如异丙醇铝(图 3.10)]一起添加到有机液体中,由此生成金属磷酸盐双酯。控制先前反应步骤中的条件可获得具有良好黏度—温度和时间特性的凝胶。所有试剂基本上不含水,不会影响 pH 值。磷酸二酯的合成如图 3.11 所示。其通过磷酸三乙酯、五氧化二磷和与己醇的酯化反应而生成。

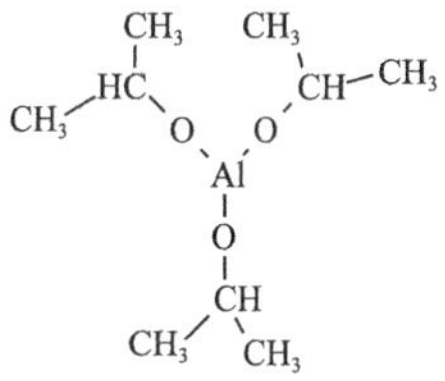

磷酸酯的增强剂包括氨基化合物[65]。2-乙基己酸三铝盐可与脂肪酸一起用作活化剂[66]。

图 3.10 异丙醇铝

另一种制备油基烃类凝胶的方法是使用铁盐[67]而不是铝化合物与正磷酸酯结合。铁盐的优点是可以在大量水(含量可达 20%)的存在下使用。铁盐的 pH 应用范围很广。仍可利用常见的破胶添加剂来破坏所形成的化学键。

3.4.2 柴油用增黏剂

N, *N*– 二甲基丙烯酰胺和 *N*, *N*– 二甲氨基丙基甲基丙烯酰胺、一元羧酸和乙醇胺的共聚物可用作柴油或煤油的增黏剂[68]。这些化合物如图 3.12 所示。

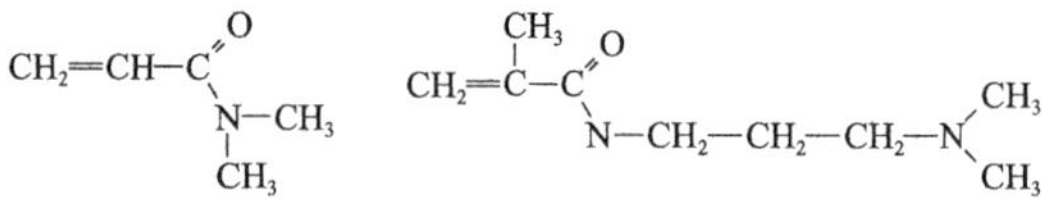

N，*N*–二甲基丙烯酰胺　　二甲氨基丙基甲基丙烯酰胺

图 3.12　柴油增黏剂共聚物单体

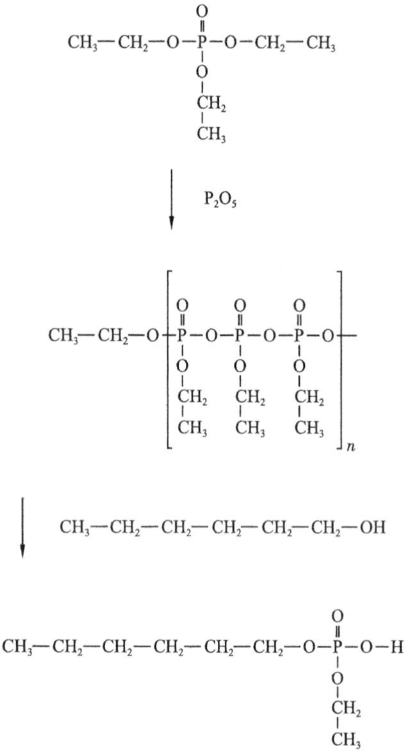

磷酸乙基己酯

图 3.11　磷酸酯（高磷）的合成

3.5　黏弹性

黏弹性材料在机械变形下表现出黏弹性性质。这种材料在应力—应变曲线上表现出滞后现象。此外，在恒定应变下发生应力松弛，即应力减小。此外，黏弹性材料具有蠕变性。

詹姆斯·克拉克·麦克斯韦（James Clerk Maxwell）早在 1867 年就为这种材料建立了一个简单的模型[69]。麦克斯韦流体或麦克斯韦材料可以用理想的黏滞阻尼器和串联的理想弹性弹簧进行模拟。基础模型装置如图 3.13 所示。

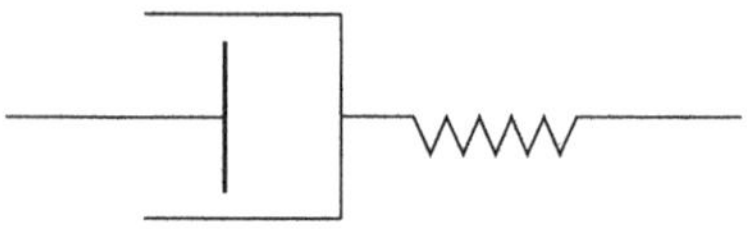

阻尼器　　弹簧

图 3.13　麦克斯韦模型

因此，麦克斯韦模型既能解释弹性性质又能解释黏性性质。文献已讨论过麦克斯韦模型的一些基本问题[70]。麦克斯韦基础模型可以表示为式（3.1）：

$$\frac{\mathrm{d}\varepsilon_{\mathrm{t}}}{\mathrm{d}t}=\frac{\mathrm{d}\varepsilon_{\mathrm{d}}}{\mathrm{d}t}+\frac{\mathrm{d}\varepsilon_{\mathrm{s}}}{\mathrm{d}t}=\frac{\sigma}{\eta}+\frac{1}{E}\frac{\mathrm{d}\sigma}{\mathrm{d}t} \tag{3.1}$$

总伸长量 ε_t 在时间 t 内的变化是阻尼器伸长量 ε_d 的变化和弹簧伸长量 ε_t 的变化之和。式（3.1）的右项仅包含牛顿流动定律和理想弹簧胡克伸长定律，即：

$$\frac{\mathrm{d}\varepsilon_{\mathrm{d}}}{\mathrm{d}t}=\frac{\sigma}{\eta}$$

$$\varepsilon_{\mathrm{s}}=\frac{1}{E}\sigma$$

后者以相当罕见的微分形式出现。

其中 η 是牛顿黏度，σ 是应力，E 是弹性模量。如果弹簧和阻尼器是并联耦合而不是串联耦合的，则采用 Kelvin–Voigt 模型，该模型原理与自动关闭门原理类似。

黏弹性的性质已经进行了大量的研究[71]。阳离子表面活性剂的水溶液具有很强的离子结合力,表现出类似凝胶的性质。

采用流变学和动态光散射相结合的方法研究了在阳离子表面活性剂体系中形成的黏弹性溶液的微观结构转变和流变性[72],研究发现流变行为可能极其复杂。在以十二烷基三乙基溴化铵和十二烷基硫酸钠为基础的表面活性剂体系的研究中,在一定的表面活性剂浓度以上,因小圆柱形胶束的生长而开始形成蠕虫状胶束。在中等浓度范围内,体系表现出线性黏弹性,具有麦克斯韦流体特性。最终。在较高的表面活性剂浓度下,线性胶束转变为支链结构。

零剪切速率下的黏度随表面活性剂总浓度(十二烷基三乙基溴化铵与十二烷基硫酸钠之比为27:73)的变化如图3.14所示。

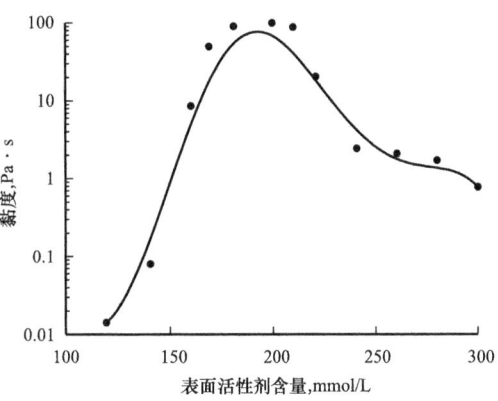

图3.14 表面活性剂黏度与浓度的关系[72]

3.5.1 黏弹性表面活性剂稠化剂

黏弹性的存在是因存在不同类型的胶束,而不是通常由大多数表面活性剂形成的球形胶束。VES被认为是通过分子组织成胶束来增加水溶液的黏度。球形胶束不会增加黏度;但在胶束具有细长构型时,例如棒状或蠕虫状,其会相互缠绕,从而增加液体的黏度[73]。

拉长型VES结构具有活性,因为VES型表面活性剂的连续交换,使VES胶束结构保留在水溶液中,其他表面活性剂离开水溶液才会恢复或再次恢复VES胶束结构。

VES溶液表现出剪切变稀行为,在反复高剪切时,仍然保持稳定。相比之下,一般的聚合物稠化剂在高剪力作用下会发生不可逆降解[74]。

内部破胶剂的工作原理是将VES胶束从棒状或蠕虫状的细长结构重新排列成球形结构。换句话说,破胶剂将黏性细长胶束结构折叠或重排为非性滞的、更加球形的胶束结构[73]。

3.5.2 剪切恢复增强剂

一些黏弹性表面活性剂流体在受到高剪力时表现出低剪切恢复。然而,由于剪切恢复时间过长会妨碍深井油田的应用。增强剪切恢复剂减少了黏弹性表面活性剂的剪切恢复时间。

增强剪切恢复剂基于烷基聚葡糖苷、聚葡糖苷或基于乙二醇乙醚丙烯酸酯的共聚物。葡糖酰胺由葡萄糖的环状形式组成,其中半缩醛基的氢已被烷基或芳基部分取代。葡萄糖苷和葡糖酰胺的基本结构如图3.15所示。

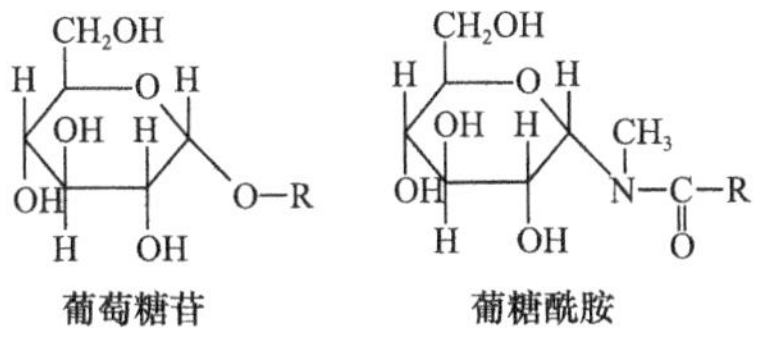

图3.15 葡萄糖苷和葡糖酰胺的结构[74]

黏弹性表面活性剂流体通过混合合适的表面活性剂而制成,当表面活性剂浓度明显超过临界水平,并最终在电解质的影响下,表面活性剂分子聚集并形成相互作用的结构,如胶束结构,从而表现为具有黏弹性行为的网络[75]。

黏弹性表面活性剂溶液可以通过在表面活性剂的浓溶液中加入某些试剂而形成。表面活性剂为长链季铵盐，如十六烷基三甲基溴化铵。

参 考 文 献

[1] V. Meyer, A. Audibert-Hayet, J.P. Gateau, J.P. Durand, J.F. Argillier, Water-soluble copolymers containing silicon [P]. GB Patent 2 327 946, assigned to Inst. Francais Du Petrole, February 10, 1999.

[2] A.O. Lundan, P.H. Anas, M.J. Lahteenmaki, Stable cmc (carboxymethyl cellulose) slurry [P]. WO Patent 9 320 139, assigned to Metsa Serla Chemicals Oy, October 14, 1993.

[3] A.O. Lundan, M.J. Lahteenmaki, Stable cmc (carboxymethyl cellulose) slurry [P]. US Patent 5 487 777, assigned to Metsa Serla Chemicals Oy, January 30, 1996.

[4] S. Rangus, D.B. Shaw, P. Jenness, Cellulose ether thickening compositions [P]. WO Patent 9 308 230, assigned to Laporte Industries Ltd., April 29, 1993.

[5] J.G. Batelaan, P.M. van der Horts, Method of making amide modified carboxylcontaining polysaccharide and fatty amide-modified polysaccharide so obtainable [P]. WO Patent 9 424 169, assigned to Akzo Nobel NV, October 27, 1994.

[6] B.B. Patel, Fluid composition comprising a metal aluminate or a viscosity promoter and a magnesium compound and process using the composition [P]. EP Patent 617 106, assigned to Phillips Petroleum Co., September 28, 1994.

[7] C.A. Lukach, J. Zapico, Thermally stable hydroxyethylcellulose suspension [P]. EP Patent 619 340, assigned to Aqualon Co., October 12, 1994.

[8] J.B. Egraz, H. Grondin, J.M. Suau, Acrylic copolymer partially or fully soluble in water, cured or not and its use (copolymere acrylique partiellement ou totalement hydrosoluble, reticule ou non et son utilisation) [P]. EP Patent 577 526, assigned to Coatex SA, January 5, 1994.

[9] K. Waehner, Experience with high temperature resistant water based drilling fluids (Erfahrungen beim Einsatz hochtemperatur-stabiler wasserbasischer Bohrspülung) [J]. Erdöl Erdgas Kohle, May 1990, 106(5): 200–201.

[10] M.H. Yeh, Compositions based on cationic polymers and anionic xanthan gum (compositions a base de polymeres cationiques et de gomme xanthane anionique) [P]. EP Patent 654 482, assigned to Rhone Poulenc Spec. Chem. C, May 24, 1995.

[11] J.M.I. Wilkerson, D.W. Verstrat, M.C. Barron, Associative monomers [P]. US Patent 5 412 142, assigned to Natl. Starch Chem. Inv. Corp., May 2, 1995.

[12] K.F. Gotlieb, I.P. Bleeker, H.A. van Doren, A. Heeres, 2-Nitroalkyl ethers of native or modified starch, method for the preparation thereof, and ethers derived therefrom [P]. EP Patent 710 671, assigned to Coop Verkoop Prod. Aard De, May 8, 1996.

[13] J. Courtois-Sambourg, B. Courtois, A. Heyraud, P. Colin-Morel, M. RinaudoDuhem, Polymer compounds of the glycuronic acid, method of preparation and utilization particularly as gelifying, thickening, hydrating, stabilizing, chelating or flocculating means [P]. WO Patent 9 318 174, assigned to Picardie Univ., September 16, 1993.

[14] V.S. Kotelnikov, S.N. Demochko, M.P. Melnik, V.P. Mikitchak, Improving properties of drilling solution - by addition of ferrochrome lignosulphonate and aqueous solution of cement and carboxymethyl cellulose [P]. SU Patent 1 730 118, assigned to Ukr. Natural Gas Res. Inst., April 30, 1992.

[15] B. Langlois, Fluid comprising cellulose nanofibrils and its use for oil mining [P]. WO Patent 9 802 499, assigned to Rhone Poulenc Chimie, January 22, 1998.

[16] B. Langlois, G. Guerin, A. Senechal, R. Cantiani, I. Vincent, J. Benchimol, Fluid comprising cellulose nanofibrils and its use for oil mining (Fluide comprenant des nanofibrilles de cellulose et son application pour l' exploitation de gisements petroliers) [P]. EP Patent 912 653, assigned to Rhodia Chimie, May 6, 1999.

[17] S. Subramanian, M. Islam, C.R. Burgazli, Quaternary ammonium salts as thickening agents for aqueous systems [P]. WO Patent 0 118 147, assigned to Crompton Corp., March 15, 2001.

[18] R.F. House, J.C. Cowan, Chitosan-containing well drilling and servicing fluids [P]. US Patent 6 258 755, assigned to Venture Innovations Inc., July 10, 2001.

[19] N. Yekeen, E. Padmanabhan, A.K. Idris, P.S. Chauhan, Nanoparticles applications for hydraulic fracturing of unconventional reservoirs: a comprehensive review of recent advances and prospects [J]. Journal of Petroleum Science & Engineering, 2019, 178: 41−73.

[20] G.A. Al-Muntasheri, F. Liang, K.L. Hull, Nanoparticle-enhanced hydraulic-fracturing fluids: a review [J]. SPE Production & Operations, 2017, 32(02): 186−195.

[21] J.G. Doolan, C.A. Cody, Pourable water dispersible thickening composition for aqueous systems and a method of thickening said aqueous systems [P]. US Patent 5 425 806, assigned to Rheox Inc., June 20, 1995.

[22] F. Robinson, Polymers useful as pH responsive thickeners and monomers therefor [P]. WO Patent 9 610 602, assigned to Rhone Poulenc Inc., April 11, 1996.

[23] F. Robinson, Polymers useful as pH responsive thickeners and monomers therefor [P]. US Patent 5 874 495, assigned to Rhodia, February 23, 1999.

[24] P. Lange, J. Plank, Mixed metal hydroxide (MMH) viscosifier for drilling fluids: properties and mode of action (Mixed Metal Hydroxide (MMH) − Eigenschaften und Wirkmechanismus als Verdickungsmittel in Bohrspülungen) [J]. Erdöl Erdgas Kohle, July−August 1999, 115(7−8): 349−353.

[25] J. Felixberger, Mixed metal hydroxides (MMH) − an inorganic thickener for waterbased drilling muds (Mixed Metal Hydroxide (MMH) − Ein anorganisches Verdickungsmittel für wasserbasierte Bohrspülungen) [C]. in: Proceedings Volume, DMGK Spring Conf., Celle, Ger, 1996, 4/25−26/96: pp. 339−351.

[26] J.L.I. Burba, G.W. Strother, Mixed metal hydroxides for thickening water or hydrophylic fluids [P]. US Patent 4 990 268, assigned to Dow Chemical Co., February 5, 1991.

[27] C.K. Deem, D.D. Schmidt, R.A. Molner, Use of MMH (mixed metal hydroxide)/propylene glycol mud for minimization of formation damage in a horizontal well [C]. in: Proceedings Volume, number 91−29, 4th Cade/Caodc Spring Drilling Conf., Proc., Calgary, Can, 1991, 4/10−12/91.

[28] G. Keilhofer, J. Plank, Solids composition based on clay minerals and use thereof [P]. US Patent 6 025 303, assigned to Skw Trostberg AG, February 15, 2000.

[29] J.L.I. Burba, E.F. Hoy, A.E. Read Jr., Adducts of clay and activated mixed metal oxides [P]. WO Patent 9 218 238, assigned to Dow Chemical Co., October 29, 1992.

[30] H. Mueller, W. Breuer, C.P. Herold, P. Kuhm, S. von Tapavicza, Mineral additives for setting and/or controlling the rheological properties and gel structure of aqueous liquid phases and the use of such additives, [P]. US Patent 5 663 122, assigned to Henkel KG Auf Aktien, September 2, 1997.

[31] T.D. Welton, B.L. Todd, D. McMechan, Methods for effecting controlled break in pH dependent foamed fracturing fluid [P]. US Patent 7 662 756, assigned to Halliburton Energy Services, Inc., Duncan, OK, February 16, 2010.

[32] Z.R. Lemanczyk, The use of polymers in well stimulation: an overview of application, performance and economics [J]. Oil Gas European Magazine, October 1992, 18(3): 20−26.

[33] T.C. Mondshine, Crosslinked fracturing fluids [P]. WO Patent 8 700 236, assigned to Texas United Chemical Corp., January 15, 1987.

[34] M.D. Holtmyer, C.V. Hunt, Crosslinkable cellulose derivatives [P]. EP Patent 479 606, assigned to Halliburton Co., April 8,1992.

[35] P. Bharat, Well treating fluids and additives therefor [P]. EP Patent 372 469, June 13,1990.

[36] J.A. Westland, D.A. Lenk, G.S. Penny, Rheological characteristics of reticulated bacterial cellulose as a performance additive to fracturing and drilling fluids [C]. in: Proceedings Volume, SPE Oilfield Chem. Int. Symp., New Orleans,1993,3/2-5/93: pp. 501-514.

[37] R.M. Hodge, Particle transport fluids thickened with acetylate free xanthan heteropolysaccharide biopolymer plus guar gum [P]. US Patent 5 591 699, assigned to Du Pont De Nemours & Co., January 7,1997.

[38] S. Lawrence, N. Warrender, Crosslinking composition for fracturing fluids [P]. US Patent 7 749 946, assigned to Sanjel Corporation, Calgary, Alberta, CA, July 6,2010.

[39] D.E. Putzig, Zirconium-based cross-linking composition for use with high pH polymer solutions [P].US Patent 8 153 564, assigned to Dorf Ketal Speciality Catalysts, LLC, Stafford, TX, April 10,2012.

[40] G.J. Rummo, R. Startup, Bisalkyl bis (trialkanol amine) zirconates and use of same as thickening agents for aqueous polysaccharide solutions [P]. US Patent 4 578 488, assigned to Kay-Fries, Inc., Stony Point, NY, March 25,1986.

[41] C.H. Kucera, Fracturing of subterranean formations [P]. US Patent 4 683 068, assigned to Dowell Schlumberger Incorporated, Tulsa, OK, July 28,1987.

[42] S.E. Baranet, R.M. Hodge, C.H. Kucera, Stabilized fracture fluid and crosslinker therefor [P]. US Patent 4 686 052, assigned to Dowell Schlumberger Incorporated, Tulsa, OK, August 11,1987.

[43] S.C. Zeilinger, M.J. Mayerhofer, M.J. Economides, A comparison of the fluid-loss properties of borate-zirconate-crosslinked and noncrosslinked fracturing fluids [C]. in: Proceedings Volume, SPE East Reg Conf., Lexington, KY,1991,10/23-25/91: pp. 201-209.

[44] P.A. Kelly, A.D. Gabrysch, D.N. Horner, Stabilizing crosslinked polymer guars and modified guar derivatives [P].US Patent 7 195 065, assigned to Baker Hughes Incorporated, Houston, TX, March 27,2007.

[45] M.H. Yeh, Anionic sulfonated thickening compositions [P]. EP Patent 632 057, assigned to Rhone Poulenc Spec. Chem. C, January 4,1995.

[46] H.R. Jafry, M. Pasquali, A.R. Barron, Effect of functionalized nanomaterials on the rheology of borate cross-linked guar gum [J]. Industrial & Engineering Chemistry Research,2011,50(6): 3259-3264.

[47] A. Bahamdan, W.H. Daly, Hydrophobic guar gum derivatives prepared by controlled grafting processes [J]. Polymers for Advanced Technologies,2007,18(8): 652-659.

[48] D.H. Doherty, D.M. Ferber, J.D. Marrelli, R.W. Vanderslice, R.A. Hassler, Genetic control of acetylation and pyruvylation of xanthan based polysaccharide polymers [P]. WO Patent 9 219 753, assigned to Getty Scientific Dev Co., November 12,1992.

[49] F. Li, M. Dahanayake, A. Colaco, Multicomponent viscoelastic surfactant fluid and method of using as a fracturing fluid [P]. US Patent 7 772 164, assigned to Rhodia, Inc., Cranbury, NJ, August 10,2010.

[50] I. Couillet, T. Hughes, Aqueous fracturing fluid [P]. US Patent 7 427 583, assigned to Schlumberger Technology Corporation, Ridgefield, CT, September 23,2008.

[51] T.G.J. Jones, G.J. Tustin, Process of hydraulic fracturing using a viscoelastic wellbore fluid [P]. US Patent 7 655 604, assigned to Schlumberger Technology Corporation, Ridgefield, CT, February 2,2010.

[52] P.M. McElfresh, C.F. Williams, Hydraulic fracturing using non-ionic surfactant gelling agent [P]. US Patent 7 216 709, assigned to Akzo Nobel N.V., Arnhem, NL, May 15,2007.

[53] J.B. Crews, T. Huang, A.D. Gabrysch, J.H. Treadway, J.R. Willingham, P.A. Kelly, W.R. Wood, Methods

and compositions for fracturing subterranean formations [P]. US Patent 7 723 272, assigned to Baker Hughes Incorporated, Houston, TX, May 25, 2010.

[54] J.B. Crews, Bacteria-based and enzyme-based mechanisms and products for viscosity reduction breaking of viscoelastic fluids [P]. US Patent 7 052 901, assigned to Baker Hughes Incorporated, Houston, TX, May 30, 2006.

[55] W.M. Harms, L.R. Norman, Concentrated hydrophilic polymer suspensions [P]. US Patent 4 772 646, September 20, 1988.

[56] C.E. Cooke Jr., Method and materials for hydraulic fracturing of wells using a liquid degradable thermoplastic polymer [P]. US Patent 7 569 523, August 4, 2009.

[57] J.J.M. Pelissier, S. Biasini, Biodegradable drilling mud (boue de forage biodegradable) [P]. FR Patent 2 649 988, January 25, 1991.

[58] D.R. Guo, J.P. Gao, K.H. Lu, M.B. Sun, W. Wang, Study on the biodegradability of mud additives [J]. Drilling Fluid and Completion Fluid, 1996, 13(1): 10-12.

[59] G. Gregory, D. Shuell, J.E. Thompson Sr, Overview of contemporary lfc (liquid frac concentrate) fracture treatment systems and techniques [C]. in: Proceedings Volume, number 91-01. 4th Cade/caodc Spring Drilling Conf., Proc., Calgary, Can, 1991, 4/10-12/91.

[60] W.M. Harms, M. Watts, J. Venditto, P. Chisholm, Diesel-based hpg (hydroxypropyl guar) concentrate is product of evolution [J]. Petroleum Engineer International, April 1988, 60(4): 51-54.

[61] H.D. Brannon, Fracturing fluid slurry concentrate and method of use [P]. EP Patent 280 341, August 31, 1988.

[62] C.L. Burdick, J.N. Pullig, Sodium formate fluidized polymer suspensions process [P]. US Patent 5 228 908, assigned to Aqualon Co., July 20, 1993.

[63] J.M. Gross, Gelling organic liquids [P]. EP Patent 225 661, assigned to Dowell Schlumberger Inc., June 16, 1987.

[64] D.A. Huddleston, Hydrocarbon geller and method for making the same [P]. US Patent 4 877 894, assigned to Nalco Chemical Co., October 31, 1989.

[65] G.G. Geib, Hydrocarbon gelling compositions useful in fracturing formations [P]. US Patent 6 342 468, assigned to Ethox Chemicals Llc., January 29, 2002.

[66] S. Subramanian, Y.P. Zhu, C.R. Bunting, R.E. Stewart, Gelling system for hydrocarbon fluids [P]. WO Patent 0 109 482, assigned to Crompton Corp., February 8, 2001.

[67] K.W. Smith, L.J. Persinski, Hydrocarbon gels useful in formation fracturing [P]. US Patent 5 417 287, assigned to Clearwater Inc., May 23, 1995.

[68] M.D. Holtmyer, C.V. Hunt, Method and composition for viscosifying hydrocarbons [P]. US Patent 4 780 221, October 25, 1988.

[69] J.C. Maxwell, On the dynamical theory of gases [J]. Philosophical Transactions of the Royal Society of London, January 1867, 157(1): 49-88.

[70] I.J. Rao, K.R. Rajagopal, On a new interpretation of the classical Maxwell model [J]. Mechanics Research Communications, October-December 2007, 34(7-8): 509-514.

[71] H. Rehage, H. Hoffmann, Rheological properties of viscoelastic surfactant systems [J]. Journal of Physical Chemistry, August 1988, 92(16): 4712-4719.

[72] H. Yin, Y. Lin, J. Huang, Microstructures and rheological dynamics of viscoelastic solutions in a catanionic surfactant system [J]. Journal of Colloid and Interface Science, October 2009, 338(1): 177-183.

[73] J.B. Crews, T. Huang, Use of oil-soluble surfactants as breaker enhancers for ves-gelled fluids [P]. US Patent 7 696 135, assigned to Baker Hughes Incorporated, Houston, TX, April 13, 2010.

[74] A. Colaco, J.-P. Marchand, F. Li, M.S. Dahanayake, Viscoelastic surfactant fluids having enhanced shear recovery, rheology and stability performance [P]. US Patent 7 279 446, assigned to Rhodia Inc., Cranbury, NJ, Schlumberger Technology Corporation, Sugarland, TX, October 9, 2007.

[75] P. Sullivan, Y. Christanti, I. Couillet, S. Davies, T. Hughes, A. Wilson, Methods for controlling the fluid loss properties of viscoelastic surfactant based fluids [P]. US Patent 7 081 439, assigned to Schlumberger Technology Corporation, Sugar Land, TX, July 25, 2006.

4 降 阻 剂

在地下井的钻井、完井和增产期间,通常通过管状结构(如管道或连续油管)泵送作业流体。作业流体中存在湍流会损失大量的能量。由于这些能量损失,则需要更多的能量来实现预期的作业[11]。

通过延迟流体组分的交联可实现低泵送摩阻压力,但也可加入用于减少管摩阻的特定添加剂。降阻剂的首次应用是在油井压裂中使用瓜尔胶,现在已成为常规做法。

水力压裂液中加入相对少量的细菌纤维素(0.60~1.8g/L)可增强其流变性[2]。提升了支撑剂的悬浮能力,减少了通过井套管的摩阻损失。

4.1 不配伍性

尽管季铵盐表面活性剂在与杀菌剂一起使用时更加有效,但一些季铵盐表面活性剂与阴离子降阻剂根本不配伍,而阴离子降阻剂也可用于储层改造作业。

据认为,这种固有的不配伍性是由于两种分子上的电荷引起的,这两种电荷可能导致季铵盐表面活性剂和降阻剂发生反应,最终形成沉淀物。此外,一些杀菌剂,例如氧化剂,可能会降解某些降阻剂[3]。

4.2 聚合物

聚丙烯酰胺(PAM)和聚丙烯酸酯聚合物和共聚物通常适用于高温井或各温度范围内的低浓度降阻剂[4]。为了减少泵送过程中的能量损失,在作业流体中加入了特定的降阻聚合物。

通常,降阻聚合物是高分子量聚合物,例如分子质量至少约为2.5MDa的聚合物。通常,降阻聚合物是线性和柔性的,比如丙烯酰胺(AM)和丙烯酸的共聚物[1]。目前降阻剂聚合物采用的单体见表4.1。

降阻聚合物可以是酸或盐。用于制备作业流体的多价离子水溶液会与降阻聚合物发生不必要的相互作用。多价离子会降低降阻聚合物的降阻效果。采用配位剂控制水中的多价离子,可以提高降阻聚合物的性能。

已经发现,将配位剂添加到浓缩聚合物组分中比添加到水中更有利于改善降阻聚合物的性能。在不溶于油的连续相中加入无机配位剂,可以大大改善降阻剂的性能。配位剂见表4.2。

表 4.1 降阻聚合物单体[1]

单体
丙烯酰胺
丙烯酸
2-丙烯酰胺基-2-甲基丙烷磺酸
N,N-二甲基丙烯酰胺
乙烯基磺酸
N-乙烯基乙酰胺
N-乙烯基甲酰胺
衣康酸
甲基丙烯酸
丙烯酸酯
甲基丙烯酸酯

表 4.2 配位剂[1,5]

复合物
碳酸盐
磷酸盐
焦磷酸盐
正磷酸盐
柠檬酸
葡萄糖酸
葡庚糖酸
乙二胺四乙酸
氨三乙酸

4.3 环境因素

降阻聚合物的使用对环境有一定的影响[6]。例如,以前使用的许多降阻聚合物属于油外相乳液聚合物,在添加到工作液中时,乳液相会发生逆转,将降阻聚合物释放到流体中。

虽然已成功在含降阻剂的水性前置液和其他水基工作液中得到应用,但降阻剂悬浮在烃类—水乳液中,因此具有毒性,对环境有害。因此,需要对降阻剂进行改性,使得其无毒且无环境影响[7]。

油外相乳液中的烃类载液会对作业流体的后续处置造成环境问题。除其他原因外,烃类的处置,例如外相乳液中的载液具有不良的环境特性,或者受到世界某些地区严格环境法规的限制[6]。

此外,存在于油外相乳液中的烃类载液也会污染地层中的水。在环境方面,水基降阻聚合物应该比其他类型的聚合物更合适用作降阻剂。

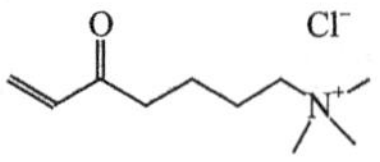

一种环保型降阻剂可以由 AM 和丙烯酸二甲氨基乙酯经氯化苄铵化的共聚物以及丙烯酰氧乙基三甲基氯化铵的稳定和分散均聚物配制而成[7]。该单体的结构如图 4.1 所示。

图 4.1 丙烯酰氧乙基三甲基氯化铵

4.4 二氧化碳泡沫压裂液

表 4.3 表示 2-丙烯酰胺基-2-甲基丙磺酸(AMPS)对含 20%体积二氧化碳的二氧化碳泡沫流体的降阻能力。

表 4.3 泡沫流体降阻剂,由基于 AMPS 的聚合物制备[8]

聚合物类型	AMPS,%	摩阻损失,%
丙烯酰胺,痕量丙烯酸酯	0	0
15%~20% AMPS,丙烯酰胺,痕量丙烯酸酯	15~20	13
阳离子丙烯酰胺	0	0
<10% AMPS,丙烯酰胺,痕量丙烯酸酯	10	0
阳离子丙烯酰胺	0	0
20%~25% AMPS,丙烯酰胺,丙烯酸酯	20~25	22
40% AMPS,丙烯酰胺,痕量丙烯酸酯	40	39

聚合物乳液:

AM 和阴离子单体(如丙烯酰胺基丙磺酸、丙烯酸、甲基丙烯酸、单丙烯酰氧基乙基磷酸酯或相应的碱金属盐)的共聚物可用作降黏组分[9]。

添加相对大量的表面活性剂可提高聚合物的亲水性和分散性,从而提高体系在压裂液中的稳定性。此外,即使在低能条件下,表面活性剂用量的增加也会增加添加剂的转化率。因此,少量的聚合物就可实现所需的降阻性能。

然而,反相表面活性剂会与乳化剂或乳液产生不利的相互作用,并在使用前将其破坏。因此,聚合物乳液通常加入少于 5%的反相表面活性剂。然而,含有如此少量反相表面活性剂的聚合物乳液可能无法提供所需的降阻效果,因为聚合物乳液未完全反相或者不耐盐水或耐酸。

在配方中,逐步添加两种溶剂表面活性剂组合[9]。萜烯溶剂是最佳选择,例如 d-柠檬烯、双戊烯、l-柠檬烯、d,l-柠檬烯、月桂烯和 α-蒎烯。表面活性剂可选择如下:乙氧基化甘油酯、乙氧基化山梨醇酯、乙氧基化烷基酚、乙氧基化醇、蓖麻油乙氧基化物、椰油酰胺乙氧基化物和山梨醇酐单油酸酯。表面活性剂应的亲水性—亲脂性平衡值应在 7 左右。

4.5 油包水乳液

乳液聚合可用于制备油包水乳液,获得降阻共聚物。乳液聚合工艺根据引发温度、引发剂的数量和类型、单体和搅拌速度而变化。表 4.4 中表示可用于合适的油外相共聚乳液的组分实例。

表 4.4 乳液聚合的组成[10]

组分	含量,%
石蜡/环烷烃有机溶剂	21.1732
妥尔油脂肪酸二乙醇胺	1.1209
聚氧乙烯山梨醇酐单油酸酯	0.0722
山梨糖醇单油酸酯	0.3014
丙烯酰胺	22.2248
4-甲氧基苯酚	0.0303
氯化铵	1.6191
丙烯酸	4.3343
乙二胺四乙酸	0.0237
过氧化氢叔丁基	0.0023
焦亚硫酸钠	0.2936
2,2'-偶氮二异丁基脒二盐酸盐	0.0311
乙氧基化 C_{12}-C_{16} 醇	1.3700
水	43.1737

使用不同浓度的丙烯酰胺和丙烯酸制备的降阻共聚物进行降阻试验。结果见表 4.5。

表 4.5 降阻效果[10]

时间,min	丙烯酰胺/丙烯酸			
	70/30	85/15	87.5/12.5	90/10
4	65.9	66.3	62.2	57.2
9	61.0	56.1	54.3	50.2
14	55.2	49.8	50.3	45.2
19	50.0	45.8	45.7	41.3
最大时间	69.7	71.1	70.7	69.7

4.6 带有弱不稳定键的聚丙烯酰胺

在聚合物主链中存在含有弱键的水溶性聚合物是非常有利的,这种聚合物在经历一定的触发条件(如温度、pH 值或还原剂)时可以被降解[11]。由于弱键在某些条件下降解的能力,此类聚合物可用于其预期用途,并且可随后以受控和预期的方式降解。该聚合物降解后形成的低分子量组分导致黏度降低和在水相中快速分隔,其也不易被吸附到储层表面。此外,不需要泵送氧化剂来破胶或清洁沉积的聚合物,从而节省处理时间。

研究表明,用含可降解基团和氧化金属离子的双官能还原剂作为氧化还原对是引发乙烯基聚合物自由基聚合并在其主链上构筑可降解基团的有效方法。

温度可降解但水解稳定的偶氮基团表现出最理想的性能。核磁共振波谱和差示扫描量热法证实了 PAM 主链中偶氮基团的存在。采用凝胶渗透色谱法对含温敏偶氮基团的聚丙烯酰胺的降解行为进行了表征,证明了聚合物主链中存在多个不稳定键。研究还发现,聚合物主链上带有偶氮键的 PAM 与纯 PAM 一样具有良好的降阻效果。然而,主链中带有偶氮键的 PAM 一旦受到高温的影响,就会失去其降阻性能,这在某些应用中被视为一种优势[11]。

参考文献

[1] I.D. Robb, T.D. Welton, J. Bryant, M.L. Carter, Friction reducer performance in water containing multivalent ions [P]. US Patent 7 846 878, assigned to Halliburton Energy Services, Inc., Duncan, OK, December 7, 2010.

[2] G.S. Penny, R.S. Stephens, A.R. Winslow, Method of supporting fractures in geologic formations and hydraulic fluid composition for same [P]. US Patent 5 009 797, assigned to Weyerhaeuser Co., April 23, 1991.

[3] J.E. Bryant, D.E. McMechan, M.A. McCabe, J.M. Wilson, K.L. King, Treatment fluids having biocide and friction reducing properties and associated methods [M]. September 2009.

[4] B. Lukocs, S. Mesher, T.P.J. Wilson, T. Garza, W. Mueller, F. Zamora, L.W. Gatlin, Non-volatile phosphorus hydrocarbon gelling agent [M]. July 2007.

[5] D.E. McMechan, R.E. Hanes Jr., I.D. Robb, T.D. Welton, K.L. King, B.J. King, J. Chatterji, Friction reducer performance by complexing multivalent ions in water [P]. US Patent 7 579 302, assigned to Halliburton Energy Services, Inc., Duncan, OK, August 25, 2009.

[6] K.L. King, D.E. McMechan, J. Chatterji, Water-based polymers for use as friction reducers in aqueous treatment fluids [P]. US Patent 7 271 134, assigned to Halliburton Energy Services, Inc., Duncan, OK, September 18, 2007.

[7] K.L. King, D.E. McMechan, J. Chatterji, Methods, aqueous well treating fluids and friction reducers therefor [P]. US Patent 6 784 141, assigned to Halliburton Energy Services, Inc., Duncan, OK, August 31, 2004.

[8] P.C. Harris, S.J. Heath, Friction reducers for fluids comprising carbon dioxide and methods of using friction reducers in fluids comprising carbon dioxide [P]. US Patent 7 117 943, assigned to Halliburton Energy Services, Inc., Duncan, OK, October 10, 2006.

[9] E. Parnell, T. Sanner, M. Holtmyer, D. Philpot, A. Zelenev, G. Gilzow, L. Champagne, T. Sifferman, Drag-reducing copolymer compositions [P]. US Patent Application 20120 035 085, assigned to Cesi Chemical, Inc., Marlow, OK, February 2012.

[10] J. Chatterji, K.L. King, D.E. McMechan, Subterranean treatment fluids, friction reducing copolymers, and associated methods [P]. US Patent 7 004 254, assigned to Halliburton Energy Services, Inc., Duncan, OK, February 28, 2006.

[11] E. Kot, R. Saini, L.R. Norman, A. Bismarck, Novel drag-reducing agents for fracturing treatments based on polyacrylamide containing weak labile links in the polymer backbone (includes supplementary experimental section) [J]. SPE Journal, September 2012, 17(3): 924-930.

5 降滤失剂

流体损失添加剂也称为降滤失剂。当流体与多孔地层接触时,会出现流体损失。滤失问题通常涉及到钻井液、完井液、压裂液和水泥浆[1-2]。

流体损失的程度取决于地层的孔隙度和渗透率,可能达到约 10t/h。因为石油技术中使用的液体在某些情况下相当昂贵,所以不允许出现大量的液体损失。当然,防止液体流失也有环境方面的因素。

5.1 降滤失剂的作用机制

通过某种方式堵住多孔岩石可以降低滤失。基本机制见表5.1。

表 5.1 降低流体损失的机制

粒子类型	说明
宏观	悬浮颗粒会堵塞孔隙,形成渗透性降低的滤饼
微观	大分子在多孔地层的边界层形成凝胶
化学灌浆	在地层中注入一种树脂,不可逆固化;适合于较大的孔隙

5.1.1 流体滤失的测试

由于许多参数无法评估,复杂的流体滤失过程很难通过建模来描述。因此,一般采用经验模型,其中一些模型表现良好。测试方案也会影响数据的质量。已有研究对其中一些模型进行了综述,并提出了其他更好地拟合现有数据的模型[3]。

静态流体滤失的测量对于比较压裂液材料或理解黏性流体侵入、滤饼形成和滤饼侵蚀的复杂机制是不充分的[4]。另一方面,动态流体损失研究并没有充分贴合正确实验室方法的发展,而出现了错误和相互矛盾的结果。

将大型高温高压模拟器的结果与实验室数据进行比较,发现滤失值存在显著差异[5]。

然而,采用活塞式过滤的静态实验可以可靠地获得胶结过程某些阶段的流体损失行为信息,特别是当钻井液处于静态时。

实验结果表明,流体滤失可以分为两个阶段[6]:

(1)在储层表面充分形成滤饼之前的早期高滤失阶段(初滤失);

(2)通过滤饼的滤失,控制所有流体滤失的阶段。

5.1.2 宏观粒子的作用

早在1995年,Chin[7]就研究了颗粒侵入地层的机理,防止流体滤失的基本机制之一如

图 5.1 所示。液体中含有悬浮颗粒。这些颗粒随着横向流从井眼中流出进入多孔地层。多孔结底层类似筛子,会筛选悬浮颗粒。因此,这些颗粒将在表面附近被捕获并堆积形成滤饼。

作用在悬浮胶体上的流体动力决定了滤饼的堆积速率,从而决定了流体的滤失速率。文献中提出了一个简单的模型,预测了滤饼表面的过滤速率和剪切应力之间的幂律关系[8]。

该模型表明,随着过滤过程的进行,形成的滤饼是不均匀的,沉积的颗粒较小。当悬浮液中没有足够小的颗粒可沉积时,达到平衡滤饼厚度。滤饼厚度可根据模型按时间的函数计算。

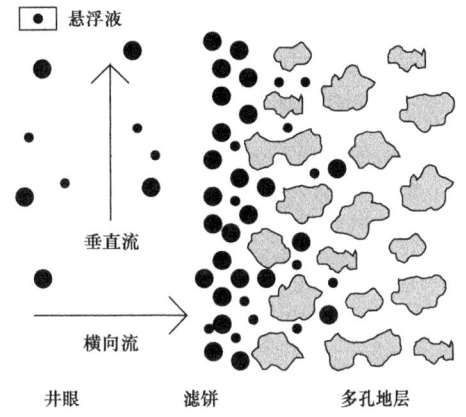

图 5.1 钻井液中悬浮液在多孔地层中形成滤饼

对于给定的悬浮液流变性和流速,滤饼具有一个临界渗透率,低于该渗透率,不会形成滤饼。该模型还表明,通过选择合适的悬浮液流速和滤饼渗透率,可以精确控制平衡滤饼的厚度。

高渗透率压裂层位很容易受到沿裂缝的深层渗透流体滤失伤害,或受到液体中物质的伤害,因此,应尽量降低滤失。高渗透率地层(其特点是长度短,宽度往往不成比例)中的几种压裂作业方法由于裂缝面损伤,表现出正向作业后表皮效应[9]。如果尽量减少了压裂液的侵入,则伤害程度是次要的。

因此,如果压裂液滤失量很小,未表现出正表皮效应,甚至可以允许严重的渗透性伤害。裂缝作业的首要设计任务应该是使裂缝的导流能力最大化。在高渗透率地层的压裂中,建议使用高浓度含降滤失剂及破胶剂的聚合物交联压裂液。

用于降滤失的材料也会伤害支撑剂充填层的导流能力。裂缝尖端的高剪切率会阻止外部滤饼的形成,因此增加高渗透率地层中的初滤失,因此需要加入无伤害的添加剂,如酶降解降滤失剂。表 5.2 提供了一些适用于水力压裂液的降滤失剂。

表 5.2 水力压裂液用降滤失剂

化学物质	参考文献
碳酸钙和木质素磺酸盐①	[10-11]
天然淀粉	[12-14]
羧甲基淀粉	[12-14]
羟丙基淀粉②	[12-14]
羟乙基纤维素(HEC),含交联瓜尔胶③	[15]
粒状淀粉和微粒云母	[15]

注:① 可添加韦兰胶或黄胞胶聚合物,保持碳酸钙和木质素磺酸盐悬浮;

② 协同效应;

③ 500mD 渗透率。

使用瓜尔胶基聚合物形成的裂缝的导流能力可能较低,因为裂缝中残留有未破胶的聚合物凝胶。这种残留物会导致支撑剂充填层的渗透率伤害,导致裂缝导流能力降低,有效裂缝长度减小。对凝胶伤害过程的两个重要方面进行了评估,即滤饼厚度和聚集在裂缝中的浓缩聚合物凝胶的屈服应力[16]。

滤饼在滤失过程中形成的厚度是聚合物添加量和滤失量的函数。滤饼厚度随滤失量线性变化。这意味着对于这种瓜尔胶聚合物流体,凝胶浓度因子是恒定的。由滤失产生的浓缩聚合物滤饼表现出类似于具有屈服应力的 Herschel-Bulkley 流体流变性。

Herschel-Bulkley 流体是一种广义的非牛顿流体[1]。该流体的应变与应力表现为相当复杂的非线性关系,其特征是稠度 k、流动指数 n 和屈服剪应力张量 τ_0。

屈服应力是一个关键参数,可表明凝胶是否能从裂缝中去除。聚合物滤饼的屈服应力与聚合物和破胶剂的浓度强相关[16]。

5.2 化学添加剂

5.2.1 淀粉和云母颗粒

文献描述了一种由颗粒状淀粉组分和细粒云母组成的降滤失剂[18]。云母属于片状硅酸盐。表 5.3 列出了部分云母矿物及其化学式。

表 5.3 部分云母矿物及其化学式

名称	化学式
黑云母	$K(Mg, Fe)_3(AlSi_3)O_{10}(OH)_2$
白云母	$KAl_2(AlSi_3)O_{10}(OH)_2$
金云母	$KMg_3(AlSi_3)O_{10}(OH)_2$
锂云母	$K(Li, Al)_{2-3}(AlSi_3)O_{10}(OH)_2$
脆云母	$CaAl_2(Al_2Si_2)O_{10}(OH)_2$
海绿石云母	$(K, Na)(Al, Mg, Fe)_2(Si, Al)_4O_{10}(OH)_2$

一种对被井眼穿透的地下储层实施压裂作业的方法,包括以足以压裂地层的速率和压力,将含有添加剂的压裂液注入井眼并与储层接触,该添加剂的量足以控制滤失。

5.2.2 解聚淀粉

与未部分解聚的相应淀粉衍生物相比,部分解聚的淀粉可在更低的黏度下降低滤失[19]。

5.2.3 可控制降解的降滤失剂

天然淀粉和改性淀粉的混合物以及酶可以作为压裂液降滤失剂[20]。如前所述,当用作稠化剂时,该酶降解淀粉的 α- 键,但不降解瓜尔胶和改性瓜尔胶的 β- 键。

天然或改性淀粉最好以3∶7至7∶3的比例使用,最佳比例为1∶1,混合物使用时保持干燥,从表面铺置到井底。改性淀粉最好是羧甲基和羟丙基衍生物。天然淀粉可以选择玉米、土豆、小麦和大豆的淀粉,最好是玉米淀粉。

混合物包含两种或两种以上改性淀粉,以及天然淀粉和改性淀粉的共混物。或者采用表面活性剂涂覆淀粉,例如山梨醇酐单油酸酯、乙氧基化丁醇或乙氧基化壬基酚,有利于将混合物分散到压裂液中。

Williamson 等 1991 年描述了一种降滤失剂[21],该降滤失剂通过快速形成具有低渗透率的滤饼来降低压裂液进入周围地层的初滤失量和滤失率,有助于获得所需的裂缝几何形状,压裂作业完成后,降滤失剂很容易降解。该添加剂具有广泛的粒度分布,非常适用于各种地层孔隙度条件,并且易于分散在压裂液中。

这种降失水剂是改性淀粉混合物由一种或多种改性淀粉的混合物和多种天然淀粉的混合得到。研究发现,与天然淀粉相比,这些混合物能更有效地保持裂缝内注入的液体。添加剂通过自然进行的氧化反应或地层中自然细菌的腐蚀而受控降解为可溶物。可通过添加过硫酸盐和过氧化物等氧化剂来加速氧化。

比较好的过氧化物是过氧化钙和过氧化镁[22]。建议使用过硫酸铵、过硫酸钠和过硫酸钾作为过硫酸盐破胶剂[23-24]。

压裂液降滤失剂是天然淀粉(玉米淀粉)和化学改性淀粉(羧甲基和羟丙基衍生物)加酶的混合物[20,25]。用作稠化剂时,该酶降解淀粉的 α- 键,但不降解瓜尔胶和改性瓜尔胶的 β- 键。

淀粉可涂上一层表面活性剂,如山梨醇酐单油酸酯、乙氧基化丁醇或乙氧基化壬基酚,以便利于将其分散到压裂液中。研究发现,与天然淀粉相比,具有广泛粒径分布的改性淀粉或改性淀粉与天然淀粉的混合物能更有效地将注入流体保持在所形成的裂缝内[21]。淀粉可通过氧化或细菌腐蚀来降解。

5.2.4 琥珀酰聚糖

琥珀酰聚糖是一种生物聚合物。其已被证明具有控滤失的理想特性[26-27]。这些特性包括易混合性、清洁、剪切稀释流变性、低于其转变温度(T_m)时的黏度无温敏以及在广泛温度范围内可调节的转变温度(T_m)。琥珀酰聚糖液体仅利用黏度来降滤失,不会形成难以去除的滤饼,而滤饼会对地层造成相当大的伤害。

基于这些结论,琥珀酰聚糖在 100 多口海上油井的砾石充填作业前后已被成功用作降滤失剂。基于实验室测量流变学和现场经验的计算表明,在 HEC 不适用的情况下,琥珀酰聚糖是有效的。甚至超过 40bbl/h 的滤失在采用适当设计的琥珀酰聚糖降滤失剂后减少到每小时几桶。大多数油井在完井后没有出现生产问题。

琥珀酰聚糖可通过内部酸破胶剂降解[28]。如果采用慢性内部破胶剂,可将黏性降滤失剂不完全返排造成的地层伤害降到最低。特别是,岩心流动试验表明,将琥珀酰聚糖降滤失剂与盐酸内部破胶剂相结合,可使滤失系统得到持续控制,然后延迟破胶,将对地层的伤害降至最低。采用了基于键断裂速率的模型来描述琥珀酰聚糖/盐酸体系的延迟破胶行为。

可以利用该模型预测聚合物流变性质随时间的变化,包括不同的形成温度、琥珀酰聚糖的转变温度和酸浓度。根据现场要求,可利用该模型控制滤失的时间间隔、降滤失剂可承受的过平衡压力和所需的盐水密度,确定琥珀酰糖和酸破胶剂的最佳配方。

5.2.5 硬葡聚糖

分级碳酸钙粒径、硬核葡聚糖型非离子多糖和改性淀粉的组合可用作降滤失剂[11]。重要的是,碳酸钙颗粒粒径分布广泛,可防止地层滤失。由于滤饼颗粒不会由于生物聚合物和淀粉的作用而侵入井筒,因此在去除滤饼的过程中不会形成局部高压。

流体的流变性使其可用于许多需要保护原始渗透地层的应用中,包括钻井、压裂和完井控滤失,如砾石充填或修井。

5.2.6 聚原酸酯

脂肪族聚酯通过水解裂解进行化学降解。酸和碱都能催化水解过程。在水解过程中,发生断链而形成羧基端基,这可以提高进一步水解的速率。这一机制在本领域中称为自催化,并被认为使聚酯基质更易发生本体侵蚀。

对于酯类,优选聚原酸酯和脂肪族聚酯,例如聚丙交酯。聚丙交酯可由乳酸通过缩聚反应或更常见地通过环状丙交酯单体的开环聚合来合成。

水解降解速度较为缓慢。在压裂作业中,铺砂之前,材料不应开始降解。此外,缓慢降解有助于在铺砂期间控滤失[29]。压裂液成分示例见表5.4。

表5.4 压裂液组成[29]

化合物	商标名①	比例,%
水		
氯化钾		1
破乳剂	LO-SURF300	0.05
聚酯		0.15
瓜尔胶		0.2
缓冲液(CH_3COOH)	BA-20	0.005
苛性碱	MO-67	0.1
硼酸盐交联剂	CL-28M	0.05
破胶剂($NaClO_3$)	VICONNF	0.1
杀菌剂(2,2-二溴-3-次氮基丙酰胺)	BE-3S	0.001
杀菌剂(2-溴-2-硝基-1,3-丙二醇)	BE-6	0.001
压裂砂		50

① 哈里伯顿能源服务公司。

5.2.7 聚羟基乙酸

建议将羟基乙酸与自身或含有其他低分子量羟基酸、羧酸或羟基酸酸基的化合物的缩聚反应产物作为降滤失剂[30]。文献介绍了该聚合物的制备方法。

将反应产物研磨至 0.1～1500μm 粒径。缩聚产物可用作水力压裂作业中的降滤失材料，其中压裂液含有可水解的水凝胶。

羟基乙酸缩聚产物在地层条件下水解产生羟基乙酸，羟基乙酸自动催化水凝胶破胶，最终恢复地层渗透率，无须另外添加破胶剂[31-33]。

5.2.8 多酚

文献描述了油基钻井液用的有机多酚材料[34]。该添加剂由多酚材料和一种或多种磷脂制备。磷脂是从植物油中获得的磷酸甘油酯，最好选用商业卵磷脂。

腐殖酸、木质素磺酸、木质素、酚缩聚物和鞣质以及这些多酚材料的氧化、磺化或磺甲基化衍生物可以用作多酚材料。

文献描述了一种使用分级碳酸钙粒径和改性木质素磺酸盐的降滤失剂[10]。或者，使用触变性聚合物，例如韦兰胶或黄胞胶聚合物，以保持碳酸钙和木质素磺酸盐悬浮。

重要的是，碳酸钙颗粒粒径分布广泛，可控制地层滤失。此外，木质素磺酸盐必须聚合到能有效降低其水溶性的程度。在井筒表面形成滤饼需要采用改性木质素磺酸盐。

由于滤饼颗粒在改性木质素磺酸盐的作用下不会侵入井筒，因此在去除滤饼的过程中不会出现局部高压现象，这表明滤饼对地层和井筒造成了表面伤害。该添加剂可用于压裂液、完井液和修井液。

试验表明，以磺化单宁酚醛树脂为基础的降滤失剂在高温高压下能有效地控制滤失，并具有良好的耐盐性和耐酸性[35]。

5.2.9 作为转向材料的邻苯二甲酰亚胺

邻苯二甲酰亚胺(图 5.2)可作为一种转向材料或降滤失剂，用于将注水作业液体(包括酸)分流到地下地层逐渐渗透性较差的部位[36]。

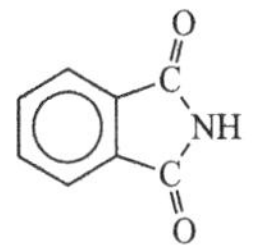

该添加剂还降低了例如在压裂作业中使用的水性或烃类作业液体所造成的滤失。材料的性能取决于材料的粒度。

图 5.2 邻苯二甲酰亚胺

邻苯二甲酰亚胺能够承受较高的地层温度，并且可以通过在产出液中溶解或在高温下升华的方式轻易地从地层中去除。该材料与其他地层降渗材料和地层增渗材料配伍。邻苯二甲酰亚胺颗粒通过堵住连接地层和井筒的裂缝、孔隙、通道和空穴来封堵部分地下地层。

5.2.10 黏弹性压裂液添加剂

在表面活性剂溶液中产生黏弹性的组分是盐，例如氯化铵、氯化钾、水杨酸钠和异氰酸酯钠。另外，非离子有机分子，如氯仿，也有利于产生黏弹性。表面活性剂溶液的电解质含量也是黏弹性的一个重要参数[37]。水力压裂作业一般采用黏弹性表面活性剂(VES)胶凝水溶液。

然而，VES 压裂液伤害较小的组分往往会导致大量液体滤失到储层基质，从而降低压裂液的效率，特别是在 VES 压裂作业期间。因此，在高渗透率地层中使用降滤失剂进行 VES 压裂作业非常重要[38]。

在常温下加入黏度大于 20mPa·s 的矿物油，可以改善这种压裂液的降滤失性能。矿物油最初可作为油滴分散在流体的内部不连续相中。矿物油添加到压裂液后，其已基本上发生胶凝。

在下方的再现实验中，用 AkzoNobel 公司提供的妥尔油脂肪酸二乙醇胺氧化物作为 VES 表面活性剂[39]。已经证明，在 66℃下，不添加或添加 2% 矿物油的情况下，含有 3%KCl 和 6%VES 凝胶的水溶液黏度会受到不利影响。这种性质与其他观察结果相反，因为大量的烃类和矿物油往往会抑制或破坏 VES 胶凝液的凝胶[38]。

另一方面，模型实验结果表明，该方法控制了滤失。作为试验时间函数的滤失如图 5.3 所示。试验在 0.7MPa 下进行，使用 400mD 陶瓷盘，温度为 66℃。

已经发现，在 VES 胶凝液中添加氧化镁或氢氧化钙可以改善这些盐水的滤失效果[40]。

重要的是，这些降滤失剂溶解缓慢，这使得其很容易从地层中去除并且完井作业时对地层几乎无伤害。

将这些添加剂加入到 VES 凝胶水溶液体系将限制和减少压裂或压裂充填作业过程中储层孔隙的 VES 液体滤失，从而将储层孔隙内 VES 液体可能造成的地层伤害降至最低。

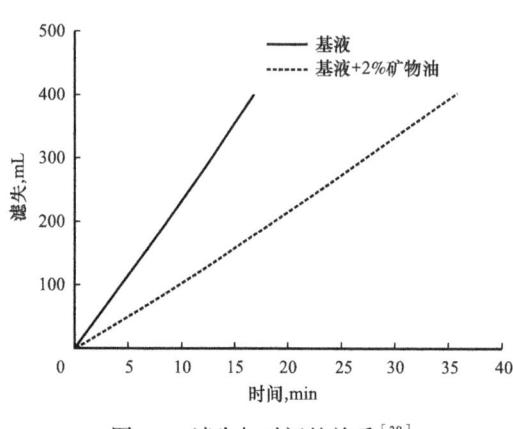

图 5.3　滤失与时间的关系[38]

此外，储层渗透率的变化范围并不能显著控制滤失率。因此，2000mD 储层的滤失率与 100mD 储层的滤失率相当。这种特性扩大了 VES 液体可应用的储层渗透率范围。

可以确定，降滤失剂与 VES 胶束有关。当 VES 液体渗漏到储层时，胶束和降滤失颗粒的黏性层积聚在地层表面，从而降低 VES 液体的滤失。

颗粒堵塞储层孔隙并非控滤失的机制。使用纳米尺寸的降滤失剂进行试验，这些降滤失剂绝对不能桥接或堵塞 1mD 或更高渗透率的储层孔隙，但仍然会形成黏性胶束层。因此，降滤失剂的规格不是控滤失的主要因素[40]。

压裂液降滤失剂是天然淀粉（玉米淀粉）和化学改性淀粉（羧甲基和羟丙基衍生物）加酶的混合物[20,25]。当用作稠化剂时，该酶降解淀粉的 α-键，但不降解瓜尔胶和改性瓜尔胶的 β-键。

可以用表面活性剂包覆淀粉颗粒，如山梨醇酐单油酸酯、乙氧基化丁醇或乙氧基化壬基酚，以便利于将其分散到压裂液中。研究发现，与天然淀粉相比，具有广泛粒径分布的改性淀粉或改性淀粉与天然淀粉的混合物能更有效地将注入流体保持在所形成的裂缝内[21]。淀粉可通过氧化或细菌腐蚀来降解。

参 考 文 献

[1] P. Harris, Fracturing-fluid additives [J]. Journal of Petroleum Technology, October 1988, 40(10).

[2] S. Rimassa, P. Howard, K. Blow, Optimizing fracturing fluids from flowback water [C]. in: Proceedings of SPE Tight Gas Completions Conference, number 125336-MS, Dallas, Texas, June 2009, pp. 1-8, SPE Tight Gas Completions Conference, 15-17 June 2009, San Antonio, Texas, USA, Society of Petroleum Engineers.

[3] P.E. Clark, Analysis of fluid loss data II: Models for dynamic fluid loss [J]. Journal of Petroleum Science & Engineering, 2010, 70(3-4): 191-197.

[4] S. Vitthal, J.M. McGowen, Fracturing fluid leakoff under dynamic conditions: Pt. 2: Effect of shear rate, permeability, and pressure [C]. in: Proceedings Volume, Annu. SPE Tech. Conf., Denver, 1996, 10/6-9/96: pp. 821-835.

[5] D.L. Lord, P.S. Vinod, S. Shah, M.L. Bishop, An investigation of fluid leakoff phenomena employing a high-pressure simulator [C]. in: Proceedings Volume, Annu. SPE Tech. Conf., Dallas, 1995, 10/22-25/95: pp. 465-474.

[6] S. Vitthal, J. McGowen, Fracturing fluid leakoff under dynamic conditions part 2: Effect of shear rate, permeability, and pressure [C]. in: Proceedings of SPE Annual Technical Conference and Exhibition, number 36493-MS, Society of Petroleum Engineers, October 1996, pp. 821-835, SPE Annual Technical Conference and Exhibition, 6-9 October 1996, Denver, Colorado.

[7] W.C. Chin, Formation Invasion: With Applications To Measurement-While-Drilling, Time Lapse Analysis, and Formation Damage [M]. Gulf Publishing Co., Houston, 1995.

[8] D. Jiao, M.M. Sharma, Mechanism of cake buildup in crossflow filtration of colloidal suspensions [J]. J. Colloid Interface Sci., February 1994, 162(2): 454-462.

[9] T.M. Aggour, M.J. Economides, Impact of fluid selection on high-permeability fracturing [C]. in: Proceedings Volume, volume 2, SPE Europe Petrol. Conf., Milan, Italy, 1996, 10/22-24/96: pp. 281-287.

[10] M.H. Johnson, K.D. Smejkal, Fluid system for controlling fluid losses during hydrocarbon recovery operations [P]. US Patent 5 228 524, assigned to Baker Hughes Inc., July 20, 1993.

[11] M. Johnson, Fluid systems for controlling fluid losses during hydrocarbon recovery operations [P]. EP Patent 691 454, assigned to Baker Hughes Inc., January 10, 1996.

[12] J.L. Elbel, R.C. Navarrete, B.D. Poe Jr., Production effects of fluid loss in fracturing high-permeability formations [C]. in: Proceedings Volume, SPE Europe Formation Damage Contr. Conf., The Hague, Neth, 1995, 5/15-16/95: pp. 201-211.

[13] R.C. Navarrete, J.P. Mitchell, Fluid-loss control for high-permeability rocks in hydraulic fracturing under realistic shear conditions [C]. in: Proceedings Volume, SPE Prod. Oper. Symp., Oklahoma City, 1995, 4/2-4/95: pp. 579-591.

[14] R.C. Navarrete, J.E. Brown, R.P. Marcinew, Application of new bridging technology and particulate chemistry for fluid-loss control during fracturing highly permeable formations [C]. in: Proceedings Volume, volume 2, SPE Europe Petrol. Conf., Milan, Italy, 1996, 10/22-24/96: pp. 321-325.

[15] K.E. Cawiezel, R.C. Navarrete, V.G. Constien, Fluid loss control [P]. US Patent 5 948 733, assigned to Dowell Schlumberger Inc., September 7, 1999.

[16] B. Xu, A.D. Hill, D. Zhu, L. Wang, Experimental evaluation of guar-fracture-fluid filter-cake behavior [J]. SPE Production & Operations, 2011, 26(4): 381-387.

[17] W.H. Herschel, R. Bulkley, Konsistenzmessungen von Gummi-Benzollösungen, Kolloid-Zeitschrift [J]. August 1926, 39(4): 291-300.

[18] K.E. Cawiezel, R. Navarrete, V. Constien, Fluid loss control [P]. GB Patent 2 291 906, assigned to Sofitech

NV, February 7, 1996.

[19] J.W. Dobson, K.B. Mondshine, Method of reducing fluid loss of well drilling and servicing fluids [P]. EP Patent 758 011, assigned to Texas United Chem. Co. Llc., February 12, 1997.

[20] C.D. Williamson, S.J. Allenson, R.K. Gabel, D.A. Huddleston, Enzymatically degradable fluid loss additive [P]. US Patent 5 032 297, assigned to Nalco Chemical Co., July 16, 1991.

[21] C.D. Williamson, S.J. Allenson, R.K. Gabel, Additive and method for temporarily reducing permeability of subterranean formations [P]. US Patent 4 997 581, assigned to Nalco Chemical Co., March 5, 1991.

[22] W.J. Giffin, Compositions and processes for fracturing subterranean formations [P]. US Patent 8 293 687, assigned to Titan Global Oil Services Inc., Bloomfield Hills, MI, October 23, 2012.

[23] R.J. Card, K.H. Nimerick, L.J. Maberry, S.B. McConnell, E.B. Nelson, On-the-fly control of delayed borate-crosslinking of fracturing fluids [P]. US Patent 5 877 127, assigned to Schlumberger Technology Corporation, Sugar Land, TX, March 2, 1999.

[24] M.G. Tulissi, S. Luk, J. Vaughan, D.J. Browne, D. Dusterhoft, Fracturing method and apparatus utilizing gelled isolation fluid [P]. US Patent 8 141 638, assigned to Trican Well Services Ltd., Calgary, CA, March 27, 2012.

[25] C.D. Williamson, S.J. Allenson, A new nondamaging particulate fluid-loss additive [J]. in: Proceedings Volume, SPE Oilfield Chem. Int. Symp., Houston, 1989, 2/8-10/89 :pp. 147-158.

[26] H.C. Lau, Laboratory development and field testing of succinoglycan as a fluid-losscontrol fluid [J]. SPE Drilling Completion, December 1994, 9(4): 221-226.

[27] H.C. Lau, Laboratory development and field testing of succinoglycan as fluid-losscontrol fluid [J]. in: SPE Peer Approved Pap., 1994.

[28] M.N. Bouts, R.A. Trompert, A.J. Samuel, Time delayed and low-impairment fluid-loss control using a succinoglycan biopolymer with an internal acid breaker [J]. SPE J., December 1997, 2(4): 417-426.

[29] B.L. Todd, B.F. Slabaugh, T. Munoz Jr., M.A. Parker, Fluid loss control additives for use in fracturing subterranean formations [P]. US Patent 7 096 947, assigned to Halliburton Energy Services, Inc., Duncan, OK, August 29, 2006.

[30] H.E. Bellis, E.F. McBride, Composition and method for temporarily reducing the permeability of subterranean formations [P]. EP Patent 228 196, assigned to Du Pont De Nemours & Co., July 8, 1987.

[31] L.A. Cantu, E.F. McBride, M. Osborne, Well treatment process [P]. EP Patent 404 489, assigned to Conoco Inc. and Du Pont De Nemours & Co., December 27, 1990.

[32] L.A. Cantu, E.F. McBride, M.W. Osborne, Formation fracturing process [P]. US Patent 4 848 467, assigned to Conoco Inc. and Du Pont De Nemours & Co., July 18, 1989.

[33] B.M. Casad, C.R. Clark, L.A. Cantu, D.P. Cords, E.F. McBride, Process for the preparation of fluid loss additive and gel breaker [P]. US Patent 4 986 355, assigned to Conoco Inc., January 22, 1991.

[34] J.C. Cowan, V.M. Granquist, R.F. House, Organophilic polyphenolic acid adducts [P]. US Patent 4 737 295, assigned to Venture Chemicals Inc., April 12, 1988.

[35] N. Huang, Synthesis of fluid loss additive of sulfonate tannic-phenolic resin [J]. Oil Drilling Prod. Technol. 1996, 18(2): 39-42, 106-107.

[36] W.R. Dill, Diverting material and method of use for well treatment [P]. CA Patent 1 217 320, February 3, 1987.

[37] P. Sullivan, Y. Christanti, I. Couillet, S. Davies, T. Hughes, A. Wilson, Methods for controlling the fluid loss properties of viscoelastic surfactant based fluids [P]. US Patent 7 081 439, assigned to Schlumberger Technology Corporation, Sugar Land, TX, July 25, 2006.

[38] T. Huang, J.B. Crews, Use of mineral oils to reduce fluid loss for viscoelastic surfactant gelled fluids [P].

US Patent 7 615 517, assigned to Baker Hughes Incorporated, Houston, TX, November 10, 2009.

[39] M. Podwysocki, Akzo nobel surfactants, Technical Bulletin SC05-0707 [J]. Akzo Nobel Surface Chemistry LLC, 2004, 525 W. Van Buren Street Chicago, IL 60607-3823.

[40] T. Huang, J.B. Crews, J.H. Treadway Jr., Fluid loss control agents for viscoelastic surfactant fluids [P]. US Patent 7 550 413, assigned to Baker Hughes Incorporated, Houston, TX, June 23, 2009.

6 乳 化 剂

乳化剂对于油田作业流体中起着重要作用。其中最重要的包括钻井作业液。实际上,在这些应用领域中,乳化剂的作用并不仅限于此,其还可作为油基钻井液或水基钻井液,从物理学的观点来看,钻井液本质上是乳化剂。本章总结了乳化剂的一些基本类型和相关性质。

油田乳化剂根据其动力学稳定性程度分为以下几类:

(1)易破乳的乳化剂:几分钟内分离的乳化剂(分离的水称为游离水)。

(2)中等乳化剂:约10min后分离的乳化剂。

(3)难破乳的乳化剂:那些将在数小时、数天甚至数周内分离的,并且分离不完全的乳化剂。

乳化剂也按连续相液滴的大小进行分类。当分散液滴大于0.1μm时,乳化剂为粗滴乳化剂[2]。

从纯热力学的角度来看,乳化剂是一个不稳定的系统。这是因为液—液体系有一种自然的趋势,即分离并降低其界面面积,从而减小其界面能[1]。

第二类乳化剂称为微滴乳化剂。这种乳化剂可因两个不互溶相以极低的界面能聚集而自发形成。微滴乳化剂液滴的尺寸很小,一般小于10nm,并且从具有稳定的热力学性能。其在形成和稳定性上与粗滴乳化剂有本质的区别。文献综述了微滴乳化剂体系在石油工业中的应用[3]。

6.1 水包油乳化剂

水包油乳化剂可用于压裂作业。约为95%的体系油相浓度可提供足够高黏度的乳化剂。在高浓度下,离散的油颗粒会发生相当大的变形,而不是通常的球形。这种体系很难处理,通常在井道中表现出高摩阻损失。此外,乳化剂很难稳定。文献已经提出了诸如薄膜增强剂、无机盐和潮解盐等添加剂来改善水包油乳化剂的性能[4],这些成分比以前开发的更有利。

具有表面活性的稠化剂可以作为乳化剂,促进水包油乳化剂的形成。例如,用长链胺和氢氧化钠等普通碱中和的聚乙烯基羧酸能够大大促进水包油乳化剂的稳定性。乳化体系具有优异的耐温性,因此可用于深井和高温井[4]。

6.2 反相乳化剂

反相乳化剂包括含油流体的连续相,以及不连续相,其为在含油流体中至少部分不混溶的流体。实际上,反相乳化剂是油包水乳化剂。

对于像钻屑这样的小颗粒,反相乳化剂可能具有理想的悬浮特性。因此需要时,可以很容易地对其进行配重。众所周知,通过改变 pH 值或使表面活性剂质子化,可以将反相乳化剂转变为常规乳化剂。这样,也改变了表面活性剂对连续相和不连续相的亲和性[5]。

例如,若反相乳化剂残余残留在井筒中,则该部分可转变为常规乳化剂,起到了清除井筒中乳化剂的作用。有机相凝胶化的液体可以使用反相乳化剂。例如,柴油可以用癸基膦酸单乙酯和 Fe^{3+} 活化剂胶凝[5]。

聚合物通常用于增加水溶液的黏度。聚合物应与该水溶液相互作用,具有表征水合物的趋势。微滴乳化剂有助于实现这一点[6]。

6.3 水包水乳化剂

当两种或两种以上不同的水溶性聚合物一起溶解在水介质中时,会观察到体系相分离成不同的区域。具体地,当选择两种既可溶于水又在热力学上互不相容的聚合物时,就会发生这种情况。这类乳化剂被称为水包水乳化剂,或双水相体系[7]。

在食品工业中,这类液体被用来制造模拟脂肪球性质的聚合物溶液。在生物医学工业中,这类系统被用作蛋白质、酶和其他大分子的分离介质,混合物中这些大分子会优先形成分离聚合物相。

双水相聚合物—聚合物体系在油田应用中也很有意义,这些混合物可用于制备低黏度的预水化浓缩混合物,使得聚合物在井场可快速混合,从而获得低黏度聚合物流体。

瓜尔胶和羟丙基纤维素(HPC)的溶液在聚合物浓度范围内形成水相分离溶液。在搅拌机中同时溶解干瓜尔胶和干 HPC,可形成相分离混合物。继续搅拌后,使溶液静止,可实现相分离。然后,轻轻搅拌相分离溶液,重新混合富含瓜尔胶和 HPC 的相。两相聚合物溶液可以通过热处理或改变离子强度活化成弹性凝胶[7],此类性质可应用于层间隔离。

6.4 油包水包油乳化剂

油包水包油乳化剂可用作强化采油作业的驱动液或润滑液。与油包水乳化剂相比,这种乳液表现出更好的剪切稳定性和剪切稀化特性。

油包水包油乳化剂由随后分散在第二种油中的水包油乳化剂制备[8],第二种油可含有稳定剂,即微米至亚微米级固体颗粒、环烷酸和沥青质。

6.5 微乳液

微乳液是一种热力学稳定的流体。不同于动态稳定的乳化剂,其会随着时间的推移分解成油和水。微乳液的粒径为 10~300nm,由于其粒径很小,所以呈现为透明或半透明的溶液。

微乳液的粒径可以用动态光散射或中子散射来测定,其在水相和油相之间具有超低的界面张力。

油包水微乳液已被用于将水溶性油田化学品输送到地下岩层中。另外已知的还有醇包油微乳液，其防冻剂成分中含有缓蚀剂[9]。

微乳液可用于输送各种油溶性油田化学品，包括缓蚀剂、沥青质缓蚀剂和阻垢剂，从而减少了所需的有机溶剂量。微乳液提高了油田化学品在采出液或泵送液中的分散性，增强了特定化学品的性能[9]。

微乳液可以通过多种机制被破乳，例如化学物质或温度变化。然而，最简单的破乳方法是稀释法。

表 6.1 列出了含腐蚀抑制剂的微乳液示例。表 6.1 中的配方很容易在水相中稀释。如果增加甲苯有利于亲水性，则可以用烃类溶剂稀释微乳液。还有其他的例子在本文别处给出[9]。

表 6.1 含缓蚀剂的微乳液[9]

组分	含量，%
甲苯	2
油酸基咪唑啉（缓蚀剂）	4
油酸（缓蚀剂）	4
十二烷基苯磺酸	2
乙醇胺	2
丁醇	20
水	66

6.6 固相稳定乳液

可使用部分亲油的未溶解固体颗粒来稳定乳化剂[10]。文献综述了用固体颗粒稳定的三相乳化剂[11]。此外，还对乳化剂沉淀中夹带引起的油损失现象进行了评估，并提出了一种估算油滤失性能的半经验方法。

固体颗粒可以来源地层，也可以从其他地方获得。非地层固体颗粒包括黏土、石英、长石、石膏、煤尘、沥青质和聚合物。然而，最好是该固体颗粒含有少量离子化合物。通常，固体颗粒呈现出一些复合的不规则形状[10]。

固体颗粒应具有某些亲油性，以便制备油外相乳化剂，或具有某些亲水性，以便制备水外相乳化剂。这种特性对于确保固体颗粒能被保持内部不连续相的外部连续相润湿非常重要。

亲油性或亲水性可以是固体颗粒的固有特性，或者通过对颗粒进行化学处理来获得。

例如，亲油气相二氧化硅、AerosilR972 或 CAB-OSIL，由经过有机硅烷或有机硅氮烷处理以使表面亲油的气相二氧化硅小球组成。其可用于稳定多种原油乳化剂。这种颗粒非常小，初生颗粒由直径约为 10~20nm 的球体组成，初生颗粒相互作用可形成更大的聚集体。这类二氧化硅的有效浓度范围为 0.5~20g/L。图 6.1 表示含固体颗粒的乳化剂在 $75s^{-1}$ 剪切速率下的黏度随含水量的变化。

乳化剂中的油可以在乳化前用磺化剂进行预处理,以增强固体颗粒稳定油包水乳化剂的制备能力[12]。

制备 6-1:原油和固体颗粒被共磺化。在 50℃下搅拌 12g 原油和由 0.06g 2-苯甲基牛脂基插层单体蒙皂石和 0.12g 沥青组成的固体颗粒 72h。随后,在 50℃下,24h 内以 100:3 的比例添加浓硫酸。

在制备 6-1 的变体中,磺化原油可与乙烯和丙烯共聚物接枝马来酸结合[13]。

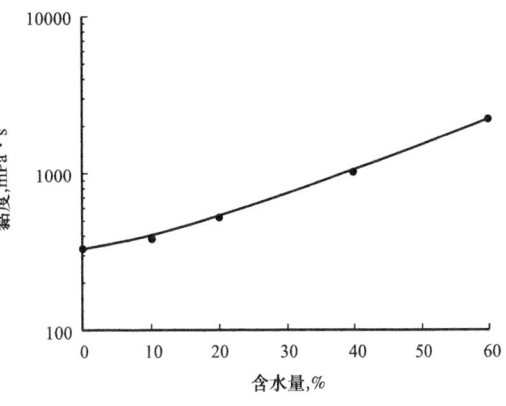

图 6.1　黏度和含水量的关系[12]

此外,还研究了油的光化学(非磺化)处理[13],在光化学处理之前,需将膨润土凝胶与原油混合。在染料敏化光化学处理过程中,原油首先与罗丹明-B混合。罗丹明-B是一种红色染料,可提高石油光化学转化为氧化产物的量子效率。表 6.2 表示不同预处理方法对原油成分变化的差异。

表 6.2　各种预处理方法对原油的影响[13]

方法	饱和	不饱和	NSO①	沥青质
化合物,%				
未经处理的原油	35.4	39.8	15.4	9.4
染料敏化光化学处理	34.2	26.6	26.6	12.7
光化学处理	31.1	20.5	30.7	17.9
热空气氧化	34.2	19.3	33.6	13.0
生物氧化	32.4	39.8	18.4	9.4

注:① 含氧、氮和硫的缩聚芳香苯单元(NSO 化合物)。

6.7　生物处理的乳液

另一种提高油包水乳化剂稳定性的预处理方法是在乳化前对油进行生物处理。由生物处理油制成的油包水乳化剂表现出稳定性增强。石油降解微生物用于生物处理过程[13]。

制备 6-2:对石油进行生物处理时,将其放入生物反应器,反应器中加入 10~100 倍的过量水。然后石油降解微生物被添加到反应器中。石油降解微生物是一种微生物的培养物,其中的微生物浓度可以通过计算菌落形成单位来测量。石油降解微生物可从石油废水处理设施中培养后获得。

可以提供营养液来培养相应的微生物。营养素中最好含有氮和磷。在 20~70℃的温度下,用空气或氧气吹扫生物反应器。

在生物处理步骤之后,在用生物处理油形成油包水乳化剂之前,可以将生物处理油从生物反应的水相中分离出来。然而,最好选用利用生物处理油和生物反应的水相形成的乳化剂,因为水相包含将进一步增强所产生的油包水乳化剂稳定性的组分。

经研究发现,生物处理步骤根据以下机理提高了油包水乳化剂的稳定性[13]:

(1)石油中的一些脂肪族成分被氧化,并且在脂肪族链上接入极性酮或酸官能团。有机硫化合物也容易氧化,并能形成相应的亚砜。含氧化合物比脂肪族组分本身具有更高的表面活性,因此有助于提高油包水乳化剂的稳定性。

(2)如果环烷酸以二价阳离子(如钙)盐的形式存在,通过生物氧化很可能将这些盐转化为脱羧环烷烃或碳数较低的环烷酸和相应的金属氧化物。这些成分有助于提高油包水乳化剂的稳定性。

(3)在石油的生物处理过程中,生物反应的水相也发生了实质性的变化。生物反应完成后,水相是生物表面活性剂的分散体,例如微生物和死亡微生物细胞产生的鼠李糖脂。这些组分协同作用,提升油包水乳化剂的稳定性。因此,生物反应的水相可用于制备油包水乳化剂,并可进一步增强所得乳化剂的稳定性。

参 考 文 献

[1] S.L. Kokal, M. Wingrove, Emulsion separation index: from laboratory to field case studies, in: Proceedings Volume, number 63165-MS [C]. SPE Annual Technical Conference and Exhibition, Dallas, Texas, 1–4 October 2000, Society of Petroleum Engineers, 2000.

[2] S.L. Kokal, Crude oil emulsions, in: J.R. Fanchi (Ed.) [M]. Petroleum Engineering Handbook, Volume I, Chapter 12, Society of Petroleum Engineers, Richardson, TX, 2006, pp. 533–570.

[3] V.C. Santanna, T.N. de Castro Dantas, A.A. Dantas Neto, The use of microemusion systems in oil industry [M]. in: R. Najjar (Ed.), Microemulsions An Introduction to Properties and Applications, Chapter 8, InTech Europe, Rijeka, Croatia, 2012, pp. 161–174.

[4] O.M. Kiel, Method of fracturing subterranean formations using oil-in-water emulsions [P]. US Patent 3 710 865, assigned to Esso Production Research Company, January 16, 1973.

[5] R.S. Taylor, G.P. Funkhouser, R.G. Dusterhoft, Gelled invert emulsion compositions comprising polyvalent metal salts of an organophosphonic acid ester or an organophosphinic acid and methods of use and manufacture [P]. US Patent 7 534 745, assigned to Halliburton Energy Services, Inc., Duncan, OK, May 19, 2009.

[6] T.A. Jones, T. Wentzler, Polymer hydration method using microemulsions [P]. US Patent 7 407 915, assigned to Baker Hughes Incorporated, Houston, TX, August 5, 2008.

[7] P.F. Sullivan, G.J. Tustin, Y. Christanti, G. Kubala, B. Drochon, T.L. Hughes, Aqueous two-phase emulsion gel systems for zone isolation [P]. US Patent 7 703 527, assigned to Schlumberger Technology Corporation, Sugar Land, TX, April 27, 2010.

[8] R. Varadaraj, Oil-in-water-in-oil emulsion [P]. US Patent 7 652 074, assigned to ExxonMobil Upstream Research Company, Houston, TX, January 26, 2010.

[9] J. Yang, V. Jovancicevic, Microemulsion containing oil field chemicals useful for oil and gas field applications [P]. US Patent 7 615 516, assigned to Baker Hughes Incorporated, Houston, TX, November 10, 2009.

[10] J.R. Bragg, Oil recovery method using an emulsion [P]. US Patent 6 068 054, assigned to Exxon Production Research Co., May 30, 2000.

[11] V.B. Menon, D.T. Wasan, Characterization of oil-water interfaces containing finely divided solids with applications to the coalescence of water-in-oil emulsions: a review [J]. Colloids and Surfaces, 1988, 29(1): 7-27.

[12] R. Varadaraj, J.R. Bragg, M.K. Dobson, D.G. Peiffer, J.S. Huang, D.B. Siano, C.H. Brons, C.W. Elspass, Solids-stabilized water-in-oil emulsion and method for using same [P]. US Patent 6 734 144, assigned to ExxonMobil Upstream Research Company, Houston, TX, May 11, 2004.

[13] R. Varadaraj, J.R. Bragg, D.G. Peiffer, C.W. Elspass, Stability enhanced water-in-oil emulsion and method for using same [P]. US Patent 7 186 673, assigned to ExxonMobil Upstream Research Company, Houston, TX, March 6, 2007.

7 破 乳 剂

在特定体系中,可能需要使用破乳剂将黏性乳化剂转化为破乳、低黏度状态,以提高洗井效率[1]。而在某些体系中,仅需要降解乳化剂中的聚合物,因为不含聚合物的乳化剂具有足够的流动性,可实现快速洗井。

乳化压裂液的高黏度是由于大量油内相和少量水外相的分散。乳化剂必须用表面活性剂稳定。为了降低乳化剂的黏度以便清除压裂液,需要将乳化剂分解成油包水反相液或其组分相。

乳化剂的破乳通常是通过消除表面活性剂的稳定作用而进行的。通常,可通过在地层壁面上吸附表面活性剂或添加破乳剂来实现破乳。一般情况下,由于阳离子表面活性剂对砂表面的亲和性,因此只有阳离子表面活性剂才容易吸附在地层材料上。另一方面,如果使用破乳剂,则其和表面活性剂必须仔细配伍,使得只有在压裂完成后,乳化剂才开始破乳。即使使用正确配伍的破乳剂和表面活性剂,也不容易准确测定破乳的时间,并且始终存在过早或过迟破乳造成的危险[2]。

尽管聚合物乳化剂是一种很好的压裂液,但其很难从地层中清除,因为聚合物和乳化剂会使得压裂液具有高黏度,因此,需要通过各种机制来降低两者的黏度作用。聚合物乳化剂通常通过破乳和聚合物降解相结合的体系转化为低黏度流体。破乳剂体系必须在生效之前完成压裂作业,且必须足够快地生效,尽量缩短清洗时间。当使用聚合物乳化剂时,也可能发生聚合物的相关问题,例如降解残留物和离子敏感性问题。

7.1 破乳剂的基本原理

7.1.1 性能需求

原油乳化剂破乳剂应具备以下性能:
(1)快速分解成水和油,最小量的残留水;
(2)保质期较长;
(3)可快速制备。

7.1.2 破乳机理

(1)油包水乳化剂的稳定性。

界面层影响油包水乳化剂的稳定性,其主要由原油沥青质和树脂中的胶体组成。通过添加破乳剂,乳化剂发生破乳。使用水溶性破乳剂时,体系中原有的乳化剂稳定剂将从界面驱替。此外,由于形成非活性络合物,润湿性会发生变化。相反,使用油溶性破乳剂,除驱替原油胶体外,其机理还基于由于过量破乳剂中和稳定效果和界面破裂导致的破乳[3]。

（2）界面张力松弛。

原油破乳剂的有效性与油—水界面剪切黏度和动态张力梯度的降低有关。有效破乳剂的界面张力（IFT）松弛发生得更快[4]。较短的松弛时间意味着界面膜缓慢变薄时的 IFT 梯度被抑制。标记破乳剂的电子自旋共振实验表明，破乳剂在原油中形成反胶束状团簇[5]。破乳剂在界面上的缓慢解聚决定了张力松弛速率。

7.2 化学试剂

压裂液中的破乳剂通常在压裂液中以 0.1%～0.5%（体积分数）的比例使用[6]。表 7.1 列出了常用破乳剂化学品的类别。

表 7.1 破乳剂的分类[6]

分类	分类
烷基硫酸盐和磺酸盐	乙氧基化醇
烷基膦酸盐	有机和无机铝盐
烷基季铵和氧化胺	丙烯酸酯－表面活性剂共聚物
烷氧基化聚亚烷基多胺	丙烯酸酯－树脂共聚物
脂肪酸聚烷基芳香氯化铵	丙烯酸酯－烷基芳香胺共聚物
聚亚烷基二醇和醚	羧酸酯－羟酸多元醇共聚物
聚丙烯酸酯和丙烯酰胺	烷氧基化物与乙烯基化物的共聚物或三元共聚物
烷基酚醛树脂	单胺或寡胺烷氧基化物的缩聚物
寡胺烷氧基化物	二羧酸和亚烷基氧化物嵌段共聚物
烷氧基化羧酸酯	

研究发现某些化学品可提高破乳剂的性能。各种破乳剂增强剂包括醇、芳烃、烷醇胺、羧酸、氨基酸、亚硫酸氢盐、氢氧化物、硫酸盐、磷酸盐、多元醇及其混合物[6]。

油气开采作业流体中可添加烷基醚有机酸酯或多元醇，以对生产地层中的泡沫和乳化剂提供破乳和消泡作用[7-8]。各组分的作用与时间和温度有关，因此可采取反应控制措施。文献描述了含破乳剂化学品的特殊组分[9-10]。

7.3 螯合剂

可生物降解且无毒的螯合剂组分可通过螯合离子制备多种水性压裂液流体。其中包括：
（1）破乳剂；
（2）破乳剂增强剂；
（3）阻垢剂；

（4）交联延迟剂；
（5）交联凝胶稳定剂；
（6）酶破胶剂稳定剂。

螯合剂组分见表 7.2。

表 7.2 螯合剂[6]

化合物	化合物
聚天冬氨酸钠	葡萄醣庚酸钠
亚氨基二琥珀酸钠	糖醇
羟乙基亚氨基二乙酸二钠	单糖
葡萄糖酸钠	双糖

参 考 文 献

[1] R.F. Crowell, Formation fracturing method [P]. US Patent 4 442 897, assigned to Standard Oil Company, Chicago, IL, April 17, 1984.

[2] J.W. Graham, C. Gruesbeck, W.M. Salathiel, Method of fracturing subterranean formations using oil-in-water emulsions [P]. US Patent 3 977 472, assigned to Exxon Production Research Company, Houston, TX, August 31, 1976.

[3] M. Kotsaridou-Nagel, B. Kragert, Demulsifying water-in-oil-emulsions through chemical addition (Spaltungsmechanismus von Wasser-in-Erdöl-Emulsionen bei Chemikalienzusatz) [J]. Erdöl Erdgas Kohle, February 1996, 112(2): 72-75.

[4] D. Tambe, J. Paulis, M.M. Sharma, Factors controlling the stability of colloid-stabilized emulsions: Pt. 4: evaluating the effectiveness of demulsifiers [J]. Journal of Colloid and Interface Science, May 1995, 171(2): 463-469.

[5] S. Mukherjee, A.P. Kushnick, Effect of demulsifiers on interfacial properties governing crude oil demulsification [M]. in: Proceedings Volume, Annu. Aiche Mtg., New York, 1987, 11/15-20/87.

[6] J.B. Crews, Biodegradable chelant compositions for fracturing fluid [P]. US Patent 7 078 370, assigned to Baker Hughes Incorporated, Houston, TX, July 18, 2006.

[7] T.T. Leshchyshyn, P.W. Beaton, T.M. Coolen, Hydrocarbon-based fracturing fluid compositions, methods of preparation and methods of use [P]. US Patent 8 211 834, assigned to Calfrac Well Services Ltd., Alberta, CA, July 3, 2012.

[8] W.J. Giffin, Compositions and processes for fracturing subterranean formations [P]. US Patent 8 293 687, assigned to Titan Global Oil Services Inc., Bloomfield Hills, MI, October 23, 2012.

[9] J.B. Crews, Fracturing fluids for delayed flow back operations [P]. US Patent 7 256 160, assigned to Baker Hughes Incorporated, Houston, TX, August 14, 2007.

[10] D.H. Manz, T. Mahmood, H.A. Khanam, Oil and gas well fracturing (frac) water treatment process [P]. US Patent Application 20050 098 504, assigned to Davnor Water Treatment Technologies Ltd., Calgary, CA, May 2005.

8 黏土稳定剂

页岩在油气开采中会引起许多问题。20世纪50年代初,许多土力学专家对黏土膨胀较为关注。在钻井和压裂过程中保持井壁稳定性非常重要,尤其是在水敏性页岩和黏土地层中。

这些类型地层中的岩石会吸收压裂液,导致岩石膨胀,并可能引发井壁坍塌。文献[1-6]对黏土膨胀和这些现象可能引起的问题进行了综述。各种黏土稳定剂见表8.1。

表8.1 黏土稳定剂的类型

添加剂类型	参考文献
聚合物乳胶	[7]
阴离子和阳离子单体的共聚物	
二甲基二烯丙基氯化铵	[8-9]
羟基醛或羟基酮	[10]
多元醇和碱性盐	[11]
季铵化合物	
环氧树脂的原位交联	[12-13]
季铵羧酸盐 [BD①,LT②]	[14]
季铵化三羟烷基胺 [LT]	[15]
聚乙烯醇、硅酸钾和碳酸钾	[16]
苯乙烯和取代马来酸酐(MA)的共聚物	[17]
羧甲基纤维素钾盐	[18]
含磺基琥珀酸盐衍生物表面活性剂的水溶性聚合物,两性离子表面活性剂 [BD,LT]	[19-20]

注:① BD——可生物降解;
② LT——低毒。

8.1 黏土的特征

黏土矿物在自然界中通常以晶体的形式存在,而黏土晶体的结构决定了其性质。通常,黏土具有片状云母结构,黏土薄片是由许多面对面堆叠的水晶片组成的,每块水晶片被称为单元层,单元层的表面称为基面,单位层由多层薄片组成。其中一种薄片类型被称为八面体薄片,由铝原子或镁原子组成,八面体与羟基的氧原子配位。另一种薄片类型被称为四面体薄片;四面体薄片由四面体配位的硅原子和氧原子组成,单元层内的薄片通过共同氧原子键合在一起。

当这种键合发生在一个八面体和一个四面体之间时,一个基面由暴露的氧原子组成,而另一个基面由暴露的羟基组成。常见的有两个四面体薄片通过共同氧原子与一个八面体薄片键合,由此产生的结构称为霍夫曼结构,其有一个八面体薄片夹在两个四面体薄片之间[21]。因此,霍夫曼结构的两个基面都由暴露的氧原子组成。

单元层面对面地堆叠在一起,并被微弱的吸引力固定在适当的位置。相邻单元层中对应平面之间的距离称为c间距。单元层由三层薄片组成的黏土晶体结构的c间距通常约为 9.5×10^{-7} mm。

在黏土矿物晶体中,具有不同价态的原子通常位于结构的薄片中,从而在晶体表面产生负电势。此时,阳离子被吸附在表面上。这些被吸附的阳离子被称为可交换阳离子,因为黏土晶体悬浮在水中时会与其他阳离子发生化学交换。此外,离子也会被吸附在黏土晶体边缘,并与水中其他离子换位。

黏土晶体结构中的取代类型和吸附在晶体表面的可交换阳离子对黏土膨胀有很大影响。黏土膨胀是一种水分子包围黏土晶体结构并固定其位置,使得结构的c间距增加,从而导致体积增加的现象。

8.1.1 黏土膨胀

在黏土矿物晶体中,不同价态的原子通常位于结构的薄片中,从而在晶体表面产生负电势。此时,阳离子被吸附在表面上,这些被吸附的阳离子被称为可交换阳离子,因为黏土晶体悬浮在水中时会与其他阳离子发生化学交换。此外,离子也会吸附在黏土晶体边缘,并与水中的其他离子换位[22]。

黏土晶体结构中的取代类型和吸附在晶体表面的可交换阳离子对黏土膨胀有很大影响。黏土膨胀是一种水分子包围黏土晶体结构并固定其位置,使得结构的c间距增加,从而导致体积增加的现象。黏土膨胀包含以下两种类型[22]。

表面水化是一种类型的膨胀,其中水分子吸附在晶体表面。氢键将一层水分子与暴露在晶体表面的氧原子结合在一起。随后的水分子层在单元层之间排列形成准晶结构,从而导致c间距增大。所有类型的黏土都以c间距增大这种方式膨胀。

渗透性膨胀是第二种类型的膨胀。当黏土矿物中单元层间阳离子浓度高于周围水中阳离子浓度时,水在单元层间因渗透压被抽走,导致c间距增大。渗透性膨胀比表面水化膨胀的体积更大。然而,只有少数黏土,如钠基蒙皂石,以这种方式膨胀[22]。

黏土是由火成岩风化分解而成的天然层状矿物。专著[23-24]介绍了黏土矿物学的细节。每一层由 Al^{3+}、Mg^{2+} 或 Fe^{3+} 氧化物的八面体薄片和 Si^{4+} 氧化物的四面体薄片组成[25]。如果一种黏土矿物是由一个四面体和一个八面体薄片构成的,则称为1:1型黏土。如果一种黏土包含两个四面体薄片,夹层为一个中心八面体薄片,则称为2:1型黏土。

八面体和四面体层如图8.1所示。黏土晶格中的金属原子可以被取代,从而在单个黏土层上产生整体负电荷。

电荷由位于层间区域的阳离子补偿,而阳离子可以自由交换。黏土矿物的阳离子换位能力取决于晶体大小、pH值和阳离子类型。这些阳离子不仅可能是小尺寸的离子,甚至可能是聚阳离子[26]。

研究了一种聚阳离子季铵聚合物在黏土上的吸附。在电荷标度上,可以观察到季铵聚合物的吸附曲线和与释放钠相对应的吸附曲线重叠,如图8.2所示。在低聚合物浓度下,胺聚合物对反离子的取代几乎遵循1:1的关系。此外,四面体黏土矿物薄片的硅酸盐表面相对疏水。这种性质可以使包括聚合物在内的中性有机化合物发生插层反应。

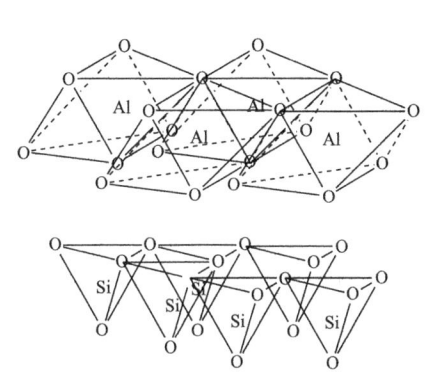
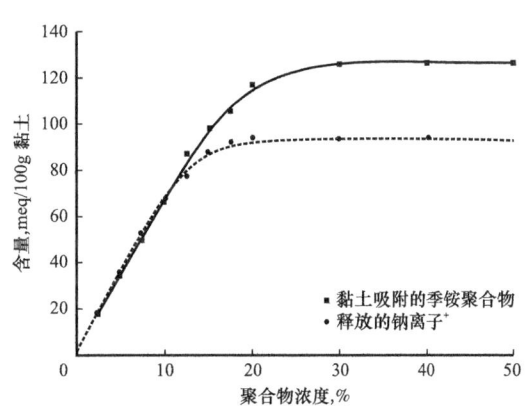

图8.1 黏土中的八面体和四面体层[24]　　图8.2 钠阳离子与季铵聚合物阳离子的交换[26]

常见的蒙皂石为2:1型黏土[27]。钠饱和蒙皂石发生的宏观膨胀,导致了油井作业中页岩的不稳定性。在最坏的情况下,井筒会因黏土膨胀而坍塌。

黏土矿物中的可交换阳离子对发生的膨胀体积有重大影响。可交换阳离子与水分子竞争黏土结构中可用的反应位点。一般来说,高价阳离子比低价阳离子吸附能力更强。因此,具有低价可交换阳离子的黏土比具有高价可交换阳离子的黏土膨胀体积更大。

减少黏土膨胀是一个重要的研究方向。为了有效地降低黏土的膨胀程度,需要了解膨胀机理。基于此,开发出了有效的膨胀抑制剂。

合适的黏土膨胀抑制剂必须既能显著减少黏土的水化,又能满足日益严格的环境要求。

膨胀是以离散的方式发生的,即逐步形成完整的水合物层。层间距的转变在热力学上类似于相变。层间区域含有可交换阳离子的黏土矿物仅会发生电渗性膨胀。这种膨胀的体积会比结晶膨胀大得多。

钠饱和蒙皂石具有强烈的电渗性膨胀倾向。相反,钾饱和蒙皂石不会以这种方式膨胀。因此,允许适当的离子交换反应有助于黏土的稳定[27]。

蒙皂石插层碱金属基团可交换阳离子的吸水等温曲线表明,阳离子越大,吸附的水越少[28]。此外,还与阳离子的膨胀趋势和水合能量有关[29]。重黏土具有很强烈的膨胀性[30]。

8.1.2　蒙皂石

蒙皂石黏土,例如膨润土和高岭石黏土,也适用于制备固体颗粒稳定的水包油乳化剂。

膨润土很容易剥落[31]。开采时，膨润土由颗粒聚集体自然组成，这些颗粒可分散在水中，并通过剪切分解成平均粒径为 2μm 或更小的单元。然而，每一个这样的粒子都是一个层叠单元，包含大约 100 层 1nm 厚的硅酸盐基层，这些硅酸盐基层通过层间原子（如钙原子）包体键合在一起。

通过体积更大的钠或锂交换钙等原子，膨润土对淡水中的水分子有很强的吸引力，然后将其置于淡水中，会被分解成单个 1nm 厚被称为基本颗粒的基层。这种分层结果会产生由细散膨润土黏土组成的凝胶[31]。

8.1.3 基本原则

文献中的几篇论文可作为选择合适黏土稳定体系或完成实际井设计的井壁稳定性分析等问题的指南[32-37]。

8.2 引起页岩不稳定的机理

页岩稳定性是各种井筒作业中面临的一个重要问题。稳定性问题通常归因于页岩的膨胀。研究表明，稳定性问题可能涉及多种机制[38-39]。这些机制包括孔隙压力扩散、塑性、各向异性、毛细管效应、渗透效应和物理化学变化。最重要的是，必须考虑导致页岩不稳定的三个过程[40]：

（1）在井筒和页岩之间的流体流动（仅限于从井筒流入页岩）；
（2）页岩—滤液相互作用期间发生的应力和应变变化；
（3）钻井液滤液侵入和页岩中的化学变化引起的软化和侵蚀。

这些影响的主要原因是化学性质，即黏土的水化作用。即使采用抑制性最强的流体，即油基钻井液，也可以观察到井壁失稳。这说明力学方面的因素也很重要。事实上，必须考虑化学和力学机制的耦合作用。因此，在一定的载荷条件下，预测中深井岩石的力学行为仍然是一个难点。

页岩的稳定性取决于页岩中流动过程（如水力流动、渗透、离子扩散、压力）和化学变化（如离子交换、含水量变化、膨胀压力）之间的复杂关系。

黏土或页岩具有吸水能力，因此，由于某些矿物种类的膨胀，或由于孔隙压力的改变抑制了支持力，从而导致油井不稳定。页岩与水基流体的反应取决于其初始水活度和流体组分。

页岩的行为可分为变形机制或流动机制[41]，因此，钻井液的矿化度、密度和滤饼性质的优化是一个重要的考虑因素。

8.2.1 黏土膨胀动力学

文献对膨胀动力学进行了基础研究[42]，研究对象为含聚合物抑制剂的纯黏土（蒙皂石、伊利石和高岭石），建立了表观动力学规律。

8.2.2 水化应力

化学力引起的应力，如水化应力，会对井壁稳定性产生相当大的影响[43]。当水的总压力和化学势增加时,水会被黏土薄片吸收。

如果薄片可以自由移动,则会导致其移动的距离更远(膨胀),膨胀受到限制时,则会产生水化应力[44]。水化应力导致孔隙压力增加,有效钻井液支撑随之降低,从而导致井壁失稳。

8.2.3 井壁稳定性模型

文献建立了一种考虑钻井液和页岩之间力学和化学相互作用的井壁稳定性模型[45]。将基于钻井液和页岩水摩尔自由能差异热力学的化学诱导应力变化与力学诱导应力相结合。根据该模型,可以获得钻井液的最佳钻井液配重和盐浓度。

基于表面积、含水量—压力平衡关系和双电层理论的进一步稳定性模型可以成功地表征井壁稳定性问题[46]。膨胀模型和钻井液工艺控制方法考虑了固体颗粒比表面积、膨胀压力和需水量等参数,由此改进新老页岩油气井的水基钻井液设计。

8.2.4 水基钻井液的页岩抑制

页岩聚合物稳定剂的一个潜在机制是降低水侵入页岩的速率。控制水侵入并不是页岩稳定的唯一机制[47]。聚合物添加剂也可以起到稳定作用。渗透现象造成了水可以渗入页岩。

8.2.5 抑制活性泥质地层

泥质地层在有水的情况下非常活跃。通过使其与具有亲水性和疏水性链的聚合物溶液接触,可以稳定这种结构[48-51]。亲水部位由聚氧乙烯组成,具有异氰酸盐疏水端基。聚合物具有吸附和疏水能力,能够抑制泥质岩石的膨胀或分散。

8.2.6 液体对地层的伤害

钻井液侵入地层会造成地层伤害,而钻井液侵入地层是由静水压柱的压差引起的,该压差通常大于地层压力,尤其是在低压区或衰竭区[52]。影响侵入的因素还包括岩石孔隙和渗透性。在对衰竭的砂岩地层进行超平衡钻井时,钻井液将逐渐渗入地层,除非井壁存在有效的流动屏障。

8.3 防膨剂

防膨剂的作用方法是化学方法不是力学方法。抑制剂改变了离子强度和流体向黏土中的流动行为。阳离子和阴离子对抑制黏土膨胀都很重要[53]。

8.3.1 盐

需要添加较高浓度的 KCl 来抑制膨胀。其他膨胀抑制剂包括不带电聚合物和聚电解质[27]。

8.3.2 季铵盐

胆碱盐可用作欠平衡钻井作业中有效的防膨钻井液添加剂[54]。

胆碱是一种含有 $N,N,N'''-$ 三甲基乙醇胺阳离子的季铵盐。氯化胆碱是一种卤化胆碱反离子盐。

制备 8-1：在三乙醇胺水溶液中加入过量的氯甲烷，加热数小时，即可制得三乙醇胺氯甲烷。反应完成后，多余的氯甲烷会被蒸发掉。

甲酸胆碱由氢氧化胆碱水溶液通过简单搅拌与甲酸反应制备。

泥质地层含有黏土颗粒。水基钻井液在这种地层中会发生离子交换、水化等反应。这些反应导致黏土颗粒膨胀、破碎或分散。最终，井壁可能会发生冲蚀甚至完全坍塌[55]。

某些添加剂（主要是季铵盐聚合物）可以防止这些不利反应。实验室测试表明，这种聚合物可以大大减少页岩侵蚀。季铵盐聚合物可以通过以下两种方式合成[55]：

（1）AA 基胺衍生物与卤代烷的季铵化，然后发生聚合反应。

（2）首先发生聚合反应，然后使聚合物单元季铵化。

制备 8-2：将甲基丙烯酸二甲氨基乙酯与溴代十六烷混合可制备季铵化单体。将混合物加热至 43℃ 并搅拌 24h。然后，将混合物倒入石油醚中，从而使季铵化单体沉淀[55]。反应如图 8.3 所示。

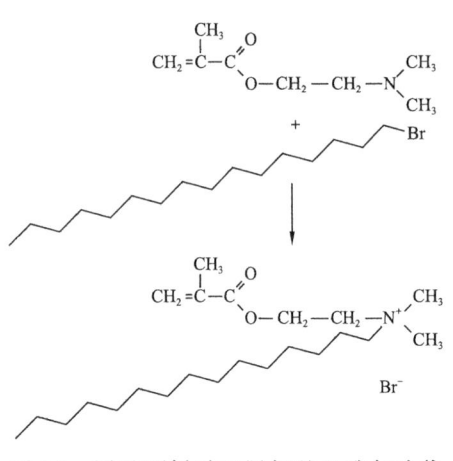

图 8.3　甲基丙烯酸二甲氨基乙酯与溴代十六烷的季铵化反应

可以使用上述季铵化单体和甲基丙烯酸二甲氨基乙酯制备共聚物。水溶液用硫酸中和，并与 2,2′-偶氮二异丁基脒二盐酸盐发生自由基聚合反应（参见图 8.4）。这种引发剂是水溶性的。聚合反应在 43℃ 下持续进行 18h[55]。

文献中描述了甲基丙烯酸二甲氨基乙酯的季铵化反应。在甲基丙烯酸二甲氨基乙酯均聚物的水溶液中添加盐酸钠，将 pH 值调节至 8.9，再加入适量水，溴代十六烷作为烷基化剂，十六烷基苄基二甲基溴化铵作为乳化剂。然后搅拌，将混合物加热至 60℃，持续 24h[55]。

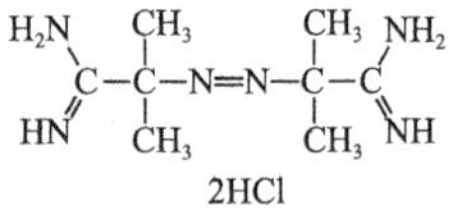

图 8.4　水溶性自由基引发剂

8.3.3　甲酸钾

通过向钻井液中添加甲酸钾，可提升钻井作业中黏土的稳定性。此外，可添加阳离子形成控制添加剂。甲酸钾可以由氢氧化钾和甲酸原位生成。阳离子添加剂基本上是含有季铵单元的聚合物，例如二甲基二烯丙基氯化铵或丙烯酰胺（AAm）的聚合物[56]。

在黏土充填流动试验中，给定时间内充填体积越大表明黏土稳定性越好，添加少量甲酸钾可增加给定聚合物浓度下的充填体积。例如，添加到配方中的 0.1% 聚二甲基二烯丙基氯化铵在 10min 时的充填体积为 112mL。

加入甲酸钾，并以 0.05% 的聚合物（即原始聚合物浓度的一半）处理时，充填体积为 146mL，表明黏土稳定性更好，并且添加甲酸钾可以产生协同效应[56]。

8.3.4 糖类衍生物

用作黏土稳定剂的流体添加剂是甲基葡萄糖苷和亚烷基氧化物[例如环氧乙烷(EO)、环氧丙烷(PO)或1,2-丁烯氧化物]的反应产物。这种添加剂在环境条件下可溶于水,但在高温下不溶于水[57]。由于高温不溶性,这些化合物集中在钻头切削表面、井壁和钻屑表面等重要表面。

8.3.5 磺化沥青

沥青是一种固体,馏分呈黑棕色至黑色,加热时软化,冷却时再硬化。沥青不溶于水,在水中不易分散或乳化。

磺化沥青可由沥青与硫酸和三氧化硫反应得到。通过与碱金属氢氧化物(如NaOH或NH_3)中和,形成磺酸盐,只有一小部分磺化产物可以用热水萃取。然而,由此获得的水溶性馏分对质量的关键。

磺化沥青通常用于水基钻井液和油基钻井液[58]。磺化沥青作为黏土抑制剂的作用机理被认为是负电磺化大分子附着在黏土薄片的正电荷端,从而形成中和屏障,抑制黏土对水的吸收。

此外,由于磺化沥青部分亲油,因此具有拒水性,因此会物理限制流入黏土的水。如前所述,磺化沥青在水中的溶解度是其应用一个关键考虑因素。通过添加水溶性和阴离子聚合物组分,可以显著降低水不溶性沥青的比例。

或者,通过添加聚合物组分来增加水溶性沥青的比例。此类聚合物最好选用木质素磺酸盐,以及磺化苯酚、酮、萘、丙酮和氨基增塑树脂[58]。

8.3.6 接枝共聚物

文献研究了添加苯乙烯和MA接枝聚乙二醇(PEG)共聚物的黏土稳定性[59]。

通过滚瓶试验获得的页岩回收量,测定了页岩抑制剂性能。试验采用牛津黏土岩屑,其为一种水敏页岩,筛分到2~4mm。在7.6%的KCl水溶液中进行膨胀测试。

苯乙烯和MA的交替共聚物与不同分子量的PEG接枝。不同PEG类型的页岩回收量见表8.2。

表8.2 页岩回收量[59]

样品	KCl,%	页岩回收率,%
仅KCl	7.6	25
PEG	7.6	38
SMACMPEG200	7.6	54
SMACMPEG300	7.6	87
SMACMPEG400	7.6	85
SMACMPEG500	7.6	72
SMACMPEG600	7.6	69

续表

样品	KCl, %	页岩回收率, %
SMACMPEG750	7.6	70
SMACMPEG1100	7.6	66
SMACMPEG1500	7.6	49
仅 KCl	12.9	27
PEG	12.9	53
SMACMPEG500	12.9	85
SMAC2∶1MPEG500	12.9	95

接枝 PEG 的分子量存在一个最优值。此外,表 8.2 后半部分的结果表明,增加主链中苯乙烯的含量也会增加页岩的回收量。

8.3.7 聚氧化烯胺

减少黏土膨胀的一种方法是在液体中加盐。盐通常能减少黏土的膨胀。然而,盐类会使黏土絮凝,导致高流体损失和几乎完全丧失触变性。此外,增加盐度通常会折损钻井液添加剂的功能[22]。

控制黏土膨胀的另一种方法是在钻井液中添加有机页岩抑制剂分子。据认为,有机页岩抑制剂分子会吸附在黏土表面,添加的有机页岩抑制剂与水分子竞争黏土反应位点,起到降低黏土膨胀的作用。

聚氧化亚烷基胺是一类含有链接到聚醚主链的伯氨基化合物,也被称为聚醚胺,分子量范围可达 5kDa。

聚氧化亚烷基二胺可用作页岩抑制剂,其通过环氧乙烷化合物在氨基化合物存在下的开环聚合反应合成。其中氨基化合物通过聚醚胺与两种当量的 EO 反应合成。或者,PO 与氧化亚烷基二胺反应[22]。聚醚主链以 EO、PO 或这些环氧乙烷化合物的混合物为主[22]。

典型的聚醚胺如图 8.5 所示。一种页岩水化抑制剂的主要成分为 N-烷基化 $2,2'$-二氨基二乙醚。

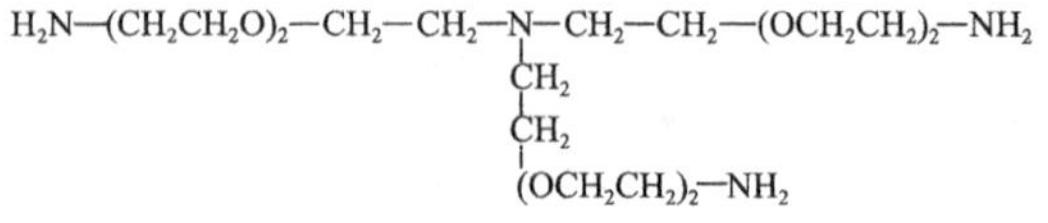

$$H_2N-(CH_2CH_2O)_2-CH_2-CH_2-N-CH_2-CH_2-(OCH_2CH_2)_2-NH_2$$
$$|$$
$$CH_2$$
$$|$$
$$CH_2$$
$$|$$
$$(OCH_2CH_2)_2-NH_2$$

图 8.5 聚醚胺[30]

8.3.8 阴离子聚合物

阴离子聚合物因长链上的负离子通过氢键附着在黏土颗粒的正位置或水化黏土表面[60]。当聚合物覆盖在黏土表面时,表面水化作用降低。

保护层还会密封或限制表面裂缝或孔隙,从而减少或防止滤液进入页岩的毛细管运动。PAC 可作为辅助稳定剂。氯化钾提高了黏土对聚合物的吸收率。

8.3.9 顺丁烯二酰亚胺的铵盐

含有 MA 聚合物酰亚胺盐的组分可用于黏土稳定。例如,这些类型的盐可通过 MA 与二胺(如乙二醇(EG)溶液中的二甲基丙二胺)反应合成[61]。伯氮二甲基丙二胺形成酰亚胺键。

此外,其还可以增加 MA 的双键,并且乙二醇可链接到该双键,但也可与酸酐自身发生缩合反应。重复这些反应,可生成低聚物。基本反应如图 8.6 所示。

最后,用乙酸或甲磺酸中和产物至 pH 值为 4。在 Bandera 砂岩中进行了性能测试。用甲磺酸中和的物质比用醋酸中和的物质少一些。该组分特别适用于制备水基压裂液。

8.3.10 胍基共聚物

通过添加胍基共聚物可以降低黏土膨胀和细颗粒的运移[62]。胍基共聚物是氨基碱、甲醛、亚烷基多胺和无机或有机酸铵盐的缩聚产物。文献给出了基本制备程序[63],并在制备 8-3 中对该制备程序进行了总结。

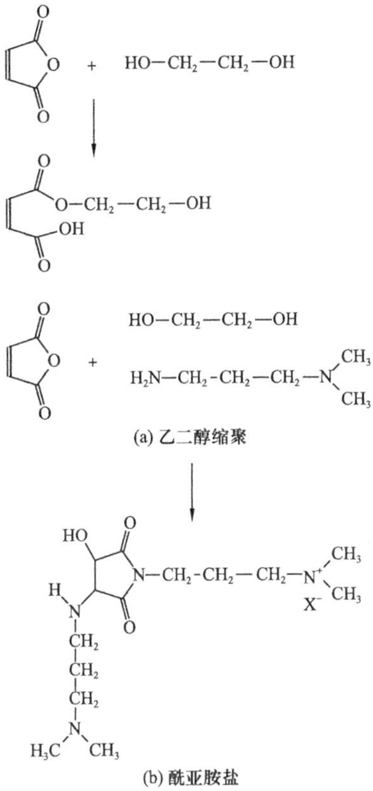

图 8.6 开始与乙二醇缩聚并形成酰亚胺盐[61]

制备 8-3:搅拌并将二亚乙基三胺加热至 55~60℃,添加氯化铵,接着将混合物加热至 95~100℃,然后添加二甘醇,并且添加双氰胺。反应器温度逐渐升高至 195℃,然后通过特定方法进行冷却[63]。

单体的变体见表 8.3,最好选用 1~20kDa 平均分子质量的胍基共聚物。

表 8.3 胍基共聚物的单体[62]

胺反应物	羰基反应物	胺反应物
双氰胺	甲醛	氨乙基哌嗪
胍胺	多聚甲醛	乙二胺
胍	尿素	二亚乙基三胺
三聚氰胺	硫脲	三亚乙基四胺
氰胺	乙二醛	丙二胺
脒基脲	乙醛	三丁烯四胺
脒基硫脲	丙醛	四丁烯五胺

续表

胺反应物	羰基反应物	胺反应物
烷基胍	丁醛	二戊三胺
芳基胍	戊二醛	三烯四胺
	丙酮	戊二胺

胍基共聚物和阳离子减阻剂的组合可显著减少减阻剂使用量。例如,胍基共聚物可使添加到压裂液中的减阻剂总剂量减少30%~70%[62]。因此,与传统成分相比,其更加节省成本。

8.3.11 特殊的黏土稳定剂

含黏土地层作业技术的不断革新促进了众多黏土稳定处理剂和添加剂的发展,大多数使用的添加剂是高分子量阳离子有机聚合物。研究表明,这些稳定剂在低渗透地层中效果较差[64]。

在油井钻井、完井和修井过程中,过去通常使用氯化钾和氯化钠等盐作为临时黏土稳定剂,由于与盐类物质会带来大量和潜在的环境危害,操作员不得不寻找其替代品。

最近的研究表明,各种阳离子(如K^+、Na^+)的物理性质与其作为黏土临时稳定剂的效率之间存在着某些关系。那么,利用这些物理性质来合成有机阳离子(表8.4),使黏土稳定剂具有更高的效率。

表8.4 特殊的黏土稳定剂

化合物	参考文献
氯化铵	
氯化钾①	[65]
二甲基二烯丙基氯化铵②	[66]
N-卤代烷基吡啶	
N,N,N-三烷基苯基卤化铵	
N,N-卤代烷基吗啉③	[14,67]
MA和一个烷基二胺的均聚反应产物④	[68]
四甲基氯化铵和氯甲烷	
乙烯-氨缩聚物的季盐④	[69]
季铵化合物⑤	[70]

注:① 添加到柴油基浓缩凝胶中;
② 最低0.05%,防止黏土膨胀;
③ 烷基可以为甲基,乙基,丙和丁基;
④ 协同抑制黏土地层吸水性;
⑤ 羟基取代烷基自由基。

因为盐浓度较低,这类添加剂在酸化和压裂作业时能够避免高盐溶度带来的问题[71-72]。液体添加剂产品更容易处理和运输,稀释状态下环保并且可生物降解。

参 考 文 献

[1] C. Durand, A. Onaisi, A. Audibert, T. Forsans, C. Ruffet, Influence of clays on borehole stability: a literature survey: Pt. 2: mechanical description and modelling of clays and shales drilling practices versus laboratory simulations [J]. Revue de L' Institut Français Du Pétrole, May-June 1995, 50(3): 353-369.

[2] C. Durand, A. Onaisi, A. Audibert, T. Forsans, C. Ruffet, Influence of clays on borehole stability: a literature survey: Pt. 1: occurrence of drilling problems physicochemical description of clays and of their interaction with fluids [J]. Revue de L' Institut Français Du Pétrole, March-April 1995, 50(2): 187-218.

[3] Z.J. Zhou, W.D. Gunter, R.G. Jonasson, Controlling formation damage using clay stabilizers: a review [M]. in: Proceedings Volume-2, number CIM 95-71, 46th Annu. Cim. Petrol. Soc. Tech. Mtg., Banff, Can, 1995, 5/14-17/95.

[4] E. Van Oort, Physico-chemical stabilization of shales [M]. in: Proceedings Volume, SPE Oilfield Chem. Int. Symp., Houston, 1997, 2/18-21/97: pp. 523-538.

[5] M. Conway, J.J. Venditto, P. Reilly, K. Smith, An examination of clay stabilization and flow stability in various North American gas shaless [C]. in: Proceedings of SPE Annual Technical Conference and Exhibition, Dallas, Texas, October 2011, pp. 1-17, SPE Annual Technical Conference and Exhibition, 30 October-2 November 2011, Denver, Colorado, USA, Society of Petroleum Engineers.

[6] M.A. Patel, H.S. Patel, A review on effects of stabilizing agents for stabilization of weak soils [J]. Civil and Environmental Research, 2012, 2(6): 1-7.

[7] C. Stowe, R.G. Bland, D. Clapper, T. Xiang, S. Benaissa, Water-based drilling fluids using latex additivess [P]. GB Patent 2 363 622, assigned to Baker Hughes Inc., 2002, January 2.

[8] K.W. Smith, T.R. Thomas, Method of treating shale and clay in hydrocarbon formation drilling [P]. WO Patent 1 995 014 066, assigned to Clearwater, Inc., May 26, 1995.

[9] K.W. Smith, T.R. Thomas, Method of treating shale and clay in hydrocarbon formation drilling [P]. US Patent 5 607 902, assigned to ClearWater, Inc., Pittsburgh, PA, March 4, 1997.

[10] A. Westerkamp, C. Wegner, H.P. Mueller, Borehole treatment fluids with clay swellinginhibiting properties (ii) (Bohrloch-behandlungsfluessigkeiten mit tonquellungsinhibierenden Eigenschaften (ii)) [P]. EP Patent 451 586, assigned to Bayer AG, October 16, 1991.

[11] A.H. Hale, E. van Oort, Efficiency of ethoxylated/propoxylated polyols with other additives to remove water from shale [P]. US Patent 5 602 082, February 11, 1997.

[12] P.V. Coveney, M. Watkinson, A. Whiting, E.S. Boek, Stabilising clayey formations [P]. GB Patent 2 332 221, assigned to Sofitech NV, June 16, 1999.

[13] P.V. Coveney, M. Watkinson, A. Whiting, E.S. Boek, Stabilizing clayey formations [P]. WO Patent 9 931 353, assigned to Sofitech NV and Dowell Schlumberger SA and Schlumberger Canada Ltd., June 24, 1999.

[14] R.E. Himes, Method for clay stabilization with quaternary amines [P]. US Patent 5 097 904, assigned to Halliburton Co., March 24, 1992.

[15] A.D. Patel, H.C. McLaurine, Drilling fluid additive and method for inhibiting hydration [P]. CA Patent 2 088 344, assigned to M I Drilling Fluids Co., October 11, 1993.

[16] S.E. Alford, North sea field application of an environmentally responsible water-base shale stabilizing system [C]. in: Proceedings Volume, SPE/IADC Drilling Conf., Amsterdam, The Netherlands, 1991, 3/11-14/91: pp. 341-355.

[17] C.K. Smith, T.G. Balson, Shale-stabilizing additives [P]. GB Patent 2 340 521, assigned to Sofitech NV and Dow Chemical Co., February 23, 2000.

[18] S. Palumbo, D. Giacca, M. Ferrari, P. Pirovano, The development of potassium cellulosic polymers and their contribution to the inhibition of hydratable clays [C]. in: Proceedings Volume, SPE Oilfield Chem. Int. Symp. Houston, 1989, 2/8-10/89: pp. 173-182.

[19] M. Alonso-Debolt, M. Jarrett, Synergistic effects of sulfosuccinate/polymer system for clay stabilization [C]. in: Proceedings Volume, volume PD-65, Asme Energy-Sources Technol. Conf. Drilling Technol. Symp., Houston, 1995, 1/29/95-2/1/95: pp. 311-315.

[20] M.A. Alonso-Debolt, M.A. Jarrett, New polymer/surfactant systems for stabilizing troublesome gumbo shale [C]. in: Proceedings Volume, SPE Int. Petrol. Conf. of Mex, Veracruz, Mexico, 1994, 10/10-13/94: pp. 699-708.

[21] R. Hoffmann, W.N. Lipscomb, Theory of polyhedral molecules. I. Physical factorizations of the secular equation [J]. Journal of Chemical Physics, April 1962, 36(8): 2179-2189.

[22] A.D. Patel, E. Stamatakis, E. Davis, J. Friedheim, High performance water based drilling fluids and method of use [P]. US Patent 7 250 390, assigned to M-I L.L.C., Houston, TX, July 31, 2007.

[23] R.E. Grim, Clay Mineralogy, 2nd edition [M]. McGraw-Hill, New York, 1968.

[24] H.H. Murray, Applied Clay Mineralogy: Occurrences, Processing, and Application of Kaolins, Bentonites, Palygorskite-Sepiolite, and Common Clays [M]. vol. 2, Elsevier, Amsterdam, 2007.

[25] S.M. Auerbach (Ed.), Handbook of Layered Materials [M]. CRC Press, Boca Raton, 2007, reprint from 2004 edition.

[26] C. Blachier, L. Michot, I. Bihannic, O. Barrès, A. Jacquet, M. Mosquet, Adsorption of polyamine on clay minerals [J]. Journal of Colloid and Interface Science, August 2009, 336(2): 599-606.

[27] R.L. Anderson, I. Ratcliffe, H.C. Greenwell, P.A. Williams, S. Cliffe, P.V. Coveney, Clay swelling - a challenge in the oilfield [J]. Earth-Science Reviews, February 2010, 98(3-4): 201-216.

[28] R.W. Mooney, A.G. Keenan, L.A. Wood, Adsorption of water vapor by montmorillonite. II. Effect of exchangeable ions and lattice swelling as measured by X-ray diffraction [J]. Journal of the American Chemical Society, March 1952, 74(6): 1371-1374.

[29] K. Norrish, The swelling of montmorillonite [G]. Discussions of the Faraday Society, 1954, 18: 120-134.

[30] H.P. Klein, C.E. Godinich, Drilling fluids [P]. US Patent 7 012 043, assigned to Huntsman Petrochemical Corporation, The Woodlands, TX, March 14, 2006.

[31] J.R. Bragg, R. Varadaraj, Solids-stabilized oil-in-water emulsion and a method for preparing same [P]. US Patent 7 121 339, assigned to ExxonMobil Upstream Research Company, Houston, TX, October 17, 2006.

[32] X. Chen, C.P. Tan, C.M. Haberfield, Wellbore stability analysis guidelines for practical well design [C]. in: Proceedings Volume, SPE Asia Pacific Oil & Gas Conf., Adelaide, Australia, 1996, 10/28-31/96: pp. 117-126.

[33] C.W. Crowe, Laboratory study provides guidelines for selecting clay stabilizers [C]. in: Proceedings Volume, Cim. Petrol. Soc/SPE Int. Tech. Mtg., Calgary, Canada, 1990, 6/10-13/90.

[34] C.W. Crowe, Laboratory study provides guidelines for selecting clay stabilizers [D]. SPE Unsolicited Pap SPE-21556 Dowell Schlumberger, January 1991.

[35] C.W. Crowe, Laboratory study provides guidelines for selecting clay stabilizers [C]. in: Proceedings Volume, SPE Oilfield Chem. Int. Symp., Anaheim, Calif, 1991, 2/20-22/91: pp. 499-504.

[36] B. Evans, S. Ali, Selecting brines and clay stabilizers to prevent formation damage [J]. World Oil, May 1997, 218(5): 65-68.

[37] R.F. Scheuerman, B.M. Bergersen, Injection water salinity, formation pretreatment, and well operations fluid

selection guidelines [C]. in: Proceedings Volume, SPE Oilfield Chem. Int. Symp., Houston, 1989, 2/8-10/89: pp. 33-49.

[38] D. Gazaniol, T. Forsans, M.J.F. Boisson, J.M. Piau, Wellbore failure mechanisms in shales: prediction and prevention [C]. in: Proceedings Volume, volume 1, SPE Europe Petrol. Conf., London, UK, 1994, 10/25-27/94: pp. 459-471.

[39] D. Gazaniol, T. Forsans, M.J.F. Boisson, J.M. Piau, Wellbore failure mechanisms in shales: prediction and prevention [J]. Journal of Petroleum Technology, July 1995, 47(7): 589-595.

[40] L. Bailey, P.I. Reid, J.D. Sherwood, Mechanisms and solutions for chemical inhibition of shale swelling and failure, in: Proceedings Volume [C]. Recent Advances in Oilfield Chemistry, 5th Royal Soc. Chem. Int. Symp., Ambleside, England, 1994, 4/13-15/94: pp. 13-27.

[41] J.P. Tshibangu, J.P. Sarda, A. Audibert-Hayet, A study of the mechanical and physicochemical interactions between the clay materials and the drilling fluids: application to the boom clay (Belgium) (Étude des interactions mécaniques et physicochimiques entre les argiles et les fluides de forage: Application à l'argile de Boom (Belgium)) [J]. Revue de L'Institut Français Du Pétrole, July-August 1996, 51(4): 497-526.

[42] I. Suratman, A Study of the Laws of Variation (Kinetics) and the Stabilization of Swelling of Clay (Contribution a L'étude De La Cinétique et De La Stabilisation Du Gonflement Des Argiles) [D]. PhD thesis, Malaysia, 1985.

[43] M. Chen, Z. Chen, R. Huang, Hydration stress on wellbore stability [C]. in: Proceedings Volume, 35th US Rock Mech Symp., Reno, NV, 1995, 6/5-7/9: pp. 885-888.

[44] C.P. Tan, B.G. Richards, S.S. Rahman, R. Andika, Effects of swelling and hydrational stress in shales on wellbore stability [C]. in: Proceedings Volume, SPE Asia Pacific Oil & Gas Conf., Kuala Lumpur, Malaysia, 1997, 4/14-16/97: pp. 345-349.

[45] F.K. Mody, A.H. Hale, A borehole stability model to couple the mechanics and chemistry of drilling fluid shale interaction [C]. in: Proceedings Volume, SPE/IADC Drilling Conf., Amsterdam, The Netherlands, 1993, 2/23-25/93: pp. 473-490.

[46] R.D. Wilcox, Surface area approach key to borehole stability [J]. Oil & Gas Journal, 1990, 88(9): 66-80.

[47] T. Ballard, S. Beare, T. Lawless, Mechanisms of shale inhibition with water based muds [C]. in: Proceedings Volume, IBC Tech. Serv. Ltd Prev. Oil Discharge from Drilling Oper.- the Options Conf., Aberdeen, Scot, 1993, 6/23-24/93.

[48] A. Audibert, J. Lecourtier, L. Bailey, G. Maitland, Method for inhibiting reactive argillaceous formations and use thereof in a drilling fluid [P]. WO Patent 9 315 164, assigned to Schlumberger Technol. Corp. and Schlumberger Serv. Petrol and Inst. Français Du Pétrole, August 5, 1993.

[49] A. Audibert, J. Lecourtier, L. Bailey, G. Maitland, Process for inhibiting reactive argillaceous formations and application to a drilling fluid (procede d'inhibition de formations argileuses reactives et application a un fluide de forage) [P]. FR Patent 2 686 892, assigned to Inst. Français Du Pétrole and Schlumberger Cambridge Re, August 6, 1993.

[50] A. Audibert, J. Lecourtier, L.C. Bailey, G. Maitland, Use of polymers having hydrophilic and hydrophobic segments for inhibiting the swelling of reactive argillaceous formations (L'utilisation d'un polymère en solution aqueuse pour l'inhibition de gonflement des formations argileuses reactives) [P]. EP Patent 578 806, assigned to Schlumberger Serv. Petrol and Inst. Français Du Pétrole, January 19, 1994.

[51] A. Audibert, J. Lecourtier, L. Bailey, G. Maitland, Method for inhibiting reactive argillaceous formations and use thereof in a drilling fluid [P]. US Patent 5 677 266, assigned to Inst. Français Du Pétrole, October 14, 1997.

[52] D.L. Whitfill, K.W. Pober, T.R. Carlson, U.A. Tare, J.V. Fisk, J.L. Billingsley, Method for drilling depleted sands with minimal drilling fluid loss [P]. US Patent 6 889 780, assigned to Halliburton Energy Services,

Inc., Duncan, OK, May 10, 2005.

[53] S. Doleschall, G. Milley, T. Paal, Control of clays in fluid reservoirs [C]. in: Proceedings Volume, 4th BASF AG et al. Enhanced Oil Recovery Europe Symp., Hamburg, Germany, 1987, 10/27-29/87: pp. 803-812.

[54] D.P. Kippie, L.W. Gatlin, Shale inhibition additive for oil/gas down hole fluids and methods for making and using same [P]. US Patent 7 566 686, assigned to Clearwater International, LLC, Houston, TX, July 28, 2009.

[55] L.S. Eoff, B.R. Reddy, J.M. Wilson, Compositions for and methods of stabilizing subterranean formations containing clays [P]. US Patent 7 091 159, assigned to Halliburton Energy Services, Inc., Duncan, OK, August 15, 2006.

[56] K.W. Smith, Well drilling fluids [P]. US Patent 7 576 038, assigned to Clearwater International, L.L.C., Houston, TX, August 18, 2009.

[57] D.K. Clapper, S.K. Watson, Shale stabilising drilling fluid employing saccharide derivatives [P]. EP Patent 702 073, assigned to Baker Hughes Inc., March 20, 1996.

[58] J. Huber, J. Plank, J. Heidlas, G. Keilhofer, P. Lange, Additive for drilling fluids [P]. US Patent 7 576 039, assigned to BASF Construction Polymers GmbH, Trostberg, DE, August 18, 2009.

[59] C.K. Smith, T.G. Balson, Shale-stabilizing additives [P]. US Patent 6 706 667, March 16, 2004.

[60] W.S. Halliday, V.M. Thielen, Drilling mud additive [P]. US Patent 4 664 818, assigned to Newpark Drilling Fluid In, May 12, 1987.

[61] D.J. Poelker, J. McMahon, J.A. Schield, Polyamine salts as clay stabilizing agents [P]. US Patent 7 601 675, assigned to Baker Hughes Incorporated, Houston, TX, October 13, 2009.

[62] C.B. Murphy, J.O. Fabri, P.B. Reilly Jr., Treatment of subterranean formations [P]. US Patent 8 157 010, assigned to Polymer Ventures, Inc., Charleston, SC, April 17, 2012.

[63] J.J. Waldmann, Agents having high nitrogen content and high cationic charge based on dicyanimide dicyandiamide or guanidine and inorganic ammonium salts [P]. US Patent 5 659 011, August 19, 1997.

[64] R.E. Himes, E.F. Vinson, D.E. Simon, Clay stabilization in low-permeability formations [C]. in: Proceedings Volume, SPE Prod. Oper. Symp., Oklahoma City, 1989, 3/12-14/89 :pp. 507-516.

[65] R.R. Yeager, D.E. Bailey, Diesel-based gel concentrate improves rocky mountain region fracture treatments [C]. in: Proceedings Volume, SPE Rocky Mountain Reg Mtg., Casper, Wyo, 1988, 5/11-13/88: pp. 493-497.

[66] T.R. Thomas, K.W. Smith, Method of maintaining subterranean formation permeability and inhibiting clay swelling [P]. US Patent 5 211 239, assigned to Clearwater Inc., May 18, 1993.

[67] R.E. Himes, E.F. Vinson, Fluid additive and method for treatment of subterranean formations [P]. US Patent 4 842 073, June 27, 1989.

[68] J.A. Schield, M.I. Naiman, G.A. Scherubel, Polyimide quaternary salts as clay stabilization agents [P]. GB Patent 2 244 270, assigned to Petrolite Corp., November 27, 1991.

[69] C.W. Aften, R.K. Gabel, Clay stabilizing method for oil and gas well treatment [P]. US Patent 5 099 923, assigned to Nalco Chemical Co., March 31, 1992.

[70] B.E. Hall, C.A. Szememyei, Fluid additive and method for treatment of subterranean formations [P]. US Patent 5 089 151, assigned to Western Co. North America, February 18, 1992.

[71] R.E. Himes, M.A. Parker, E.G. Schmelzl, Environmentally safe temporary clay stabilizer for use in well service fluids [C]. in: Proceedings Volume, volume 3, Cim. Petrol. Soc/SPE Int. Tech. Mtg., Calgary, Canada, 1990, 6/10-13/90.

[72] R.E. Himes, E.F. Vinson, Environmentally safe salt replacement for fracturing fluids [C]. in: Proceedings Volume, SPE East Reg Conf., Lexington, KY, 1991, 10/23-25/91: pp. 237-248.

9 pH 值调节剂

pH 值表示氢离子浓度,分别定义为质子或氢质子浓度的负十次对数。例如,质子浓度为 10^{-12} mol/L^{-1} 意味着 pH 值为 12。

对于平衡常数 K 也有类似的考虑,平衡常数 K 用 pK 值表示。

水在一定程度上分解成质子,或者更准确地说,分解成氢质子和羟基离子,即:

$$H_2O \longrightarrow H^+ + OH^- \tag{9.1}$$

在水存在的情况下,质子本身并不稳定,会附着在另一个水分子上,即:

$$H^+ + H_2O \longrightarrow H_3O^+ \tag{9.2}$$

为了简化,我们通常只处理 H^+。解离反应的平衡常数,见式(9.1):

$$K_{H_2O} = \frac{[H^+][OH^-]}{[H_2O]} \tag{9.3}$$

平衡常数 K_{H_2O} 一般具有物理单位。因为浓度的物理单位是 mol/L,所以 K_{H_2O} 的物理单位为 mol/L。

9.1 缓冲理论

缓冲剂理论属于物理化学的范畴,例如在 chang 的著作[1]中。质子酸 A=B-H 在第一步分解成一个质子 H^+ 和一个碱 B^-,即:

$$BH \longrightarrow H^+ + B^-, \quad B^- + H_2O \longrightarrow BH + OH^- \tag{9.4}$$

对于反应方程式(9.4)中的两个反应,我们得到两个平衡常数,对于酸,我们有:

$$K_A = \frac{[H^+][B^-]}{[BH]} \tag{9.5}$$

而对于碱,我们有:

$$K_B = \frac{[OH^-][BH]}{[B^-][H_2O]} \tag{9.6}$$

将式(9.4)中的两个单独方程式相加,再次得出水的解离方程式:

$$H_2O \longrightarrow H^+ + OH^- \tag{9.7}$$

因此

$$K_A K_B = K_{H_2O} \tag{9.8}$$

进一步得到水的平衡方程式：

$$[H_2O]_0 = [H_2O] + [H^+] \tag{9.9}$$

这里$[H_2O]_0$是未解离水的浓度。从电中性原理来看：

$$[H^+] = [OH^-] \tag{9.10}$$

水的平衡常数很小，因此可以近似认为$[H_2O]_0 \approx [HO]$。

$$[H_2O]_0 K_{H_2O} = [H^+][OH^-] \tag{9.11}$$

式（9.11）被称为水的离子积，其值接近$10^{-14} \text{mol}^2/\text{L}^2$。

将式（9.10）和式（9.9）代入式（9.3），得到：

$$K_{H_2O} = \frac{[H^+]^2}{[H_2O]_0 - [H^+]} \tag{9.12}$$

由式（9.11）和式（9.9）可计算纯水的 pH 值。

将上述方程式推广到弱酸和弱碱，式（9.4）可用于计算缓冲系统的 pH 值以及滴定曲线。表9.1、图9.2 和图9.3 列出了常见的缓冲溶液成分。

表 9.1 常用的缓冲溶液[2]

反应	pK_a
$HCl \longrightarrow H^+ + Cl^-$	−7
$H_2SO_4 \longrightarrow H^+ + HSO_4^-$	−3
$HSO_4^- \longrightarrow SO_4^{2-} + H^+$	1.92
$H_2SO_3 \longrightarrow HSO_3^- + H^+$	1.92
$HF \longrightarrow F^- + H^+$	3.14
$CH_3COOH \longrightarrow CH_3COO^- + H^+$	4.75
$H_2S \longrightarrow HS^- + H^+$	6.92
$NH_4^+ \longrightarrow NH_3 + H^+$	9.25
$H_2O \longrightarrow H^+ + OH^-$	15.47
草酸/草酸氢盐	1.27
马来酸/马来酸氢盐	1.92
富马酸/富马酸氢盐	3.03
柠檬酸/柠檬酸氢盐	3.13

续表

反应	pK_a
氨基酸/氨基磺酸	1.0
甲酸/甲酸酯	3.8
醋酸/乙酸	4.7
磷酸二氢/磷酸氢	7.1
氨/铵盐	9.3
碳酸氢盐/碳酸盐	10.4
富马酸/富马酸氢盐	3.0
苯甲酸/苯甲酸盐	4.2

调节和维持 pH 值所需的缓冲液可以是弱酸和弱碱盐。例如碳酸盐、碳酸氢盐和磷酸氢盐，即甲酸、富马酸和氨基磺酸[3]。

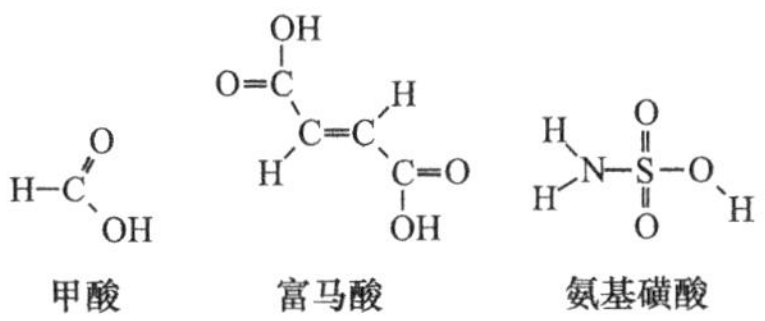

图 9.1 有机弱酸

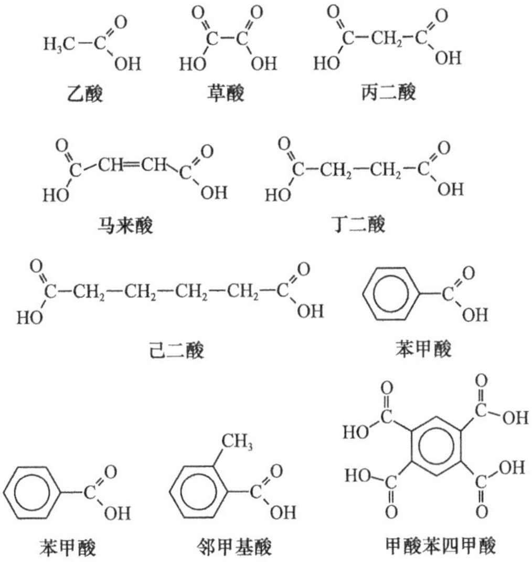

图 9.2 碳酸和二碳酸

通过向压裂液中添加碳酸氢钠，可将其 pH 值提高到 9.2～10.4，由此提高各种胶的温度稳定性。

9.2 pH 值控制

pH 值范围决定了要采用何种缓冲剂。对于压裂液，建议使用表 9.2 列出的几种缓冲剂系统。

表 9.2　缓冲体系[4]

pH 值范围	缓冲液系统
5～7	富马酸
5～7	双乙酸钠
7～8.5	碳酸氢钠
9～12	碳酸钠
9～12	氢氧化钠

采用锆交联瓜尔胶时,向缓冲剂中添加 α-羟基羧酸或其酸盐可控制新制压裂液在较宽 pH 范围内的交联时间。

参 考 文 献

[1] R. Chang, Physical Chemistry for the Chemical and Biological Sciences [M]. Chapter 11, University Science Books, Sausalito, Calif., 2000.
[2] L. Kolditz (Ed.), Anorganikum: Lehrund Praktikumsbuch der anorganischen Chemie; mit einer Einführung in die physikalische Chemie [M]. Dt. Verl. der Wiss., Berlin, 1967, p. 413.
[3] K. Nimerick, Fracturing fluid and method [P]. GB Patent 2 291 907, assigned to Sofitech NV, February 7, 1996.
[4] D.E. Putzig, Zirconium-based cross-linking composition for use with high pH polymer solutions [P]. US Patent 8 247 356, assigned to Dorf Ketal Speciality Catalysts, LLC, Stafford, TX, August 21, 2012.
[5] R. Moorhouse, L.E. Matthews, Aqueous based zirconium (Ⅳ) crosslinked guar fracturing fluid and a method of making and use therefor [P]. US Patent 6 737 386, assigned to Benchmark Research and Technology Inc., Midland, TX, May 18, 2004.

10 表面活性剂

大多数注水作业流体中都含有表面活性剂,其目的是改善注水作业流体与含烃储层的配伍性。在压裂或其他增产措施后,为了使地下地层中烃类的采收率最大化,通常的做法是使地层表面具有亲水性。

固体表面,特别是地下含烃地层中碳酸盐材料的表面,可以吸附一层很薄的烷基氨基膦酸和氟化烷基氨基膦酸。该薄层只有一个分子厚,因此比在水润湿表面上的水层或水—表面活性剂混合物层薄得多[1-3]。

这类吸附的化合物会抑制或大大减少水和烃类对表面的润湿性,并在表面和水、烃类之间形成高界面张力。烃类会躯替注入水,使含水饱和度降低,而增加通过地层毛细管和流道的烃类流量。

10.1 表面活性剂性能

表面活性剂用于砂岩油藏增产的主要目的是降低表面张力和接触角,从而控制滤失。然而,许多表面活性剂在进入砂岩地层的最初几英寸内会迅速吸附在地层表面,造成其深层穿透性降低。

Paktinat等对油田使用的各种表面活性剂进行了实验和现场研究[4],还对几种不同的表面活性剂在实验室充填砂柱中的吸附性能进行了研究。此外,还收集了Bradford、Balltown和Speechley砂岩地层的现场数据,并验证了实验室数据与现场数据的相关性。

与传统的表面活性剂处理相比,用微滴乳化剂处理的储层表现出优异的排水率。通过这些调查案例的研究可将地层伤害降至最低[4]。

10.1.1 多级水力压裂

水平井多级水力压裂技术是实现页岩资源经济开采的有利技术。富液页岩储集层的采收率通常低于10%,因此,有必要通过实施提高采收率(EOR)技术来提升此类非常规致密储层的石油产量。

盐水的渗吸或注入、化学物质(表面活性剂)、气体或蒸汽吞吐中各种液体的组合可以提高富液页岩油藏的采收率。研究表明,低矿化度水和低矿化度水+表面活性剂渗吸特征可作为富液页岩储层水力压裂作业流体和提高采收率作业流体的评价参数。

渗透压、毛细管力、润湿性变化和其他因素是各种作业流体提高页岩油藏采收率的机制之一。通过渗吸实验研究了这些有利的因素,实验结果如下[5]:

(1)致密地层低矿化度水蒸汽吞吐因引起了润湿性改变,产生毛细管力和渗透力,所以可提高致密地层的产量。

（2）表面活性剂+低矿化度水蒸汽吞吐,由于表面活性剂使得界面张力大大降低和润湿性改变,可以进一步提高超致密地层的产量。根据实验观察和文献综述,建议采用低矿化度水蒸汽吞吐技术(考虑经济性),然后采用低矿化度水+表面活性剂蒸汽吞吐提高采收率,可优化富液页岩油藏的产量,同时尽量降低成本。

这些液体可用于降低基质裂缝表皮伤害。由于渗透和扩散是非常缓慢的过程,页岩中这些水力压裂和提高采收率液体的有效性在很大程度上取决于改造体积内天然裂缝或纹层的数量[5]。

10.1.2 黏弹性表面活性剂

典型的黏弹性表面活性剂是 N- 芥酸 -N,N- 双(2- 羟乙基)-N- 甲基氯化铵、油酸钾和与相应的活化剂(如水杨酸钠和氯化钾)混合时形成凝胶液[6]。

甲基季铵化芥酸胺是一种黏弹性表面活性剂,可用于制备适用于高温高渗透率地层的压裂液[7]。

与黏弹性表面活性剂的应用有关的一个问题是,在低黏度表面活性剂溶液(即破胶的凝胶)和储层烃类之间通常会形成稳定的水包油乳化剂。因此,很难实现明确的两相分离,从而使洗井变得复杂。这种乳化剂的形成的原因被认为是常规井筒流体黏弹性表面活性剂几乎不溶于有机溶剂[6]。

为了优化 2,2′-[丙烷 -1,3- 双二基(硬脂酰氮二基)]二乙烷磺酸钠 Gemini 黏弹性表面活性剂的黏弹性和耐温性,文献研究了添加纳米颗粒所引起的影响[8]。

利用流变仪和场发射扫描电子显微镜研究了表面活性剂溶液中添加/不添加氧化镁(MgO)或亲脂性二氧化硅纳米颗粒后的黏度、流变行为和微观结构。结果表明,在 90℃时,添加的纳米颗粒质量分数存在最优值,并显著提高了胶束溶液的黏弹性。

黏弹性的增强归因于添加纳米颗粒而形成了网络结构,纳米颗粒在高温压裂液方面具备良好的前景[8]。

10.1.3 阳离子表面活性剂

许多基于季铵盐和磷盐的阳离子表面活性剂可溶于水和烃类,经常用作相转换催化剂[9]。

然而,黏弹性水溶液的特殊阳离子表面活性剂难溶于烃类,并且表面活性剂在油和水中的分配系数 $K_{o,w}$ 接近于零。

物质的分配系数是两种不互溶流体(如油和水)中平衡浓度的比值,即:

$$K_{o,w} = \frac{C_o}{C_w} \qquad (10.1)$$

可通过各种分析技术测定分配系数[10]。

例如,循环伏安法可用于测定表面活性剂的临界胶束浓度、胶束的自扩散系数和分配系数[11]。此外,也可选用高效液相色谱法[12]。

一般地,阳离子表面活性剂易溶于烃类溶剂的原因是多个长链烷基连接到一个端基,如见十六烷基三丁基鏻离子和三辛基甲基铵离子。

相反,阳离子表面活性剂(用于制备黏弹性溶液)通常每个表面活性剂端基只有一条长直烃链[6]。

10.1.4 阴离子表面活性剂

一些阴离子表面活性剂易溶于烃类,难溶于水溶液,例如双(2-乙基己基)磺基琥珀酸钠[13],这种化合物不会形成黏弹性水溶液,添加盐会出现沉淀。热力学研究表明胶束化过程本质上是吸热的,主要是熵控制过程。

表面活性剂在烃类中的溶解度随着侧链数量的减小而增大,这是因为较小的侧链不容易破坏烃类中表面活性剂形成反胶束,这种反胶束可提升其在烃类中的溶解性[6]。

通过改变主链直链的支化程度和类型,可一定程度地提升改性表面活性剂在烃类中的溶解度。最好的方案是侧链与 α-碳原子键合。如果侧链靠近带电端基的位置,则可提升黏弹性和溶解性。β-支链脂肪酸的合成如图 10.1 所示。

制备 10-1:2-甲基油酸甲酯的合成[6]:氢化钠用庚烷洗涤,然后悬浮在四氢呋喃中。接着,添加 1,3-二甲基-3,4,5,6-四氢-2(1H)-嘧啶酮,并在氮气环境下搅拌混合物。此时,在 2h 内逐滴添加油酸甲酯,将所得混合物回流加热 12h,然后冷却至 0℃。

此外,逐滴添加碘甲烷,并且再次将反应混合物回流加热 2h。接着将反应混合物冷却至 0℃并用水淬火,在真空中浓缩,并通过柱层析法纯化,得到黄色油状物的最终产物 2-甲基油酸甲酯。

图 10.2 表示 2-甲基油酸甲酯的合成和随后酯的水解。当 10% 的 2-甲基油酸钾溶液与含有 16%KCl 的等量盐水混合时,形成刚性凝胶。

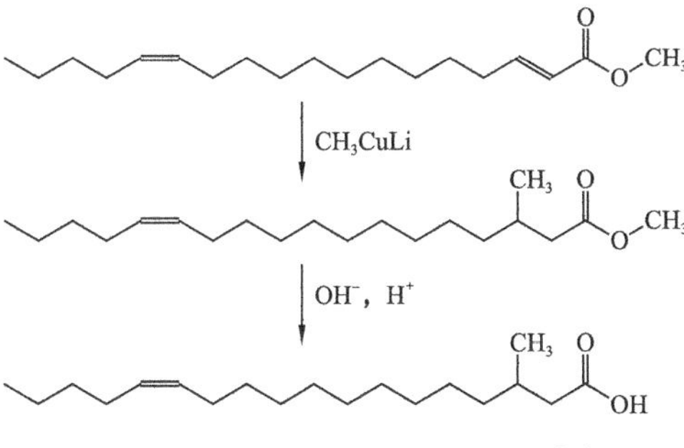

图 10.1 β-支链脂肪酸的合成[6]

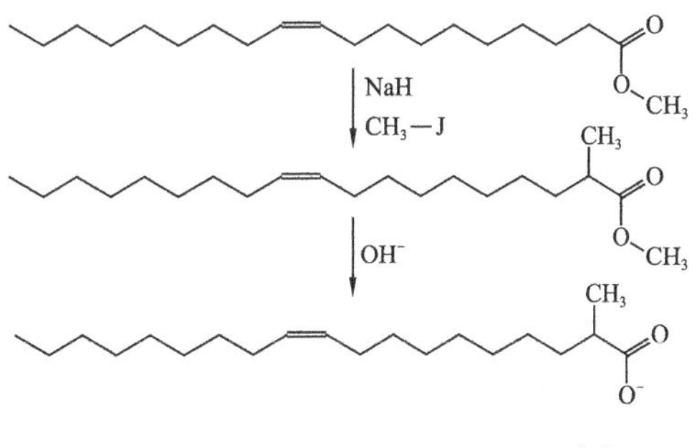

图 10.2 2-甲基油酸甲酯的合成[6]

该凝胶添加典型烃类(如庚烷)时,会导致黏度急剧下降,并形成两种低黏度透明溶液:
(1)上部油相;
(2)下部水相。

未观察到乳化剂的形成。薄层层析法和红外光谱法表明两相中存在支链油酸。

胶束重排和支链油酸酯在油相中的溶解表明发生了破胶。因此,支链油酸酯的破胶速率比同等线性油酸酯快。图 10.3 为室温下无支链油酸钾凝胶和支链 2-甲基油酸钾凝胶的凝胶

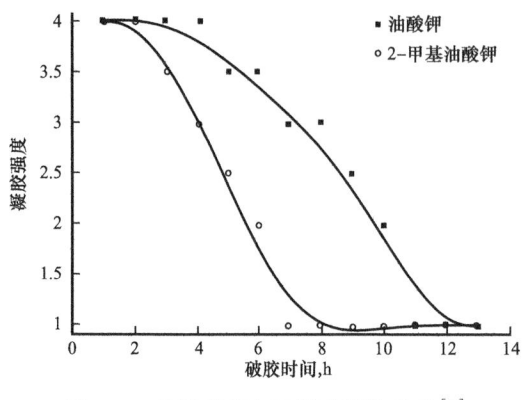

图 10.3　凝胶强度与破胶时间的关系[6]

强度与时间关系图。

这两种凝胶都是由 10% 的相应油酸盐溶液与等量的含 16% 氯化钾的盐水混合而成。然后各凝胶溶液都添加等量的庚烷。

凝胶强度是含表面活性剂的凝胶相对于添加表面活性剂之前，前体流体流动性的半定量测量。表 10.1 列出了四种凝胶强度编号。

用红外光谱法测定了破胶支链凝胶中 2-油酸甲酯钾的 K_{ow} 值为 0.11。相反，未破胶无支链凝胶油酸钾的 K_{ow} 值实际上为零。

表 10.1　凝胶强度编号[14]

编号	说明	编号	说明
1	原始黏度	3	舌形变凝胶
2	弱流动性凝胶	4	变形不可流动凝胶

支链油酸表面活性剂凝胶的快速分解，很少或无后续乳化剂产生，因此这类凝胶特别适合用作井筒流体，例如用于含油层水力压裂的作业流体。由于无乳化剂形成，因此可对流体进行良好的净化，从而降低对地层基质渗透率的伤害[6]。

10.1.5　溴化阴离子表面活性剂

添加离子表面活性剂的情况下，过量的反离子降低了带电端基之间的排斥作用。这种圆柱形聚集体两端的表面活性剂分子化学能比圆柱体内部的分子化学能要大。这种端盖能量是圆柱形胶束线性生长的驱动力。随后，胶束相互缠结，产生黏弹性行为[15]。

与使用此类表面活性剂有关的一个问题是，由于传统黏弹性表面活性剂在烃类中的溶解度有限，在清井作业期间，则有可能形成稳定的水包油乳化剂。

然而，已经证明，传统的表面活性剂，如油酸钾可通过溴化来改善性能[15]。通过在己烷溶液加入乙酸的 HBr 溶液可使油酸钾发生溴化，得到 9-溴化硬脂酸盐。

不同浓度的 9-溴化硬脂酸盐和油酸钾在 8%KCl 溶液中的分配系数和破胶时间见表 10.2。从表 10.2 可以看出，溴化会显著改变分配系数，但不会改变破胶时间。

表 10.2　分配系数和破胶时间[15]

浓度, %	分配系数, %		破胶时间, h	
	BST	OLE	BST	OLE
1	17.1	0	12	14
5	13.28	0	82	84
10	13.49	0	94	98

注：BST 为 9-溴化硬脂酸盐，OLE 为油酸。

此外,烃链的溴化保持了表面活性剂的黏弹性,从而更加适合油田应用。当地层中的剪切应力被消除时,溶液恢复到黏性状态。然而,通过溴化可将零剪切黏度从 528Pa·s 降低到 180Pa·s。相比之下,通过在浓度为 5%~8%KCl 溶液中进行溴化反应后,产物在 100/s 时的剪切黏度从 0.48Pa·s 降低到 0.16Pa·s。

10.2 页岩微生物

在 21 世纪 10 年代,水力压裂技术在非常规低渗透率富烃地层中的广泛应用显著提高了美国及其他国家的天然气产量[16]。注入地表流体在深地层产生裂缝,并将微生物细胞和基质引入低渗透率岩石。

已经对地层注入有机添加剂进行了大量研究,其目的是为了确定添加剂促进页岩微生物群落的生物生长能力。然而,目前对复杂的外源性有机化合物如何在这种深部岩石生态系统中进行生物转化作用知之甚少[16]。

高分辨率的化学、宏基因组和蛋白质组分析方法表明,广泛使用的表面活性剂在原位和实验室条件下都被页岩共生的 Halanaerobium 菌属降解。这些耐盐细菌表现出表面活性剂基材的特异性,与聚乙二醇和短链烷基聚氧乙烯醚相比,其更偏好聚合丙氧基化二醇和长链烷基聚氧乙烯醚。

在通过甲基乙二醛支路的共代谢生长期间,通过缩短重复末端聚乙二醇链进行酶转化。

有证据表明,页岩微生物可以转化压裂液配方中的外源性表面活性剂,潜在影响油气采收率,并且注入微生物细胞基质与地下工程生态系统中微生物生长之间具有重要关联[16]。

10.3 无水压裂表面活性剂

考虑到 CO_2- 油界面张力较低,使得表面活性剂吸附的驱动力较低,因此很难设计出用于油包 CO_2 乳化剂的表面活性剂[17]。

据认为,疏水性梳状聚合物表面活性剂会吸附在界面上,使得 CO_2 液滴形成空间稳定性,由此可以稳定无水高压油包 CO_2 乳化剂。这种乳化剂可通过混入搅拌器或将 CO_2 和油[CO_2 体积分数(ϕ)为 0.50~0.90]共同注入玻璃珠人造岩心来制备。

这种乳化剂由具有聚二甲基硅氧烷主链和侧直烷基链的梳状聚合物表面活性剂生成[17]。C_{30} 烷基链不溶于 CO_2,但溶于油(亲油),而具有 50 个以上重复单元的聚二甲基硅氧烷亲 CO_2,但仅部分亲油。

吸附的表面活性剂形成了空间上稳定的 CO_2 液滴,避免奥氏熟化和聚结。在 20~88 个 C 原子和 7 个 C_{30} 侧链的聚二甲基硅氧烷聚合度时,表面活性剂的吸附效果最佳。乳化剂的表观黏度在 ϕ0.70 时达到 18mPa·s,比纯 CO_2 的黏度高几个数量级,其中 CO_2 液滴的黏度在 10~150μm 之间。这些对环境无害的无水乳化剂对于水力压裂非常重要,特别是在水敏感地层[17]。

参 考 文 献

[1] G.S. Penny, Method of increasing hydrocarbon production from subterranean formations [P]. US Patent 4 702 849, October 27, 1987.

[2] G.S. Penny, Method of increasing hydrocarbon productions from subterranean formations [P]. EP Patent 234 910, September 2, 1987.

[3] G.S. Penny, J.E. Briscoe, Method of increasing hydrocarbon production by remedial well treatment [P]. CA Patent 1 216 416, January 13, 1987.

[4] J. Paktinat, J.A. Pinkhouse, C. Williams, G.A. Clark, G.S. Penny, Field case studies: damage preventions through leakoff control of fracturing fluids in marginal/low pressure gas reservoirs [J]. SPE Production & Operations, 2007, 22(3): 357−367.

[5] T.W. Teklu, X. Li, Z. Zhou, N. Alharthy, L. Wang, H. Abass, Low-salinity water and surfactants for hydraulic fracturing and EOR of shales [J]. Journal of Petroleum Science & Engineering, 2018, 162: 367−377.

[6] T.G.J. Jones, G.J. Tustin, Surfactant comprising alkali metal salt of 2-methyl oleic acid or 2-ethyl oleic acid [P]. US Patent 7 196 041, assigned to Schlumberger Technology Corporation, Ridgefield, CT, March 27, 2007.

[7] J.F. Gadberry, M.D. Hoey, R. Franklin, G. Del Carmen Vale, F. Mozayeni, Surfactants for hydraulic fracturing compositions [P]. US Patent 5 979 555, assigned to Akzo Nobel NV, November 9, 1999.

[8] M. Mpelwa, Y. Zheng, S. Tang, M. Pu, L. Jin, Performance optimization for the viscoelastic surfactant using nanoparticles for fracturing fluids [M]. Chemical Engineering Communications (2019) 1−9.

[9] C.M. Starks, C.L. Liotta, M. Halpern, Phase-Transfer Catalysis: Fundamentals, Applications, and Industrial Perspectives [M]. Chapman & Hall, New York, 1994.

[10] M.A. Sharaf, D.L. Illman, B.R. Kowalski, Chemometrics [M]. Wiley, New York, 1986.

[11] A.B. Mandal, B.U. Nair, Cyclic voltammetric technique for the determination of the critical micelle concentration of surfactants, self-diffusion coefficient of micelles, and partition coefficient of an electrochemical probes [J]. The Journal of Physical Chemistry, October 1991, 95(22): 9008−9013.

[12] C.P. Terweij-Groen, S. Heemstra, J.C. Kraak, Distribution mechanism of ionizable substances in dynamic anion-exchange systems using cationic surfactants in high performance liquid chromatography [J]. Journal of Chromatography A, November 1978, 161: 69−82.

[13] K.M. Manoj, R. Jayakumar, S.K. Rakshit, Physicochemical studies on reverse micelles of sodium bis (2-ethylhexyl) sulfosuccinate at low water content [J]. Langmuir, January 1996, 12(17): 4068−4072.

[14] T.G.J. Jones, G.J. Tustin, Process of hydraulic fracturing using a viscoelastic wellbore fluid [P]. US Patent 7 655 604, assigned to Schlumberger Technology Corporation, Ridgefield, CT, February 2, 2010.

[15] L. Lee, J. Salimon, M.A. Yarmo, M. Misran, Viscoelastic properties of anionic brominated surfactants [J]. Sains Malaysiana, 2010, 39(5): 753−760.

[16] M.V. Evans, G. Getzinger, J.L. Luek, A.J. Hanson, M.C. McLaughlin, J. Blotevogel, S.A. Welch, C.D. Nicora, S.O. Purvine, C. Xu, D.R. Cole, T.H. Darrah, D.W. Hoyt, T.O. Metz, P. Lee Ferguson, M.S. Lipton, M.J. Wilkins, P.J. Mouser, In situ transformation of ethoxylate and glycol surfactants by shale-colonizing microorganisms during hydraulic fracturing [J]. The ISME Journal, 2019, 13: 2690−2700.

[17] S. Alzobaidi, J. Lee, S. Jiries, C. Da, J. Harris, K. Keene, G. Rodriguez, E. Beckman, R. Perry, K.P. Johnston, R. Enick, Carbon dioxide-in-oil emulsions stabilized with silicone-alkyl surfactants for waterless hydraulic fracturing [J]. Journal of Colloid and Interface Science, 2018, 526: 253−267.

11 阻 垢 剂

在石油工业的某些作业中,例如在生产、增产和运输过程中,都存在着一定的结垢风险。当溶液过饱和时,就会发生结垢。这种情况主要发生在注入作业过程中温度发生变化时。

此外,如果两种会形成沉淀的化学物质聚集在一起,例如氟化氢溶液遇到钙离子,就会形成结垢。从热力学角度看,存在一个稳定区、一个亚稳定区和一个不稳定区,分别由双节线和旋节线分开。

结垢可由碳酸钙、硫酸钡、石膏、硫酸锶、碳酸铁、氧化铁、硫化铁和镁盐组成[1]。在文献资源中可查询有关专著,如《腐蚀和结垢手册》[2]以及关于结垢沉积的综述文章[3]。本书介绍了北海碳酸盐岩储层[4-5]和墨西哥湾的案例研究[6]。最近的一个主题集中在绿色系统中[7-8]。

11.1 分类和机理

这一问题基本上与洗衣机防垢类似。因此,要用类似的化学品来防止结垢。既可以通过加入与潜在形成结垢的物质发生反应的物质,从热力学角度达到稳定区域来实现,也可以通过加入抑制晶体生长的物质来实现。

传统的阻垢剂是亲水的,即它们能在水中溶解。在井下挤注的情况下,最好让阻垢剂吸附在岩石上,以避免在这类化学物质发挥预期作用之前从岩石中被冲刷出来。然而,吸附在岩石上可能会改变系统的表面张力和润湿性。为了克服这些缺点,开发了油溶性的阻垢剂,也可以采用包被阻垢剂。

通常情况下,阻垢剂并不是这样使用的,而是与缓蚀剂[9]结合使用。阻垢剂可分为两大类,即:

(1)热力学阻垢剂;
(2)动力学阻垢剂。

防垢对于确保现有产出盐水的储层的连续生产非常重要。由于结垢和腐蚀的管理不善[10],可能会导致过早的弃井。已知动力学阻垢剂有两种作用方式,即[11]:

(1)吸附效应;
(2)生长部位的形态变化。

由于吸附作用,阻垢分子占据了成垢分子偏爱的成核位点。因此,晶体无法找到活性的地方附着在表面上,从而不能促进晶体成核。

另一种阻垢剂机制是基于吸附机制,即在阻垢剂存在时,形态的变化可以防止晶体的形成。根据阻垢剂的特性和基质的性质,阻垢剂可能会吸附在晶网上,形成复杂的表面或网络,在活性部位难以保留和生长。

海水经常与海上油田的地层水发生反应,产生钡、钙和硫酸锶沉积物,从而阻碍石油的生产。在某些油田,碳酸钙($CaCO_3$)是一个主要问题。

在某些地区,地层水化学成分变化很大[12]。例如,在北海中部区域,钡离子的含量从几毫克每升到几克每升不等。此外,pH值从4.4到7.5不等。最终测得的pH值为11.7。在北海南部地区,地层水的盐度高,富含硫酸盐和酸性化合物。理想的阻垢剂应具备以下性质[12]:

(1)在低阻垢剂浓度下能有效控制结垢;
(2)与海水和地层水的相容性;
(3)平衡吸附性,使化学物质缓慢而均匀地释放到生产水中;
(4)高的热稳定性;
(5)低毒性和高生物降解性;
(6)低成本。

阻垢剂大致分为有机阻垢剂和无机阻垢剂。无机类型包括缩合磷酸盐,如聚偏磷酸盐或磷酸盐。合适的有机阻垢剂有聚丙烯酸(PAA)、磷酸羧酸、磺化聚合物和磷酸盐[12]。

膦酸盐在高温下最有效,而磺化聚合物在低温下最有效。在一定温度范围内,含膦酸盐和磺酸盐的共聚物能产生更强的阻垢作用。一种膦酸盐封端的乙烯磺酸/丙烯酸共聚物在水基体系中对硫酸钡垢的阻垢效果特别好[13]。表11.1列出了阻垢剂的类型和限制条件。

表11.1 阻垢剂的类型和限制条件[11]

阻垢剂类型	限制条件
无机聚(磷酸盐)	由于温度、pH值、溶液质量、浓度、磷酸盐类型和某些酶的存在而水解并能沉淀为磷酸钙
有机聚合物(磷酸盐)	在高温下水解;在高钙浓度下无效;必须高剂量使用
羧酸基聚合物	有限的钙耐受性(2000mg/L)尽管一些可以在浓度高于5000mg/L的情况下发挥作用,但需要更大的浓度
乙二胺四乙酸	高成本

11.1.1 热力学阻垢剂

热力学阻垢剂是络合和螯合剂,适用于特定的结垢。例如,对于硫酸钡的阻垢剂,常用的化学药剂是乙二胺四乙酸(EDTA)和腈三乙酸。碳酸钙的溶解度可以通过改变pH值或二氧化碳(CO_2)的分压来影响。其溶解度随pH值和CO_2分压的增大而增大,随温度的升高而减小。

然而,温度越高,溶解度越高。溶解度的温度系数取决于溶解焓。放热的溶解焓随着温度的升高而降低,反之亦然。

11.1.2 动力学阻垢剂

水合物形成的动力学阻垢剂也可以有效防止水垢沉积[14]。这可以从立体特异性和非特异性的阻垢机制来理解。

11.1.3 黏附型阻垢剂

另一种阻垢机制是基于黏附的阻垢剂。有些化学物质只是简单地抑制晶体附着在金属表面上。它们是表面活性剂。

11.1.4 螯合物的干扰

在压裂液中使用的微量金属螯合物添加剂已被证明对广泛使用的硫酸钡阻垢剂的性能有削弱作用。乙二胺四乙酸、柠檬酸和葡萄糖酸在浓度低至 0.1mg/L 时，一些阻垢剂，如磷酸盐、聚羧酸和磷酸酯，会完全失效。这样的低浓度可能会在增产作业后持续数月，并可能危及任何现有的阻垢剂方案。

这一结论是在北海模拟结垢系统 pH 值为 4 和 6 时得出的。所研究的阻垢剂的浓度分别为 50mg/L 和 100mg/L。在 pH 值为 4 和 6 时，有机螯合剂的负效应较大。被研究的仍然不受这些干扰影响的唯一阻垢剂是聚乙烯基磺酸盐（PVS）[15]。

11.2 数学模型

通过建立热力学和电化学模型模拟了碳酸铁和硫化铁的结垢过程[16-22]。建立了一个用于预测 pH 值、结垢指数、密度和阻垢剂需求的准确模型。对验证模型的实验数据进行了检验，并给出了分析误差的估计。因此，开发了规模预测软件[10]。

硫酸钙、重晶石和天青石等硫酸盐的结垢倾向，以及岩盐进一步的结垢，与盐水的 pH 值没有很强的相关性。相反，碳酸盐岩，如方解石、白云石、菱铁矿和硫化物垢是酸溶性的。因此，它们的结垢倾向强烈地依赖于盐水的 pH 值。对于 pH 值敏感的结垢，结垢预测更为复杂。

11.2.1 最佳用量

本书介绍了一种测定阻垢剂最佳剂量的方法。该方法首先记录水的化学成分和温度。根据这些参数计算出稳定性指数，从而可以预测阻垢剂的最佳剂量。

在盐水中，碳酸钙（$CaCO_3$）、硫酸钙（$CaSO_4$）和硫酸钡（$BaSO_4$）结垢的形成可能会造成渗透率问题。因此，在新形成的裂缝中置入阻垢剂有助于防止结垢。文献[24]描述了含有阻垢剂的水力压裂液的配方。

11.2.2 沉淀挤注法

在沉淀挤注法中，阻垢剂反应形成不溶性盐，沉淀在地层岩石的孔隙中。例如，磷酸盐阻垢剂和钙螯合物被用作沉淀挤注处理。此外，磷聚羧酸盐也已经用于沉淀挤注处理。聚（环氧琥珀酸）用于挤注处理也有效[25]。

将阴离子阻垢剂和多价阳离子盐溶解到一种碱性水溶液中，提供一种既包含阻垢阴离子又包含多价阳离子的溶液，这两种离子在碱性条件下可相互溶解。然而，在较低的 pH 值条件下，该阻垢剂是不溶于水的。一种化合物以相对缓慢的速度反应溶解到溶液中，以降低碱性溶液的 pH 值。溶液 pH 值降低的速率可以通过配方来调节[26]。

近井挤注处理模型假设井筒周围的流动模式是径向的。研究了井筒周围的非径向流动模式是否对挤注处理有重要影响。研究发现，压裂井比非压裂井具有更长的挤注寿命。

此外，计算结果还表明，对于压裂井来说，裂缝表面的阻垢剂吸附作用对处理寿命没有影响。在压裂井中，与采用径向处理的基质相比，阻垢剂与岩石接触的距离更大[27]。

11.3 阻垢剂化学成分

在化学成分分类中，阻垢剂大致可分为酸类和络合剂类。表 11.2 总结了最近文献中描述的阻垢剂。

表 11.2 阻垢剂

化合物	参考文献
1-羟基亚乙基-1,1-二磷酸	[28]
碳酸二肼，$H_2N-NH-CO-NH-NH_2$	[29]
聚胺烷基膦酸和羧甲基纤维素或聚(丙烯酰胺)	[30]
聚(丙烯酸)和丙烯酸铬	[31]
聚(丙烯酸酯)①	[24]
胺亚甲基膦酸酯②	[32]
甲磺酸膦聚(胺)酯	[33]
磺化聚(丙烯酸)共聚物	[34]
四羟甲基硫酸磷	[35]
膦酸酯	[36-37]
羧甲基菊粉	[38]
聚羧酸盐	[39]
米糠提取物磷酸酯	[40]
聚(膦基马来酐)	[41]
N,N-二烯丙基-N-烷基-N-(磺烷基)甜菜碱铵共聚物(与N-乙烯基吡咯烷酮或丙烯酰胺)，盐酸二烯丙基甲基牛磺酸($CH_2=CH-CH_2Cl \times CH_3-NH-CH_2-CH_2-SO_3^- Na^+$)	[42]
氨基三(甲烯膦酸)	[43-45]
二乙基戊二酸(甲烯膦酸)	[45]

注：① 在硼酸交联压裂液中；
② 高温应用。

11.3.1 水溶性阻垢剂

（1）酸类。

无机酸（如盐酸和氢氟酸）和有机酸（如甲酸）都可用于提高 pH 值。酸类可与表面活性剂结合使用。

酸类，当用作阻垢剂时，具有极强的腐蚀性。它们的有效性已在实验室里测试过。参数包括酸的种类、冶金学、温度、阻垢剂的种类和浓度、酸—金属接触时间以及其他化学添加剂的影响[46]。硫化铅和硫化锌结垢沉淀物可以通过酸处理去除[47]。

（2）氢氟酸。

众所周知，向地层中注入含 HF 的酸制剂可以改善渗透率的下降。已知采用这类方法可以提高地下钙质和硅质地层的产量。

大多数砂岩地层由超过 70% 的砂石，即二氧化硅组成，由不同数量的胶结物质包括碳酸岩、白云岩和硅酸岩黏结在一起。适宜的硅酸岩包括黏土和长石。处理砂岩地层的一种常用方法是将氢氟酸引入井筒，并让氢氟酸与周围地层发生反应。

氢氟酸对硅质矿物（如黏土和石英粉）表现出很高的反应活性。例如，氢氟酸与自生黏土（如蒙皂石、高岭石、伊利石和绿泥石）反应非常快，特别是在 65℃以上的温度下。因此，氢氟酸能够腐蚀和溶解硅质矿物。

当氢氟酸与地层中存在的金属离子，如钠、钾、钙和镁接触时，就会发生不希望发生的沉淀反应。

砂岩或含硅质地层以及钙质地层可以用含有氢氟酸源、含硼化合物和磷酸、酯或盐的水井处理成分进行处理。这类成分已证明可通过抑制或防止不良无机水垢（如氟化钙、氟化镁、氟硅酸钾、氟硅酸钠或氟铝酸盐）的形成，增大所处理地层的渗透性。因此，地层的产量得到增加或得以改善[48]。

（3）微囊包裹阻垢剂。

这种类型的阻垢剂可以在很长一段时间内释放化学物质[49-50]。微囊化配方可包含具有多用途混合物的明胶膜，如阻垢剂、腐蚀抑制剂、杀菌剂、除硫化氢剂、破乳剂、黏土膨胀抑制剂[43,51]。

（4）螯合剂。

微量的螯合剂，如乙二胺四乙酸、柠檬酸或葡萄糖酸，可能会降低阻垢剂的效率[15]。钙离子和镁离子浓度对硫酸钡的阻垢作用有影响[52]。研究了五磷酸盐、六磷酸盐、磷酸聚（羧酸）（PPCA）盐和乙烯基磺酸阻垢剂。表 11.3 所示的串状螯合剂也能稳定微囊剂包被[51]。一些亚氨酸基的螯合剂如图 11.1 所示。

（5）乙二胺四乙酸（EDTA）。

一种用于重晶石垢的常规垢溶解剂由碳酸钾、氢氧化钾和乙二胺四乙酸钾盐的浓溶液组成。另一方面，碳酸盐垢可以用简单的无机酸溶解，如 HCl[53]。此外，表面活性剂有利于控制流体的黏度。建议使用正-芥菜酰-N，正-双（2-羟乙基）-正-甲基氯化铵作为表面活性剂[53]。

这些表面活性剂与盐水混合后可以形成蠕虫状的胶束。胶束的结构对流体的黏弹性有重要贡献。当流体与碳氢化合物接触时，黏弹性迅速丧失，导致胶束发生结构变化或解体。

表 11.3 对包被有稳定作用的螯合剂[51]

螯合剂	简称
正－(3-羟丙基)亚胺 -*N*,正二乙酸	3-HPIDA
正(2-羟丙基)亚胺 -*N*,正二乙酸	2-HPIDA
2-甲氧基乙基亚胺 -*N*,正二乙酸	GLIDA
二羟基异丙基酰亚胺 -*N*,*N*-二乙酸	DHPIDA
甲基氨基 -*N*,正二乙酸	MIDA
胺基二乙酸(=胺基三乙酸钠)	SAND
乙酰氨基二乙酸	AIDA
3-甲氧基丙胺基 -*N*,正二乙酸	MEPIDA
三(羟甲基)甲基亚胺 -*N*,正二乙酸	TRIDA

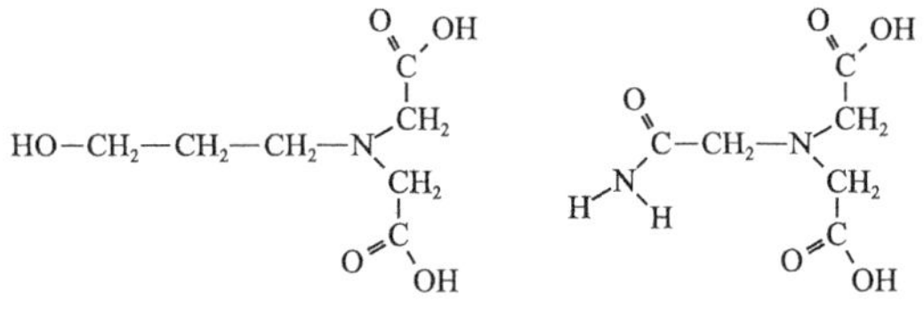

正(3-羟丙基)亚胺-n，正二乙酸　　胺基二乙酸

图 11.1 螯合剂

当流体与碳氢化合物和水接触时,黏度的不同使得结垢处理的选择性置入成为可能。因此,结垢可优先从油气层除去。这可以在不显著增加产出流体的含水率的情况下提高油气产量[53]。

通过适当的工艺,可以使乙二胺四乙酸再生。以下反应说明了硫酸钡垢的溶解和随后的分离以及以简化形式的乙二胺四乙酸再生的过程[54]:

$$EDTA-K_4+K_2CO_3+BaSO_4 \longrightarrow EDTA-K_2Ba+K_2CO_3+K_2SO_4$$

$$K_2CO_3+2HCl \longrightarrow 2KCl-H_2O+CO_2$$

$$EDTA-K_2Ba+K_2SO_4 \longrightarrow EDTA-K_4+BaSO_4\downarrow \quad (11.1)$$

(6)膦酸酯。

先前的研究表明,胺基亚甲基膦酸类阻垢剂,如五膦酸盐和六膦酸盐,比聚合类阻垢剂,如乙烯基磺酸和 S-Co 阻垢剂的热稳定性要差得多。因此,有报道称,基于磷酸盐的化合物不太适用于高温储层系统。

然而,最近的基于不同的胺亚甲基膦酸的阻垢剂类型的研究显示,某些类型的阻垢剂在温度超过 160℃时具有热稳定性[55]。

一系列磷酸盐基阻垢剂在 160℃下发生热老化,老化后的阻垢剂在动态测试中仍能有效防止碳酸盐结垢。而部分膦酸类化合物对硫酸盐垢的抗老化性能则因的热老化而降低[56]。

与长链醇酯化的膦酸或膦基酸类是有效的油溶性阻垢剂,如在石油生产中使用的蜡或沥青质的阻垢剂或分散剂,由膦酸与醇共沸缩合制得酯。另一种方法是将不饱和羧酸酯与亚磷酸酯或次磷酸酯调聚体进行调聚[57],从而制备酯类。

与此相反,实验室研究表明,将磷酸盐型阻垢剂改为乙烯磺酸盐共聚物型阻垢剂,可以显著延长阻垢寿命[5]。已经开发出的一种固态包被阻垢剂(聚磷酸钙镁),在压裂处理中进行了广泛的测试[49,58-59]。测试显示阻垢剂由于包被的作用,可与硼酸交联、锆交联压裂液和泡沫液兼容。包被对释放速率有短期影响。固体衍生物的成分对其长期释放速率的影响最大。

(7)碱金属硫酸盐。

在重晶石的溶解研究中,采用了以乙二胺四乙酸为基础的和二乙三胺五乙酸为基础的螯合剂,已经证实了存在草酸离子等二羧酸添加剂时,螯合剂的性能得到提高。然而,其他相关添加剂如丙二酸和琥珀酸降低了其有效性。

草酸盐离子催化螯合剂与重晶石表面的表面络合反应,形成双配体表面络合物。认为在其他二羧酸上观察到的副作用,是由于空间效应而产生的,它阻止了双配体表面络合物的形成。

在其他与重晶石有关的结垢,如天青石($SrSO_4$)、石膏($CaSO_4 \cdot 2H_2O$),和硬石膏($CaSO_4$)等的扩展研究中,观察到对一种结垢(如重晶石)最有效的除垢剂,可能对其他结垢并不是最有效[60]。

(8)可生物降解的阻垢剂。

许多石油公司要求采用环保的压裂液。压裂液是由多种化合物组成的,每种化合物都有其特殊的功能。压裂液中也含有阻垢剂。在此,我们没有解释压裂液的基本问题;这些将在第一章中讨论。可从多种化合物中选择可生物降解的螯合剂[61]。

(9)亚氨基二琥珀酸钠。

这种化合物是马来酸的衍生物。其主要用途是作为二价和三价离子的螯合剂。络合能引起乳剂形成结垢的离子,使破酶剂变性,引起交联凝胶不稳定,从而防止这些离子产生不良影响。

(10)羟乙基亚氨基二乙酸二钠。

这是少数几种很容易生物降解的氨基羧酸螯合剂之一。它适用于引起结垢的二价离子和三价离子的螯合,使酶变性,造成交联凝胶不稳定。

(11)葡萄糖酸钠和葡庚糖酸钠。

这些多元醇通常用于螯合矿物质维生素,如钙、镁、铁、锰和铜。在此也发现它们可用于络合钛酸盐,锆酸盐和硼酸盐离子,达到交联延迟的目的。它们也是优良的铁络合剂,具有酶的稳定性和交联凝胶的稳定性。

(12)聚天冬氨酸钠(天冬氨酸盐)。

这种化合物也被称为聚合天冬氨酸。它能与多种二价和三价离子螯合。具有破乳、防垢等作用。

聚天冬氨酸是一种环保型、可生物降解的油田化学品。它们既可作为注盐水采油的阻垢缓蚀剂,也可作为阻垢剂。它们表现出良好的钙相容性。在 pH 值为 5 时,聚天冬氨酸可以抵抗钙离子浓度为 7500~8500mg/mL。相比之下,磷酸酯和马来酸聚合物产品的钙离子抵抗浓度为5000mg/mL。

当聚天冬氨酸浓度为5%时,钙的相容性优于膦酸和马来酸的相容性。聚(天冬氨酸)也不干扰油水分离过程[62]。

聚(天冬氨酸)化学品并不是专门用作阻垢剂的,也用于其他阻垢剂的预处理溶液。有人认为,低pH值的聚天冬氨酸溶液预处理溶液有利于增强磷酸酯阻垢剂对岩石材料的吸附[63]。

有人建议在钻井现场或附近的生物反应器中合成油井处理化学品,如聚天冬氨酸。更直接的方法是,通过引入井下嗜热古菌、嗜热细菌或能够产生油井处理化学物质的生物体来实现油井处理[64]。

11.3.2 油溶性阻垢剂

适用于油溶性阻垢剂的碱性化合物包括膦酸,如乙二胺四亚甲基膦酸或乙基三胺五塔基(亚甲基膦酸)。其他适合的化合物是丙烯酸共聚物,聚丙烯酰胺,磷酸基羧酸共聚物(PPCA)或磷酸酯。这些碱性化合物与胺类化合物混合形成油溶性的混合物[65]。具有12~16个碳原子的叔烷基伯胺是油溶性的,会影响阻垢剂的油溶性。

(1)芦荟油阻垢剂。

芦荟油阻垢剂的成分是一种溶于水的芦荟凝胶。芦荟凝胶是由多糖组成的,在60~90℃之间溶于水。在链羧基和醇中存在与二价离子如Ca^{2+}和Mg^{2+}相互作用的官能团。

与化学合成的阻垢剂不同,芦荟植物凝胶中的活性成分是天然存在的化合物。该阻垢剂可以在低钙浓度和高钙浓度下使用,而不受由于水解而导致组合物沉淀的限制。相反,水解有利于与溶液中的离子相互作用,因此,它作为阻垢剂的效率甚至可能增加[11]。

根据鸡蛋盒模型,人们认为钙的反应活性是形成凝胶来封装钙。俘获钙离子的机理如图11.2所示。一般情况下,多价离子与聚合物相互作用可形成凝胶。这种现象也称为物理交联。

凝胶链与Ca^{2+}相互作用,聚集在一起。这将导致当系统力量或其他条件试图使凝胶恢复到初始状态时保持稳定性。

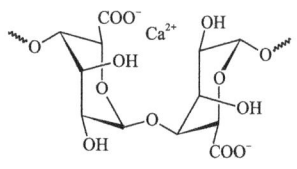

图11.2 蛋盒模型[11]

该模型假设钙离子作为桥梁,在属于两个不同链的两个羧基之间形成紧密接触的离子连接。根据这个聚糖模型,链与Ca^{2+}相互作用,形成结构协调的包裹体。

(2)丙烯醛共聚物。

水力压裂过程中注入丙烯醛和乙烯共聚物,可有效地减少石油勘探和采油过程中硫化物结垢的发生。此外,还使防腐蚀作用增强[66]。

在采油过程中,确定了生产液中丙烯醛的基线浓度后,24h后丙烯醛浓度基本稳定,并在接下来的6个月内逐渐下降。

11.3.3 高温油藏

传统的聚合物和磷酸盐阻垢剂可能不适用于高压和高温储层。在150℃以上的温度下,只有限范围内的商用阻垢剂具有足够的热稳定性。

这些化学物质是乙烯磺酸盐的均聚物以及丙烯酸(AA)和乙烯磺酸盐的共聚物。其他聚合物，如聚马来酸、聚衣康酸和马来酸/AA共聚物，也可提供类似的热稳定性[67]。已经对聚合物和磷酸盐阻垢剂（例如磷酸聚羧酸盐、聚氯乙烯、五磷酸盐和六磷酸盐）进行了热稳定性测试，并研究了pH值、离子强度和氧对它们的影响[68-71]。

如上所述，人们普遍认为膦酸盐阻垢剂可能不适用于高温阻垢场合。目前最近已经证明，磷酸盐阻垢剂只在200℃严格缺氧条件下和在NaCl盐水中在某种程度上有效[72]。相反地，膦酸盐阻垢剂可能与Ca^{2+}离子在高温盐水中沉淀。

参 考 文 献

[1] R.W. Keatch, Removal of sulphate scale from surface [P]. GB Patent 2 314 865, January 14, 1998.

[2] J.R. Becker, Corrosion and Scale Handbook [M]. Pennwell Publishing Co, Tulsa, 1998.

[3] M. Crabtree, D. Eslinger, P. Fletcher, M. Miller, A. Johnson, G. King, Fighting scale - removal and prevention [J]. Oilfield Review, 1999, 11 (3): 30-45.

[4] M.M. Jordan, S. Kemp, E. Sorhaug, K. Sjursaether, B. Freer, Effective management of scaling from and within carbonate oil reservoirs, North Sea basin [J]. Chemical Engineering Research & Design, 2003, 81: 359-372.

[5] M.M. Jordan, K. Sjursaether, I.R. Collins, Scale control within the North Sea chalk/limestone reservoirs-the challenge of understanding and optimizing chemical- placement methods and retention mechanisms: laboratory to field [J]. SPE Production & Facilities, 2005, 20: 262-273.

[6] M.M. Jordan, K. Sjuraether, I.R. Collins, N.D. Feasey, D. Emmons, Life cycle management of scale control within subsea fields and its impact on flow assurance Gulf of Mexico and the North Sea basin [J]. Special Publication - Royal Society of London, 2002, 280: 223-253.

[7] W.W. Frenier, D.G. Hill, Green inhibitors - development and applications for aqueous systems [C]. in: Proceedings Volume, Corrosion-2004 Symposium, New Orleans, LA, United States, Mar. 28-Apr. 1, 2004, in: Reviews on Corrosion Inhibitor Science and Technology, vol. 3, 2004, pp. 6/1-6/39.

[8] D. Hasson, H. Shemer, A. Sher, State of the art of friendly green scale control inhibitors: a review article [J]. Industrial & Engineering Chemistry Research, June 2011, 50 (12): 7601-7607.

[9] R.L. Martin, G.F. Brock, J.B. Dobbs, Corrosion inhibitors and methods of use [P]. US Patent 6 866 797, assigned to BJ Services Company, USA, March 15, 2005.

[10] A.T. Kan, M.B. Tomson, Scale prediction for oil and gas production [C]. in: International Oil and Gas Conference and Exhibition in China, Beijing, China, Society of Petroleum Engineers, June 2010.

[11] A. Viloria, L. Castillo, J.A. Garcia, J. Biomorgi, Aloe derived scale inhibitor [P]. US Patent 7 645 722, assigned to Intevep, S.A., Caracas, VE, January 12, 2010.

[12] Y. Duccini, A. Dufour, W.M. Harm, T.W. Sanders, B. Weinstein, High performance oilfield scale inhibitors [M]. in: Corrosion97, New Orleans, LA, NACE International, March 1997.

[13] R.E. Talbot, C.R. Jones, E. Hills, Scale inhibition in water systems [P]. US Patent 7 572 381, assigned to Rhodia U.K. Limited, Hertfordshire, GB, August 11, 2009.

[14] C.S. Sikes, A. Wierzbicki, Stereospecific and nonspecific inhibition of mineral scale and ice formation [C]. in: Proceedings Volume, 51st Annu. NACE Int. Corrosion Conf., Corrosion 96, Denver, 1996, 3/24-29/96.

[15] R.T. Barthorpe, The impairment of scale inhibitor function by commonly used organic anions [C]. in: Proceedings Volume, SPE Oilfield Chem. Int. Symp., New Orleans, 1993, 3/2-5/93: pp. 69-76.

[16] P.J. Shuler, W.H. Jenkins, Prevention of downhole scale deposition in the ninian field [C]. in: Proceedings Volume, volume 2, SPE Offshore Europe Conf., Aberdeen, Scot, 1989, 9/5-8/89.

[17] E.J. Mackay, K.S. Sorbie, M.M. Jordan, A.P. Matharu, R. Tomlins, Modelling of scale inhibitor treatments in horizontal wells: application to the alba field [C]. in: Proceedings Volume, SPE Formation Damage Contr. Int. Symp., Lafayette, LA, 1998, 2/18-19/98: pp. 337-348.

[18] E.J. Mackay, K.S. Sorbie, An evaluation of simulation techniques for modelling squeeze treatments [C]. in: Proceedings Volume, Annu. SPE Tech. Conf., Houston, 1999, 10/3-6/1999: pp. 373-387.

[19] E.J. Mackay, K.S. Sorbie, Modelling scale inhibitor squeeze treatments in high crossflow horizontal wells [J]. Journal of Canadian Petroleum Technology, October 1998, 39(10): 47-51.

[20] A. Malandrino, M. Andrei, F. Gagliardi, T.P. Lockhart, A thermodynamic model for PPCA (phosphino-polycarboxylic acid) precipitation [C]. in: Proceedings Volume, 4th IBC UK Conf. Ltd Advances in Solving Oilfield Scaling Int. Conf., Aberdeen, Scot, 1998, 1/28-29/1998.

[21] A. Anderko, Simulation of $FeCO_3$/FeS scale formation using thermodynamic and electrochemical models [C]. in: Proceedings Volume, NACE Int. Corrosion Conf., Corrosion 2000, Orlando, FL, 2000, 3/26-31/2000.

[22] H. Zhang, E.J. Mackay, K.S. Sorbie, P. Chen, Non-equilibrium adsorption and precipitation of scale inhibitors: corefloods and mathematical modelling [C]. in: Proceedings Volume, SPE Oil & Gas Int. Conf., Beijing, China, 2000, 11/7-10/2000.

[23] S.A. Mikhailov, E.P. Khmeleva, E.V. Moiseeva, T.M. Sleta, Determination of the optimal dose of salt deposition inhibitors [J]. Neft Khoz, July 1987, (7): 43-45.

[24] D.R. Watkins, J.J. Clemens, J.C. Smith, S.N. Sharma, H.G. Edwards, Use of scale inhibitors in hydraulic fracture fluids to prevent scale build-up [P]. US Patent 5 224 543, assigned to Union Oil Co., California, July 6, 1993.

[25] J.M. Brown, G.F. Brock, Method of inhibiting reservoir scale [P]. US Patent 5 409 062, assigned to Betz Laboratories, Inc., Trevose, PA, April 25, 1995.

[26] I.R. Collins, Oil and gas field chemicals [P]. US Patent 6 148 913, assigned to BP Chemicals Limited, London, GB, November 21, 2000.

[27] A.Z. Rakhimov, O. Vazquez, K.S. Sorbie, E.J. Mackay, Impact of fluid distribution on scale inhibitor squeeze treatments [C]. in: SPE EUROPEC/EAGE Annual Conference and Exhibition, Barcelona, Spain, Society of Petroleum Engineers, June 2010.

[28] S. He, A.T. Kan, M.B. Tomson, Inhibition of calcium carbonate precipitation in NaCl brines from 25 to 90°C [J]. Appl. Geochem. January 1999, 14(1): 17-25.

[29] R.J. Mouche, E.B. Smyk, Noncorrosive scale inhibitor additive in geothermal wells [P]. US Patent 5 403 493, assigned to Nalco Chemical Co., April 4, 1995.

[30] E.E. Kochnev, G.I. Merentsova, T.L. Andreeva, V.A. Ershov, Inhibitor solution to avoid inorganic salts deposition in oil drilling operations - contains water, carboxymethyl cellulose or polyacrylamide and polyaminealkyl phosphonic acid and has improved distribution uniformity [P]. SU Patent 1 787 996, assigned to Sibe Oil Ind. Res. Inst., January 15, 1993.

[31] T.Y. Yan, Process for inhibiting scale formation in subterranean formations [P]. WO Patent 9 305 270, assigned to Mobil Oil Corp., March 18, 1993.

[32] G.M. Graham, S.J. Dyer, P. Shone, Potential application of amine methylene phosphonate based inhibitor species in HP/HT (high pressure/high temperature) environments for improved carbonate scale inhibitor performance [C]. in: Proceedings Volume, 2nd Annu. SPE Oilfield Scale Int. Symp., Aberdeen, Scotland, 2000, 1/26-27/2000.

[33] M.A. Singleton, J.A. Collins, N. Poynton, H.J. Formston, Developments in phospho-nomethylated polyamine (PMPA) scale inhibitor chemistry for severe $BaSO_4$ scaling conditions [C]. in: Proceedings Volume, 2nd Annu. SPE Oilfield Scale Int. Symp., Aberdeen, Scotland, 2000, 1/26-27/2000.

[34] N.P. Chilcott, D.A. Phillips, M.G. Sanders, I.R. Collins, A. Gyani, The development and application of an accurate assay technique for sulphonated polyacrylate co-polymer oilfield scale inhibitors [C]. in: Proceedings Volume, 2nd Annu. SPE Oilfield Scale Int. Symp., Aberdeen, Scotland, 2000, 1/26-27/2000.

[35] J. Larsen, P.F. Sanders, R.E. Talbot, Experience with the use of tetrakishydroxymethylphosphonium sulfate (THPS) for the control of downhole hydrogen sulfide [C]. in: Proceedings Volume, NACE Int. Corrosion Conf., Corrosion 2000, Orlando, FL, 2000, 3/26-31/2000.

[36] C. Holzner, R. Kleinstueck, A. Spaniol, Phosphonate-containing mixtures (Phospho- nathaltige Mischungen) [P]. WO Patent 0 032 610, assigned to Bayer AG, June 8, 2000.

[37] M.M. Jordan, K.S. Sorbie, P. Chen, P. Armitage, P. Hammond, K. Taylor, The design of polymer and phosphonate scale inhibitor precipitation treatments and the importance of precipitate solubility in extending squeeze lifetime [C]. in: Proceedings Volume, SPE Oilfield Chem. Int. Symp., Houston, 1997, 2/18-21/97: pp. 641-651.

[38] H.C. Kuzee, H.W.C. Raaijmakers, Method for preventing deposits in oil extraction [P]. WO Patent 9 964 716, assigned to Cooperatie Cosun Ua, December 16, 1999.

[39] J.B. Dobbs, J.M. Brown, An environmentally friendly scale inhibitor [C]. in: Proceedings Volume, NACE Int. Corrosion Conf., Corrosion 99, San Antonio, 1999, 4/25-30/1999.

[40] Y.B. Zeng, S.B. Fu, The inhibiting property of phosphoric acid esters of rice bran extract for barium sulfate scaling [J]. Oilfield Chemicals, December 1998, 15(4): 333-335, 365.

[41] L. Yang, B. Song, Phosphino maleic anhydride polymer as scale inhibitor for oil/gas field produced waters [J]. Oilfield Chemicals, June 1998, 15(2): 137-140.

[42] D.W. Fong, C.F. Marth, R.V. Davis, Sulfobetaine-containing polymers and their utility as calcium carbonate scale inhibitors [P]. US Patent 6 225 430, assigned to Nalco Chemical Co., May 1, 2001.

[43] T.C. Kowalski, R.W. Pike, Microencapsulated oil field chemicals [P]. US Patent 6 326 335, assigned to Corsicana Technologies Inc., December 4, 2001.

[44] V. Tantayakom, H.S. Fogler, F.F. de Moraes, M. Bualuang, S. Chavadej, P. Malakul, Study of Ca-ATMP precipitation in the presence of magnesium ion, Langmuir [J]. 2004, 20: 2220-2226.

[45] V. Tantayakom, H.S. Fogler, S. Chavadej, Scale inhibitor precipitation kinetics [C]. in: Proceedings Volume, 7th World Congress of Chemical Engineering, Glasgow, United Kingdom, 2005, July 10-14: pp. 85704/1-85704/8.

[46] E.D. Burger, G.R. Chesnut, Screening corrosion inhibitors used in acids for downhole scale removal [J]. Materials Performance, July 1992, 31(7): 40-44.

[47] M.M. Jordan, K. Sjursaether, R. Bruce, M.C. Edgerton, Inhibition of lead and zinc sulphide scale deposits formed during production from high temperature oil and condensate reservoirs [C]. in: Proceedings Volume, SPE Asia Pacific Oil & Gas Conf., Brisbane, Australia, 2000, 10/16-18/2000.

[48] M. Ke, Q. Qu, Method for controlling inorganic fluoride scales [P]. US Patent 7 781 381, assigned to BJ Services Company LLC, Houston, TX, August 24, 2010.

[49] R.J. Powell, A.R. Fischer, R.D. Gdanski, M.A. McCabe, S.D. Pelley, Encapsulated scale inhibitor for use in fracturing treatments [C]. in: Proceedings Volume, Annu. SPE Tech. Conf., Dallas, 1995, 10/22-25/95: pp. 557-563.

[50] J.F. Hsu, A.K. Al-Zain, K.U. Raju, A.P. Henderson, Encapsulated scale inhibitor treatments experience in the Ghawar field, Saudi Arabia [C]. in: Proceedings Volume, 2nd Annu. SPE Oilfield Scale Int. Symp., Aberdeen, Scotland, 2000, 1/26-27/2000.

[51] T.C. Kowalski, R.W. Pike, Microencapsulated oil field chemicals [P]. US Patent 5 922 652, July 13, 1999.

[52] L.S. Boak, G.M. Graham, K.S. Sorbie, The influence of divalent cations on the performance of $BaSO_4$ scale

inhibitor species [C]. in: Proceedings Volume, SPE Oilfield Chem. Int. Symp., Houston, 1999, 2/16-19/1999: pp. 643-648.

[53] T.G.J. Jones, G.J. Tustin, P. Fletcher, J.C.-W. Lee, Scale dissolver fluid [P]. US Patent 7 343 978, assigned to Schlumberger Technology Corporation, Ridgefield, CT, March 18, 2008.

[54] R. Keatch, Method for dissolving oilfield scale [P]. US Patent 7 470 330, assigned to M-1 Production Chemicals UK Limited, Aberdeen, GB, Oilfield Mineral Solutions Limited, Edinburgh, GB, December 30, 2008.

[55] G.M. Graham, S.J. Dyer, P. Shone, Potential application of amine methylene phosphonate-based inhibitor species in HP/HT environments for improved carbonate scale inhibitor performance [J]. SPE Production & Facilities, 2002, 17: 212-220.

[56] S.J. Dyer, C.E. Anderson, G.M. Graham, Thermal stability of amine methyl phosphonate scale inhibitors [J]. Journal of Petroleum Science & Engineering, 2004, 43: 259-270.

[57] G. Woodward, C.R. Jones, K.P. Davis, Novel phosphonocarboxylic acid esters [P]. WO Patent 2 004 002 994, assigned to Rhodia Consumer Specialities L and Woodward Gary and Jones Christopher Raymond and Davis Keith Philip, January 8, 2004.

[58] P.J. Powell, R.D. Gdanski, M.A. McCabe, D.C. Buster, Controlled-release scale inhibitor for use in fracturing treatments [C]. in: Proceedings Volume, SPE Oilfield Chem. Int. Symp., San Antonio, 1995, 2/14-17/95: pp. 571-579.

[59] R.J. Powell, A.R. Fischer, R.D. Gdanski, M.A. McCabe, S.D. Pelley, Encapsulated scale inhibitor for use in fracturing treatments [C]. in: Proceedings Volume, SPE Permian Basin Oil & Gas Recovery Conf., Midland, TX, 3/27-29/96, 1996, pp. 107-113.

[60] A. Mendoza, G.M. Graham, M.L. Farquhar, K.S. Sorbie, Controlling factors of EDTA and DTPA based scale dissolvers against sulphate scale [J]. Progress in Mining and Oilfield Chemistry, 2002, 4: 41-58.

[61] J.B. Crews, Biodegradable chelant compositions for fracturing fluid [P]. US Patent 7 078 370, assigned to Baker Hughes Incorporated, Houston, TX, July 18, 2006.

[62] J.C. Fan, L.D.G. Fan, Q.W. Liu, H. Reyes, Thermal polyaspartates as dual function corrosion and mineral scale inhibitors [J]. Polymeric Materials Science and Engineering, 2001, 84: 426-427.

[63] H.T.R. Montgomerie, P. Chen, T. Hagen, R.M.S. Wat, O.M. Selle, H.K. Kotlar, Method of controlling scale formation [P]. WO Patent 2 004 011 772, assigned to Champion Technology Inc. and Statoil Asa and Montgomerie Harry Trenouth Rus and Chen Ping and Hagen Thomas and Wat Rex Man Shing and Selle Olav Martin and Kotlar Hans Kristian, February 5, 2004.

[64] H.K. Kotlar, J.A. Haugan, Genetically engineered well treatment microorganisms [P]. GB Patent 2413797, assigned to Statoil Asa, November 9, 2005.

[65] J.M. Reizer, M.G. Rudel, C.D. Sitz, R.M.S. Wat, H. Montgomerie, Scale inhibitors [P]. US Patent 6379612, assigned to Champion Technology Inc., April 30, 2002.

[66] Anon, Process for reducing iron sulfide scales and preventing corrosion during the exploration for and production of hydrocarbons [J]. The IP.com Journal, 2010, 10(12B): 22.

[67] I.R. Collins, Scale inhibition at high reservoir temperatures [C]. in: Proceedings Volume, IBC Tech. Serv. Ltd Advances in Solving Oilfield Scaling Int. Conf., Aberdeen, Scot, 1995, 11/20-21/95.

[68] G.M. Graham, M.M. Jordan, K.S. Sorbie, J. Bunney, G.C. Graham, W. Sablerolle, P. Hill, The implication of HP/HT (high pressure/high temperature) reservoir conditions on the selection and application of conventional scale inhibitors: thermal stability studies [C]. in: Proceedings Volume, SPE Oilfield Chem. Int. Symp., Houston, 1997, 2/18-21/97: pp. 627-640.

[69] G.M. Graham, S.J. Dyer, K.S. Sorbie, W.R. Sablerolle, P. Shone, D. Frigo, Scale in- hibitor selection for

continuous and downhole squeeze application in HP/HT (high pressure/high temperature) conditions [C]. in: Proceedings Volume, Annu. SPE Tech. Conf., New Orleans, 1998, 9/27-30/98 :pp. 645-659.

[70] G.M. Graham, S.J. Dyer, K.S. Sorbie, W. Sablerolle, G.C. Graham, Practical solutions to scaling in HP/HT (high pressure/high temperature) and high salinity reservoirs [C]. in: Proceedings Volume, 4TH IBC UK Conf. Ltd Advances in Solving Oilfield Scaling Int. Conf., Aberdeen, Scot, 1998, 1/28-29/1998.

[71] S.J. Dyer, G.M. Graham, K.S. Sorbie, Factors affecting the thermal stability of conventional scale inhibitors for application in high pressure/high temperature reservoirs [C]. in: Proceedings Volume, SPE Oilfield Chem. Int. Symp., Houston, 1999, 2/16-19/1999: pp. 167-177.

[72] C. Fan, A.T. Kan, P. Zhang, H. Lu, S. Work, J. Yu, M.B. Tomson, Scale prediction and inhibition for unconventional oil and gas production [C]. in: SPE International Conference on Oilfield Scale, Aberdeen, UK, Society of Petroleum Engineers, May 2010.

12 起 泡 剂

泡沫流体可以用于许多压裂作业中,特别是当环境敏感性成为一个值得关注的问题时。泡沫流体配方是可重复使用的,具有切力稳定性,并在宽温度范围形成稳定的泡沫。即使在相对较高的温度下,它们也表现出较高的黏度[2]。

对于可疑地层和水敏性地层,泡沫压裂液优于传统的液体压裂液。因为泡沫压裂液比液体压裂液含有更少的液体,因此更不容易泄漏。此外,在压裂作业完成后,泡沫压裂液的使用需要回收更少的液体。此外,压裂作业完成后,由于井筒压力释放,泡沫中的气体突然膨胀,促使剩余压裂液回流到井中。

泡沫压裂液还可以含有用于防止造成裂缝闭合的支撑剂材料。可以利用多种支撑剂材料,包括树脂覆膜或未覆膜砂、烧结铝土矿、陶瓷材料和玻璃珠。支撑剂材料的用量为:最好在每加仑泡沫压裂液中加入 1~10lb 支撑剂材料[3]。

气体的含量称为干度。泡沫干度 Q 用百分数表示,计算方法如下:

$$Q = 100 \frac{V_f - V_1}{V_f} \quad (12.1)$$

式中 V_f——泡沫的总体积,mL;

V_1——液体在泡沫中的体积,mL。

因此,干度为 70 时表示含有 70% 的气体。最近对含 95% 气体的泡沫进行了检测。对于这类泡沫,只有由 2% 的阴离子表面活性剂和普通水制备的泡沫才具有均匀的细气泡结构[4]。

表面活性剂可以改变其起泡的能力。例如,叔烷基胺乙氧基酸盐可以通过添加氢离子来降低环境的 pH 值,从而从一种起泡的表面活性剂转变为一种不起泡的表面活性剂。然后,可以通过添加基本物质,如氢氧离子,让它变回到起泡的表面活性剂。在低 pH 值条件下,胺基发生季铵化反应,如图 12.1 所示。

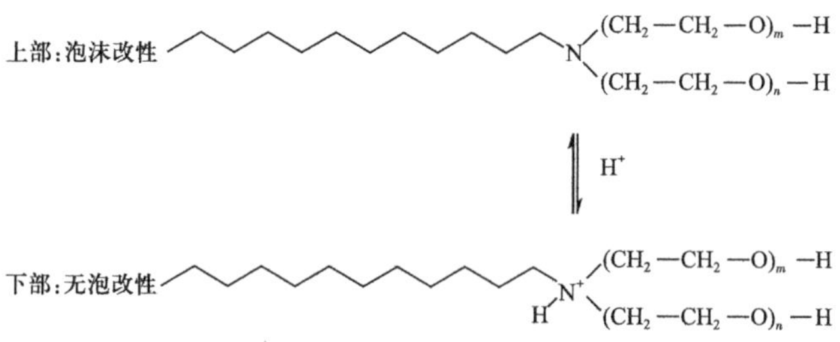

图 12.1 通过改变 pH 值来改变发泡能力[5]

此外,可可甜菜碱和 α- 烯烃磺酸盐可以作为起泡剂[6]。两性表面活性剂的首选是月桂胺和肉豆蔻胺氧化物的混合物。

十二烷基甜菜碱如图 12.2 所示。当压裂液的 pH 值改变时,可以破坏泡沫,使泡沫压裂液可以循环使用[7]。

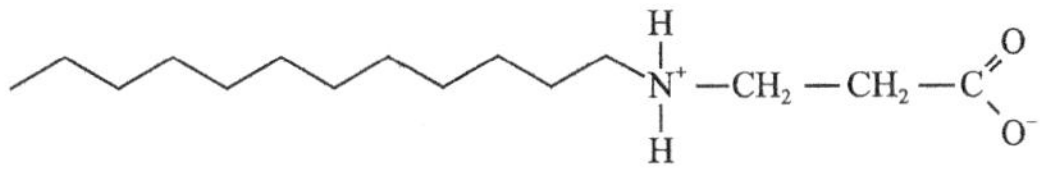

图 12.2 十二烷基甜菜碱

12.1 环境安全型流体

传统的泡沫压裂液包括各种被称为起泡剂和泡沫稳定剂的表面活性剂,当气体与压裂液混合时,用于促进泡沫的起泡和稳定[8]。

然而,用于发泡和稳定的表面活性剂并不能完全满足环境要求。也就是说,当用于发泡和稳定的表面活性剂进入环境水中时,它们不会完全降解,这可能会干扰水生生物的生命周期。

一种环境无害的用于发泡和稳定的稠化水压裂液的水解角蛋白添加剂可以通过蹄角粉的水解来制造。在那里,蹄角粉与石灰一起在高压锅中加热以产生水解蛋白。这种蛋白质是一种易流动的粉料,含有大约 85% 的蛋白质。

粉末的非蛋白部分由约 0.58% 的不溶性物质组成,其余为可溶性非蛋白物质,主要由硫酸钙、硫酸镁和硫酸钾组成[8]。

当泡沫压裂液的黏度和稳定性需要进一步提高时,可以在泡沫压裂液中加入提高泡沫黏度和稳定性的添加剂。提高泡沫黏度和稳定性的添加剂包括碘、双氧水、硫酸铜和溴化锌。

12.2 液态二氧化碳泡沫

液态 CO_2 中的泡沫状氮气可以用于压裂[9]。所述泡沫形成物质优选为非离子型的氟醚表面活性剂。液相是 CO_2,气相是 N_2。

全氟化合物可以通过直接氟化、电化学氟化、含氟单体的加成聚合和含氟单体的氧化聚合等方法合成。

由于全氟化合物缺乏氯原子,它们不会消耗臭氧层的物质。但又因为它们在大气中寿命较长,这些化合物可能存在出使全球变暖的潜能。因此,优选所述氟基稳定剂分子中至少应含有一个脂肪族氢原子。这些化合物通常在热和化学性上都非常稳定,但在环保上更容易接受,因为它们在大气中降解,因此具有较低的全球变暖潜能,以及零臭氧消耗潜能。这种化合物的一个例子是六氟二甲苯。

全氟醇盐可经烷基化反应制得氟醚。它们是由相应的全氟化酰氟或全氟化酮与无水碱金属氟或无水氟化银在无水极性非酸碱溶剂中反应而制备的。另外,可以允许氟化叔醇与碱(如氢氧化钾或氢氧化钠)反应生成全氟化叔醇,然后通过与烷基化剂反应将其烷基化。氢氟醚的例子是甲氧基非氟丁烷和乙氧基非氟丁烷。

Gupta 等详细介绍了起泡剂的制备方法。研究发现,可以形成具有高支撑剂加载特性的高黏度泡沫[9]。

参 考 文 献

[1] A.L. Stacy, R.B. Weber, Method for reducing deleterious environmental impact of subterranean fracturing processes [P]. US Patent 5 424 285, assigned to Western Co. North America, June 13, 1995.

[2] J.E. Bonekamp, G.D. Rose, D.L. Schmidt, A.S. Teot, E.K. Watkins, Viscoelastic surfactant based foam fluids [P]. US Patent 5 258 137, assigned to Dow Chemical Co., November 2, 1993.

[3] M.S. Dahanayake, S. Kesavan, A. Colaco, Method of recycling fracturing fluids using a self-degrading foaming composition [P]. US Patent 7 404 442, assigned to Rhodia Inc., Cranbury, NJ, July 29, 2008.

[4] P.C. Harris, S.J. Heath, High-quality foam fracturing fluids [C]. in: Proceedings Volume, SPE Gas Technol. Symp., Calgary, Can, 1996, 4/28/96-5/1/96: pp. 265-273.

[5] T.D. Welton, B.L. Todd, D. McMechan, Methods for effecting controlled break in pH dependent foamed fracturing fluid [P]. US Patent 7 662 756, assigned to Halliburton Energy Services, Inc., Duncan, OK, February 16, 2010.

[6] M.K. Pakulski, B.T. Hlidek, Slurried polymer foam system and method for the use thereof [P]. WO Patent 9 214 907, assigned to Western Co. North America, September 3, 1992.

[7] J. Chatterji, B.J. King, K.L. King, Recyclable foamed fracturing fluids and methods of using the same [P]. US Patent 7 205 263, assigned to Halliburton energy Services, Inc., Duncan, OK, April 17, 2007.

[8] J. Chatterji, R. Crook, K.L. King, Foamed fracturing fluids, additives and methods of fracturing subterranean zones [P]. US Patent 6 734 146, assigned to Halliburton Energy Services, Inc., Duncan, OK, May 11, 2004.

[9] D.V.S. Gupta, R.G. Pierce, C.L. Senger Elsbernd, Foamed nitrogen in liquid CO_2 for fracturing [P]. US Patent 6 729 409, May 4, 2004.

13 消泡剂

压裂液配制时由于加入一些化学助剂,助剂中含有活性剂,导致产生泡沫。压裂液在使用的时候是因为高压发射导致对地层岩石高压冲击,产生泡沫;泡沫过多会拖慢油田开采的进度,降低油田开采效率,影响出油产量,导致成本的增加;泡沫太多会影响压裂液的黏度,降低其性能,使压裂液产品产生质量问题;泡沫过多会残留在油田开采设备表面,对设备造成一定的侵蚀,影响设备的利用率,缩短设备的使用寿命。

13.1 消泡原理

13.1.1 泡沫的稳定性

泡沫在热力学上是不稳定的,但通过以下特性可以防止其破裂:
(1)表面弹性。
(2)黏性排液。
(3)减少气泡间的气体扩散。
(4)来自相对表面的相互作用的薄膜稳定效应。

泡沫的稳定性可以用吉布斯弹性 E 来解释。吉布斯弹性的产生是由于当薄膜被拉伸时,活性分子的表面浓度在平衡状态下的降低。这导致平衡表面张力 σ 的增大。作为一种恢复力,吉布斯弹性的计算公式如下:

$$E = 2A\frac{\mathrm{d}\sigma}{\mathrm{d}A'} \tag{13.1}$$

A 为表面面积。在表面相互连接的泡沫中,随时间变化的马兰戈尼效应是很重要的。因为表面活性剂的吸收速率有限,与吉布斯弹性相对应的恢复力将出现,从而降低表面张力,可能产生泡沫的膨胀和收缩。因此,马兰戈尼效应是一种动力学效应。

用膨胀模量描述非平衡条件下的表面张力效应。单一表面的复膨胀模量 ε 的定义与吉布斯弹性相同,即:

$$\varepsilon = 2A\frac{\mathrm{d}\sigma}{\mathrm{d}A'} \tag{13.1}$$

其中,因子 2 不适用于单个表面。在周期性膨胀实验中,复弹性模量是角频率的函数,即:

$$\varepsilon(i\omega) = |\varepsilon|\cos\theta + i|\varepsilon|\sin\theta = \varepsilon_\mathrm{d}(\omega) + \omega\eta_\mathrm{d}(\omega) \tag{13.3}$$

其中,ε_d 为膨胀弹性,η_d 为膨胀黏度。稳定的泡沫具有高表面膨胀弹性和高膨胀黏度的特点。因此,有效的消泡剂应该减少泡沫的这些特性。

在非平衡条件下,高的体黏度和表面黏度都可能延迟薄膜变薄和拉伸变形,而拉伸变形是泡沫破坏之前发生的。还有一个与有序结构的形成有关的问题。表面膜中有序结构的发展也可以使泡沫稳定。表面的液晶相增强了泡沫的稳定性。

如果气泡间的气体扩散减少,气泡的破裂就会因气泡大小的变化和由此产生的机械应力而延迟。因此,单片膜可以比相应的泡沫保持更长的时间。然而,这种影响在实际情况中并不重要,只有在小于10nm的极薄薄膜上,才会形成相对的重要表面,例如发生在双层薄膜中的电效应。值得注意的是,它们会与离子表面活性剂一起发生。

13.1.2 消泡剂的作用

在高体积黏度下,降低表面张力与泡沫的稳定机制无关,但对于所有其他的泡沫稳定机制,表面性质的变化是必不可少的。消泡剂在活化后会改变泡沫的表面性质,大多数消泡剂的表面张力在20~30mN/m之间,部分消泡剂的表面张力见表13.1。

表 13.1 部分消泡剂的表面张力

材料	20℃时的表面张力,mN/m
聚(氧丙烯)	31.2
聚(二甲基硅氧烷)	20.2
矿物油	28.8
玉米油	33.4
花生油	35.5
磷酸三丁酯	25.1

针对某些消泡剂配方的低表面张力,提出了两种相关消泡机制:

(1)消泡剂以微滴形式分散在液体中,分子可能从微滴进入泡沫的表面,这种扩散所产生的张力最终导致薄膜破裂;

(2)另外,也有人认为这些分子会形成单层而不是扩散。该单分子层与原单分子层相比具有较少的相干性,并会引起薄膜的不稳定。

扩展系数定义为发泡介质的表面张力 σ_f、消泡剂的表面张力 σ_d 之差和两种材料的界面张力 σ_{df} 之差,即:

$$S = \sigma_f - \sigma_d - \sigma_{df} \tag{13.4}$$

可以看出,消泡剂的表面张力越小,扩散系数 S 越为正。这表明了消泡的热力学趋势。

以上叙述对于大量的不溶解的液体消泡剂是足够的。但经验证明,一定的分散疏水固体可以大大提高消泡效果。消泡剂的有效性与碳氢化合物中经硅处理的硅石的接触角之间有很强的相关性。人们认为,疏水硅石的去湿过程由于在这个过程中发生的直接机械冲击而导致泡沫的破裂。

13.2 消泡剂的分类

消泡剂配方包含许多成分,以满足其配方的不同要求。可能有不同的分类方法,包括根据应用场合、消泡剂的物理形式以及消泡剂的化学类型进行的分类。一般来说,消泡剂包含各种固态和液态的活性成分,以及一些辅助剂,如乳化剂、分散剂、稠化剂、防腐剂、载体油、增容剂、溶剂和水。

13.2.1 活性成分

有效成分是控制实际发泡的配方成分,它们可能是液体或固体。

(1)液体成分。

因为降低表面张力是消泡剂最重要的物理属性,所以根据分子的疏水作用对消泡剂进行分类是合理的。相反,有机分子(按官能团分类)通常是极性和亲水性的,例如,在基础有机化学中,醇、酸和盐是常见的。以下四类消泡剂被称为液相组分:

① 烃类。
② 聚(醚)。
③ 硅树脂。
④ 碳氟化合物。

(2)固体颗粒的协同消泡作用。

通常,具有适当的配方分散的固体可做有效的消泡剂。我们认为,有些液体消泡剂只有在有固体存在时才有效。认为体系中存在的表面活性剂会携带界面区域的固体颗粒,固体会引起泡沫的不稳定。

例如,当疏水固体颗粒与泡沫溶液中不溶性的液体一起使用时,就会发生协同消泡[2]。阐明了无论是固体或液体单独作用产生的薄膜破裂的机理以及对消泡效果差的解释,这些是许多泡沫系统中单组分消泡剂所能观察到的。

(3)高效有机硅消泡剂。

聚二甲基硅氧烷在非水体系中具有活性,但在水体系中仅表现出微弱的抑制泡沫的作用。然而,当它与疏水改性二氧化硅复合时,一种高活性消泡剂就出现了。

有几个因素促成了硅酮消泡剂的双重性质。例如,可溶的硅酮可以集中在气—油界面稳定气泡,而分散的硅酮液滴可以通过在气泡的气—液界面快速扩散加速聚结过程,通过表面运移导致薄膜变薄[3]。

硅树脂在不同的油中表现出明显的低溶解度。事实上,溶解的速度很慢,这取决于油的黏度和分散液滴的浓度。临界气泡大小的机理和在较低的硅树脂浓度下,显著快速聚结的原因可以用较高的界面流动性来解释,并可以通过气泡上升速度来测量。

(4)典型成分。

描述了用于消泡水相流体系统的一种消泡剂和消泡剂成分[4]。水力压裂液典型消泡剂的组成见表13.2。

表 13.2 压裂液消泡剂的成分

化合物	数量,%
C_6-C_{12} 极性化合物的混合物	50~90
单油酸山梨醇酐酯	10~50
聚乙二醇(3.8kDa)	10

加入的原酸酯会生成酸,以降解泡沫。适合的原酸酯和聚原酸酯的例子是原乙酸三甲酯、原乙酸三乙酯和相应的原甲酸酯。顺便说一下,聚原酸酯在医学上具有非常重要的应用[5]。一些简单的原酸酯如图 13.1 所示。

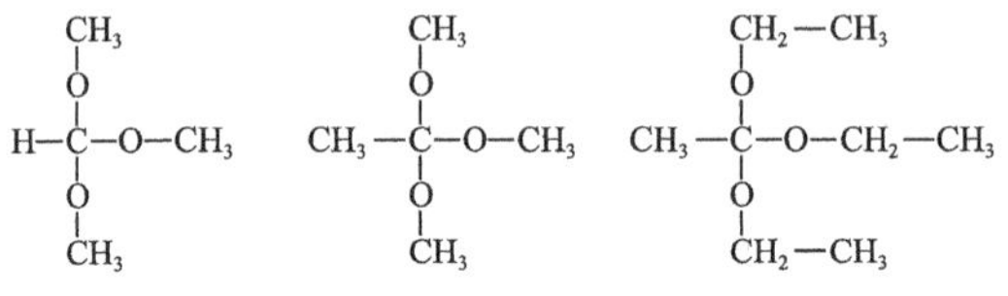

图 13.1 原酸酯

原酸酯的合成可以采用威廉姆森合成法,也可以在氰化物上加成醇。各反应如图 13.2 所示。

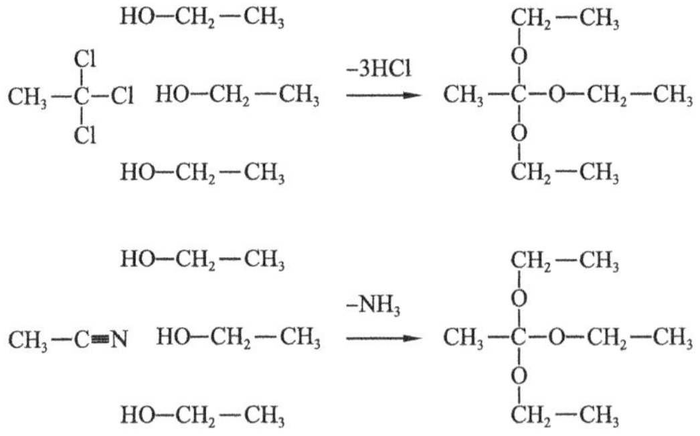

图 13.2 原酸酯的合成

原酸酯对碱稳定,但对酸和水不稳定。原酸酯可以降低压裂液的 pH 值,使起泡表面活性剂充分转化为非起泡表面活性剂,从而使泡沫压裂液的泡沫大量消失。为了使原酸酯水解产生酸,需要一种水源,无论是从地层来,还是引入地层中。每摩尔原酸酯中应有 2mol 水存在。

当原酸酯最终水解生成酸时,酸可能与发泡表面活性剂发生反应,使其成为主要的非发泡表面活性剂[6]。所述原酸酯成分还可能包含阻垢剂,该阻垢剂可延迟从所述原酸酯成分中的原酸酯产生酸。此外,它们还可以中和在延迟期间产生的任何酸。适当的阻垢剂包括碱类,如碱金属类氢氧化物、碳酸钠或六亚甲基三胺。

相对于大量的弱碱,有时少量的强碱更适合于实现酸的延迟生成,并在所需的延迟时间内中和生成的酸。泡沫压裂液成分中还可能包含其他常见成分,如[6]:

（1）胶凝剂。
（2）杀菌剂。
（3）支撑剂。

参 考 文 献

[1] M.J. Owen, Defoamers, in: Kirk-Othmer, Encyclopedia of Chemical Technology [M]. volume 7, 4th edition, John Wiley and Sons, New York, Chichester, Brisbane, 1996, pp. 929-945.

[2] G.C. Frye, J.C. Berg, Mechanisms for the synergistic antifoam action by hydrophobic solid particles in insoluble liquids [J]. Journal of Colloid and Interface Science, June 1989, 130(1): 54-59.

[3] R.J. Mannheimer, Factors that influence the coalescence of bubbles in oils that contain silicone antifoamants [J]. Chemical Engineering Communications, March 1992(113): 183-196.

[4] C. Zychal, Defoamer and antifoamer composition and method for defoaming aqueous fluid systems [P]. US Patent 4 631 145, assigned to Amoco Corp., December 23, 1986.

[5] J. Heller, J. Barr, S.Y. Ng, K.S. Abdellauoi, R. Gurny, Poly (ortho esters): synthesis, characterization, properties and uses [J]. Advanced Drug Delivery Reviews, October 2002, 54(7): 1015-1039.

[6] T.D. Welton, B.L. Todd, D. McMechan, Methods for effecting controlled break in pH dependent foamed fracturing fluid [P]. US Patent 7 662 756, assigned to Halliburton Energy Services, Inc., Duncan, OK, February 16, 2010.

14 交联剂

压裂液是影响压裂效果最为关键的因素,为了保证压裂液具有良好的携砂能力,要求压裂液具有良好的黏弹性能。交联剂可以促使植物胶体系形成三维网络结构冻胶,提高压裂液耐温耐剪切性能,从而提高压裂液的携砂性能,确保安全施工。交联剂一般是指通过配位键或化学键与稠化剂中某些特定的官能团发生作用,从而使稠化剂稠化形成凝胶的化学添加剂。本章对交联机理和交联剂类型进行了简述。

14.1 交联反应动力学

由于与钛离子的交联反应,羟丙基瓜尔胶的流变学非常复杂。本研究旨在更好地了解羟丙基瓜尔胶与钛螯合物反应的流变学以及流变学与停留时间、剪切历史和化学成分的关系。

进行流变学实验以获取有关羟丙基瓜尔胶中的交联动力学。连续流动和动态数据表明,关于交联剂和羟丙基瓜尔胶浓度,交联反应级数约为 4/3 和 2/3 左右。动态测试表明,剪切时间对于确定最终凝胶特性很重要。

持续的稳态剪切和动态试验表明,高剪切不可逆地破坏了凝胶结构,交联反应的程度随着剪切的增加而降低。剪切速率低于 $100s^{-1}$ 的研究表明,聚合物中剪切引起的结构变化会影响反应的化学性质和产物分子的性质。

为了流体可以更容易地被抽取,压裂液最好能够实现延迟交联。即降低交联反应速率,延迟交联可以通过下面解释的方法来实现。

14.2 交联剂

14.2.1 硼酸盐系列

硼酸可与羟基化合物形成络合物。硼酸与甘油形成络合物的机理如图 14.1 所示。三个羟基单元形成酯,一个单元形成复合键。这里会释放质子,降低 pH 值。该方案也适用于多羟基化合物。在这种情况下,两条聚合物链以下面的方式连接。

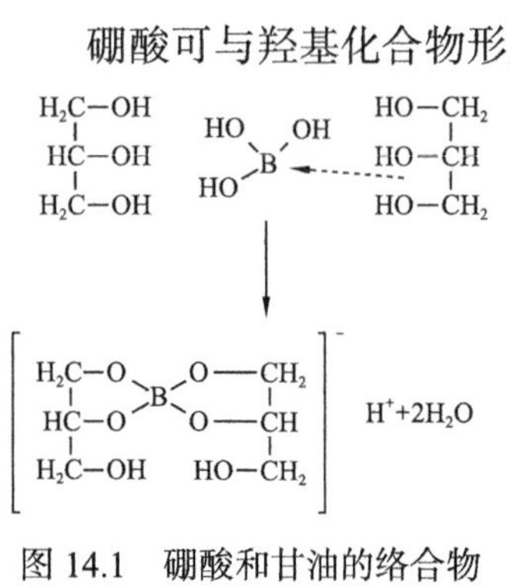

延迟时间的控制需要控制 pH 值、硼酸盐离子的有效性,或两者都控制。在淡水系统中控制 pH 值是有效的。然而,硼酸盐的控制在淡水和海水中都是有效的。这可以通过使用微溶硼酸盐物质或通过将硼酸盐与多种有机物质络合来实现。

图 14.1 硼酸和甘油的络合物

硼酸盐交联压裂液已成功用于压裂作业。这些流体在高达105℃的流体温度下提供出色的流变、滤失和裂缝传导性能。硼酸盐交联的机制是一种平衡过程,在低剪切条件下可以产生非常高的流体黏度。

含硼酸盐的压裂液的制备方法为:制备14-1。将多糖聚合物引入(海)水中以产生凝胶。然后将碱性试剂加入凝胶中以获得至少9.5的pH值。最后将硼酸盐交联剂加入凝胶中以交联聚合物。

干粒组合物的制备方法为:制备14-2。将0.2%~1.0%的水溶性多糖溶解在水溶液中。将硼酸盐源与之前形成的水性凝胶混合。干燥由此形成的硼酸盐交联多糖,并将产品造粒。

硼酸盐交联剂可以是硼酸、硼砂、碱土金属硼酸盐或碱金属碱土金属硼酸盐。硼酸盐源,按氧化硼计算,必须以5%~30%的量存在。

硼酸淀粉组合物可用于控制压裂液的可水合聚合物在水性介质中的交联反应速率。通过在水性介质中使淀粉和硼酸盐源反应来制备硼酸淀粉组合物。这种复合物提供了硼酸根离子的来源,导致可水合聚合物在水性介质中发生交联。延迟交联发生在低温下。

带有羟基部分的有机多羟基化合物在相邻碳原子上或在一个碳原子上的顺式形式1,3-关系可以与硼酸盐反应形成五元或六元环复合物。该反应可以通过改变pH值而实现完全可逆。

取决于聚合物和硼酸盐阴离子的浓度,交联反应可以产生有用的凝胶。提供可控交联时间的含水硼酸盐浓缩物评价很高。微溶硼酸盐悬浮液适用于水力压裂作业,因为它们可以更一致地调整交联时间。硼酸盐矿物的例子见表14.1。

表14.1 微溶硼酸盐矿物

矿物	化学式
基性硼钠钙石	$NaCaB_5O_9 \cdot 5H_2O$
硼钠钙石	$NaCaB_5O_9 \cdot 8H_2O$
诺硼钙石	$CaB_6O_{10} \cdot 4H_2O$
锗石	$CaB_6O_{10} \cdot 5H_2O$
萤石	$Ca_2B_4O_8 \cdot 7H_2O$
硬硼酸钙石	$Ca_2B_6O_{11} \cdot 5H_2O$
迈耶铁矿	$Ca_2B_6O_{11} \cdot 7H_2O$
板硼钙石	$Ca_2B_6O_{11} \cdot 13H_2O$
白硼钙石	$Ca_4B_{10}O_{19} \cdot 7H_2O$
纤硼钙石	$Ca_4B_{10}O_{19} \cdot 20H_2O$
基性硼钙石	$Ca_2B_{14}O_{23} \cdot 8H_2O$
柱硼镁石	$MgB_2O_4 \cdot 3H_2O$

续表

矿物	化学式
水硼美石	$MgB_2O_{13} \cdot 4H_2O$
库水硼镁石	$Mg_1B_6O_{11} \cdot 15H_2O$
多水硼镁石	$Mg_2B_6O_{11} \cdot 15H_2O$
斜方水硼镁石	$Mg_3B_{10}O_{18} \cdot 4H_2O$
水方硼石	$CaMgB_6O_{11} \cdot 6H_2O$
变水方硼石	$CaMgB_6O_{11} \cdot 11H_2O$
钾硼镁石（硼钾镁石）	$KMg_2B_{11}O_{19} \cdot 9H_2O$
水硼锶石	$SrB_6O_{10} \cdot 2H_2O$

目前已经有研究使用振荡测量法观察硼酸盐交联流体的流变特性。结果表明，线性黏弹性极限和流动点频率取决于温度。流动点频率随温度呈指数增加。

流动点定义为储能模量 G' 和损耗模量 G'' 相等时的角频率。此时，将发生从弹性主导向黏性主导行为的转变。

14.2.2 钛化合物

有机钛化合物可用作交联剂。水性钛组合物通常由钛化合物的混合物组成。合适的有机钛化合物列于表 14.2 中。

表 14.2 有机钛化合物

复合型	复合型
钛烷醇胺配合物	钛酸铵
钛二乙醇胺配合物	二乙醇胺乳酸钛
三乙醇胺钛络合物	三乙醇胺乳酸钛
乳酸钛	二异丙胺乳酸钛
乙二醇钛酸	乳酸钠钛盐
乙酰丙酮钛	钛山梨醇复合物

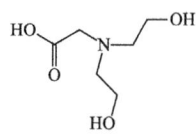

图 14.2 N, N-双(2-羟乙基)甘氨酸

由于产量有限，含钛交联剂的延迟剂的使用限制了使用油井服务公司来刺激或提高油井或其他地下地层的石油或天然气采收率的灵活性。

羟烷基氨基羧酸可以作为延迟剂使用。优选的延迟剂是双(2-羟乙基)甘氨酸。该化合物如图 14.2 所示。

14.2.3 锆化合物

各种锆化合物用作延迟交联剂(表 14.3)。最初与低分子量化合物形成的复合物与分子间多糖复合物交换,导致延迟交联。

表 14.3 适合作为延迟交联剂的锆化合物

锆交联剂/螯合物	参考文献
羟乙基-三-(羟丙基)乙二胺①	[13]
卤化锆螯合物	[14]
硼锆螯合物②	[15-16]

注:① 良好的高温稳定性;
② 高温应用,增强稳定性。

用于复合物形成的二胺基化合物如图 14.3 所示。羟基酸如图 14.4 所示。适合与锆化合物形成络合物的多羟基化合物如图 14.5 所示。

硼锆酸酯配合物可通过锆酸四正丙酯与三乙醇胺和硼酸反应制备。硼锆酸盐复合物可在 8~11 的 pH 值下使用。

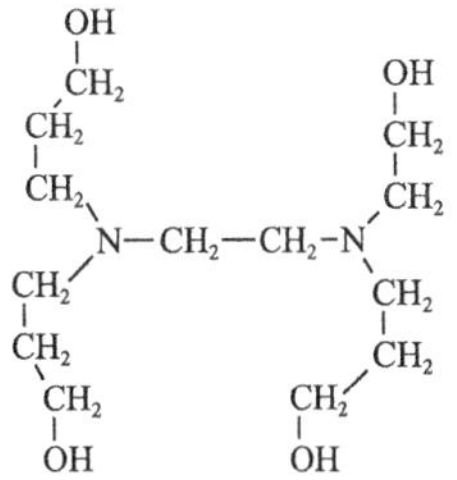

14.2.4 瓜尔胶交联

疏水改性瓜尔胶可用作钻井液、完井液或维修液的添加剂。改性胶与聚合物或活性黏土一起使用。

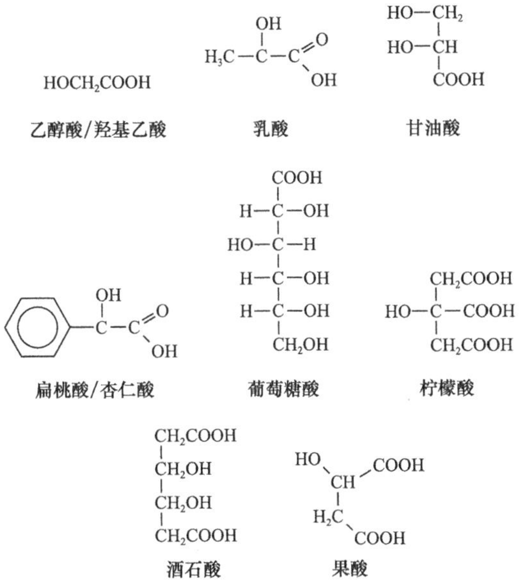

图 14.3 羟乙基-三-(羟丙基)乙二胺

图 14.4 羟基酸

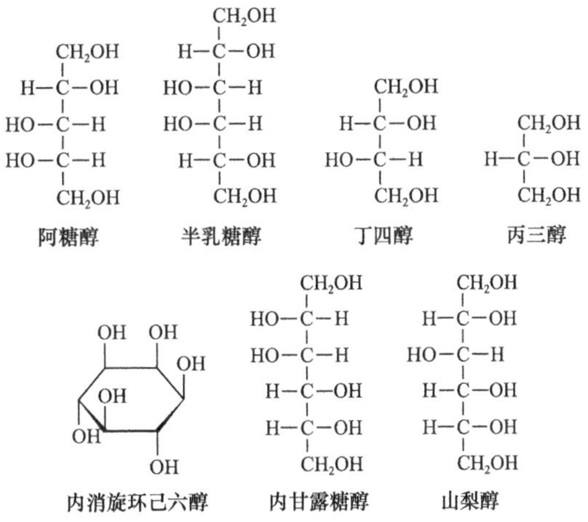

图 14.5 用于复合物形成的多元醇

聚烷氧基亚烷基酰胺接枝到瓜尔胶上产生水溶性瓜尔胶衍生物。研究了这些产品的流变特性。在高温和高压下测量黏度以部分模拟油井的井下条件。用乳酸锆处理获得更好的高温稳定性和更高的凝胶黏度。

交联凝胶的黏度表明凝胶适合输送大量支撑剂。为了促进从地层中去除这种凝胶,用酶破坏剂系统处理疏水改性的瓜尔胶,当用甲苯萃取时,该系统产生能够产生稳定乳液的片段。这样,凝胶水解产生的凝胶碎片的乳化作用将增强净化过程。

瓜尔胶和交联剂技术的创新实现了高黏度交联硼酸盐压裂液的开发,而不会增加聚合物负载。低聚硼酸盐压裂液可成功用于各种以前认为对于低聚压裂液来说太热或太深的地层。

以前,$3.6\sim4.2 kg/m^3$ 的聚合物负载通常在加拿大西部沉积盆地中泵送,用于深度超过 2500m 且井底温度高于 80℃ 的地层。这些相同的地层现在使用负载仅为 $1.8 kg/m^3$ 的低聚合物流体进行压裂,效果显着。

低聚合物压裂液可用于代替需要较高聚合物负载的流体,而对压裂处理的整体设计变化最小。由于其改进的剪切和温度稳定性,开发的流体组合物可以以常规泵速和支撑剂浓度在运行中泵送。

低聚合物压裂液的优点包括增加产量、降低处理成本和降低摩擦压力损失。综上所述,低聚物压裂液在温度高于 100℃ 的情况下可使用深度达 3250m。

羟丙基瓜尔胶凝胶可以与硼酸盐、钛酸盐或锆酸盐交联。硼酸盐交联流体和线性羟乙基纤维素凝胶是高渗透压裂处理最常用的流体,适用于高温高剪切应力下的水力压裂液。

14.2.5 延迟交联剂

乙二醛在特定 pH 值范围内作为延迟添加剂是有效的,乙二醛如图 14.6 所示。它与硼酸和硼酸根离子化学键合,以限制溶液中硼酸根离子的数量,这些硼酸根离子最初可用于随后交联可水合多糖(例如半乳甘露聚糖)。

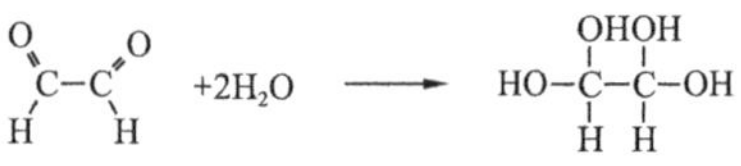

多糖的后续交联速率可以通过调节溶液的 pH 值来控制。延迟交联的机制如图 14.7 所示。如果两个低分子量的羟基化合物与高分子量的化合物交换,羟基单元属于不同的分子,则形成交联。

图 14.6 乙二醛和水合物的形成

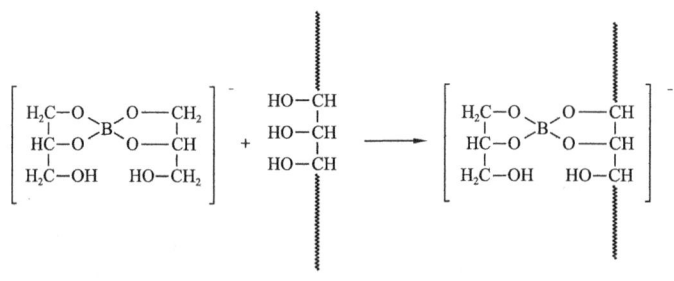

图 14.7 延迟交联

其他二醛、酮醛、羟基醛、邻位取代的芳香族二醛和邻位取代的芳香族羟基醛都具有类似的活性。硼酸盐交联的瓜尔胶压裂液经过重新配制,可以在更高温度下的淡水和海水中使用。

通过添加使不溶性氟化镁沉淀的氟离子,使用氧化镁延迟硼酸盐交联半乳甘露聚糖胶压裂液的临时温度范围得到了扩展。

或者,可以添加镁离子的螯合剂。随着氟化镁的沉淀或镁离子的螯合,不溶性的氢氧化镁无法在升高的温度条件下形成,氢氧化镁会降低 pH 值并逆转硼酸盐交联反应。添加剂有效地将这种压裂液的使用扩展到 135~150℃。

多元醇,如乙二醇或甘油,可以延迟基于半乳甘露聚糖胶的水力压裂液中硼酸盐的交联,且适用于高达 150℃ 的高温。在这种情况下,最初形成低分子量的硼酸盐络合物,但与树胶的羟基交换缓慢。

参 考 文 献

[1] O.Barkat, Rheology of Flowing, Reacting Systems: the Crosslinking Reaction of Hydroxypropyl Guar with Titanium Chelates [D]. PhD thesis, Tulsa Univ., 1987.

[2] B.R. Ainley, K.H. Nimerick, R.J. Card, High-temperature, borate-crosslinked fracturing fluids: a comparison of delay methodology [C]. in: Proceedings Volume, SPE Prod.Oper. Symp., Oklahoma City, 1993, 3/21-23/93: pp. 517-520.

[3] K.E. Cawiezel, J.L. Elbel, A new system for controlling the crosslinking rate of boratefracturing fluids [C]. in: Proceedings Volume, 60th Annu. SPE Calif. Reg. Mtg., Ventura, Calif., 1990, 4/4-6/90: pp. 547-552.

[4] P.C. Harris, L.R. Norman, K.H. Hollenbeak, Borate crosslinked fracturing fluids [P]. EP Patent 594 363, assigned to Halliburton Co., April 27, 1994.

[5] P.C. Harris, S.J. Heath, Delayed release borate crosslinking agent [P]. US Patent 5 372 732, assigned to Halliburton Company, Duncan, OK, December 13, 1994.

[6] T. Sanner, A.P. Kightlinger, J.R. Davis, Borate-starch compositions for use in oil field and other industrial applications [P]. US Patent 5 559 082, assigned to Grain Processing Corp., September 24, 1996.

[7] J.W. Dobson Jr., S.L. Hayden, B.E. Hinojosa, Borate crosslinker suspensions with more consistent crosslink times [P]. US Patent 6 936 575, assigned to Texas United Chemical Company, LLC, Houston, TX, August 30, 2005.

[8] T.C. Mondshine, Crosslinked fracturing fluids [P]. US Patent 4 619 776, assigned to Texas United Chemical Corp., Houston, TX, October 28, 1986.

[9] M.D. Parris, I. El Kholy, Method and composition of preparing polymeric fracturing fluids [P]. US Patent 7 497 263, assigned to Schlumberger Technology Corporation, Sugar Land, TX, March 3, 2009.

[10] I.K.O. Edy, Rheological characterization of borate crosslinked fluids using oscillatory measurements [D]. Master's thesis, University of Stavanger, Stavanger, Norway, 2010.

[11] D.E. Putzig, K.C. Smeltz, Organic titanium compositions useful as cross-linkers [P]. EP Patent 195 531, September 24, 1986.

[12] D.E. Putzig, Cross-linking composition and method of use [P]. US Patent 7 732 382, assigned to E.I. du Pont de Nemours and Company, Wilmington, DE, June 8, 2010.

[13] D.E. Putzig, Zirconium chelates and their use for cross-linking [P]. EP Patent 278 684, assigned to Du Pont De Nemours & Co., August 17, 1988.

[14] J. Ridland, D.A. Brown, Organo-metallic compounds [P]. CA Patent 2 002 792, June 16, 1990.

[15] J.C. Dawson, H.V. Le, Gelation additive for hydraulic fracturing fluids [P]. US Patent 5 798 320, assigned to BJ Services Co., August 25, 1998.

[16] S. Sharif, Process for preparation of stable aqueous solutions of zirconium chelates [P]. US Patent 5 466 846, assigned to Benchmark Res. & Technol. Inc., November 14, 1995.

[17] D.E. Putzig, Process to prepare borozirconate solution and use as cross-linker in hydraulic fracturing fluids [P]. US Patent 7 683 011, March 23, 2010.

[18] A. Audibert, J.F. Argillier, Process and water-base fluid utilizing hydrophobically modified guars as filtrate reducers [P]. US Patent 5 720 347, assigned to Inst. Français Du Pétrole, February 24, 1998.

[19] A. Bahamdan, W.H. Daly, Hydrophobic guar gum derivatives prepared by controlled grafting processes—part II: rheological and degradation properties toward fracturing fluids applications [J]. Polymers for Advanced Technologies, 2007, 18(8): 660−672.

[20] N. Kostenuk, P. Gagnon, Polymer reduction leads to increased success: a comparative study [J]. SPE Drilling & Completion, 2008, 23(1): 55−60.

[21] W.K. Miller II, G.A. Roberts, S.J. Carnell, Fracturing fluid loss and treatment design under high shear conditions in a partially depleted, moderate permeability gas reservoir [C]. in: Proceedings Volume, SPE Asia Pacific Oil & Gas Conf., Adelaide, Australia, 1996, 10/28−31/96: pp. 451−460.

[22] J.C. Dawson, Method and composition for delaying the gellation (gelation) of borated galactomannans [P]. US Patent 5 082 579, assigned to BJ Services Co., January 21, 1992.

[23] J.C. Dawson, Method for delaying the gellation of borated galactomannans with a delay additive such as glyoxal [P]. US Patent 5 160 643, assigned to BJ Services Co., November 3, 1992.

[24] K.H. Nimerick, C.W. Crown, S.B. McConnell, B. Ainley, Method of using borate crosslinked fracturing fluid having increased temperature range [P]. US Patent 5 259 455, November 9, 1993.

[25] B.R. Ainley, S.B. McConnell, Delayed borate crosslinked fracturing fluid [P]. EP Patent 528 461, assigned to Pumptech NV and Dowell Schlumberger SA, February 24, 1993.

15 温度稳定剂

利用海水或矿化度高的水配制瓜尔胶压裂液时,以及在高温储层环境下,由于水中存在大量二价阳离子,瓜尔胶压裂液的水化增黏和交联常受到影响,影响压裂液冻胶的耐温耐剪切性能。凝胶稳定剂作为改善压裂液交联环境的添加剂一直是研究的重点,用于防止交联凝胶因二价或三价离子污染而降解。稳定剂与高矿化度水中的 Ca^{2+}、Mg^{2+} 等形成可溶于水的螯合物,阻止其与 OH^- 发生反应形成沉淀,保持压裂液有较高的 pH 值,提高压裂液的稳定性。

15.1 化学成分

表 15.1 总结了常用的温度稳定剂。

表 15.1 温度稳定剂

化合物	参考编号
硫代硫酸钠	[1–3]
葡萄糖酸钠	[4]
葡庚糖酸钠	[4]
二乙醇胺	[4]
三乙醇胺	[4]
甲醇	[4]
羟乙基甘氨酸	[4]
四乙烯五胺	[4]
乙二胺	[4]

硫代硫酸钠是一种除氧剂[5]。除氧剂是一种还原剂,因为它们通过将分子氧还原为氧以 −2 价氧化态形式出现的化合物来清除水中的溶解氧。还原后的氧与受体原子、分子或离子结合,形成含氧化合物。还原剂必须有与氧反应放热,并在较低的温度下具有合理的反应活性,才能适合作为除氧剂。

建议不要使用硫代硫酸盐基高温凝胶稳定剂,如果需要高温稳定性,建议用三乙醇胺代替。其他适合的不含硫高温凝胶稳定剂包括甲醇、二乙醇胺、乙二胺、正丁胺以及它们的混合物[6]。

葡萄糖酸钠和葡庚糖酸钠常用来螯合钙、镁、铁、锰、铜等阳离子。此外还发现它们能络合钛酸盐、锆酸盐和硼酸盐离子，在达到交联延迟目的方面很有用，并且对酶的破酶稳定性和交联凝胶稳定性而言，它们是很好的铁络合剂[4]。

15.2 特殊问题

15.2.1 水软化剂

还可以对硬混合水通过添加软水剂提供凝胶稳定效果[7]。硬混合水是指总溶解固体（$CaCO_3$ 当量）超过 1000mg/L 的水。

通常遇到的现场情况是，溶解固体总量为 3000～7000mg/L 的硬混合水。一种凝胶稳定水软化剂可以将游离的、未络合的多价离子浓度降低到低于 3000mg/L 的 $CaCO_3$ 当量。

首选水软化剂作为螯合或多价螯合剂，无机多磷酸盐和氨基多聚羧酸，如乙二胺四乙酸、聚（丙烯酸酯）、典型的膦酸酯盐阻垢剂，例如，戊二亚四胺（甲烯膦酸）、硝三甲基甲烯膦酸、乙二胺四亚甲基磷尼克酸、乙二胺和羟基二磷酸。一种特别受欢迎的水软化剂是戊二亚四胺（甲烯膦酸）的钠盐[7]。

15.2.2 硼酸盐的制备

硼酸化瓜尔胶体系既可以用于缓慢溶解的金属氧化物（缓慢增加流体的碱度，进而促进交联反应），也可以直接用于水溶性较差的硼酸钙盐。此外，因为硼酸盐储备可以在较长时间交联，使用少量可溶的硼酸盐可以在一定程度上增强凝胶的热稳定性[8]。

Dawson 研制了一种可控制硼酸盐压裂液延迟、改善高温凝胶稳定性的络合剂[9]。首先，通过将水状流体和能在有硼酸盐离子存在情况下形成胶凝的水合聚合物混合在一起制备基液。该络合剂是通过将能够在溶液中提供硼酸盐离子的交联添加剂与延迟添加剂混合而制备的。

延迟添加剂在选定的 pH 范围内有效地与硼酸和交联添加剂产生的硼酸盐离子进行化学结合，从而限制溶液中最初用于后续的水合多糖交联的可用的硼酸盐离子的数量。除了提供更精确的延迟时间控制，络合剂提供硼酸盐储备，提供更好的在更高的温度下的凝胶稳定性。具体的制备方法为[9]：配方 15.1：向 300 份 40% 的乙二醛水溶液中加入 130 份十水合硼酸钠，搅拌后生成乳白色悬浮液。然后，是 65 份 25% 的黄色水溶液。溶液的 pH 值可在 4.90～6.50 之间。随后，将 71.4 份 70% 的山梨醇水溶液加入到溶液中，然后加热到 95℃ 3h。在加热过程中，溶液颜色从淡黄色变为琥珀色。冷却至环境温度后，溶液 pH 值在 4.50～5.00 之间。每加仑络合剂含有的硼浓度相当于 0.29lb 元素硼或 1.65lb 硼酸。

该络合剂也可用于双交联体系。因此，通过混合传统的硼酸交联剂，如硼酸或硼酸钠与络合剂，可以观察到更快的交联时间。通过加入少量硼酸或硼酸钠，可以用来提高体系在高温下的早期性能。同时，加入少量的传统交联剂会增加流体的黏度，从而可以将砂从井底穿过管柱携带到井口。另一方面，黏度的小幅增加也不会干扰流体的理想特性[9]。

15.2.3 电子供体化合物

Pakulski 等研究了以肼为电子供体化合物,加入凝胶稳定剂来降低水凝胶热降解的成分[10]。这种供体化合物能够在温度高达 150℃ 的情况下稳定凝胶。

研究发现,含硫或含氧的硫族杂环化合物有助于提高油田常用的水凝胶的高温性能。已经发现,这种化合物防止这类凝胶的热降解温度高达 205℃。其反应动力学足够快,即使在低温下,也能使凝胶稳定下来。杂环化合物上空间不受阻的氧原子携带两对未共享电子,为凝胶稳定性提供了电子供给[11]。

硫族杂环给电子化合物总结见表 15.2。

表 15.2 杂环给电子化合物[5]

化合物	化合物
四氢呋喃	3-甲基四氢呋喃
2-(二乙氧基甲基)呋喃	2-甲基-5-(甲硫基)呋喃
二氧醚	氧芴
1,2,3,4-四氢二苯并呋喃	2-乙酰-5-甲基呋喃
四氢呋喃基溴化合物	2,3-二氢呋喃
2,2-二甲基四氢呋喃	2,5-二甲基四氢呋喃
2,3,4,5-四甲基呋喃	2-甲基-5-丙基-呋喃
3-乙酰-2,5-二甲基呋喃	2-乙酰呋喃
2-乙酰-2,5-二甲基呋喃	溴三氯二苯并呋喃
噻吩	琥珀酸酐
马来酐	

硫族杂环给电子化合物可以与第二种常规除氧剂结合使用[5]。表 15.3 总结了这些化合物的例子。

表 15.3 除氧剂

化合物	化合物	化合物
硫代硫酸钠	亚硫酸钠	亚硫酸氢钠
焦棓酸	焦酚	儿茶
鱼鳞酸钠	抗坏血酸	间苯二酚
氯化亚锡	苯醌	对苯二酚

一般在使用时,硫族杂环给电子化合物与第二种常规除氧剂的质量比在 0.01~1 之间,最好在 0.1~0.2 之间。

硫族杂环给电子化合物可以先于其他添加剂加入到水基油田凝胶中或同时加入到混合水中。在连续工艺操作中,如果需要,可以动态添加硫族杂环供电子化合物[11]。

15.2.4 pH 值对温度稳定性的影响

制备了标准烃凝胶体系,并加入了不同数量的酸或碱。用 3.12mmol 氯化物铝的 50% 水溶液,加 1.8mL Rhodafac LO-11A-LA 的 300mL 柴油溶液,制备了铝基体系。以 6.75mmol 硫酸铁的 50% 水溶液,加 1.8mL Rhodafac LO-11A-LA 的 300mL 柴油溶液,制备铁凝胶。

显而易见,在两种体系中,酸的加入对流变学和温度稳定性都有不利的影响,而碱的加入对流变学会产生有利影响。发现铁体系对酸或碱的加入具有更强的耐受性[12]。

参 考 文 献

[1] J.C. Dawson, H.V. Le, Gelation additive for hydraulic fracturing fluids [P]. US Patent 5 798 320, assigned to BJ Services Co., August 25, 1998.

[2] D. Willberg, M. Nagl, Method for preparing improved high temperature fracturing fluids [P]. US Patent 6 820 694, assigned to Schlumberger Technology Corporation, Sugar Land, TX, November 23, 2004.

[3] P.D. Lord, J. Terracina, B. Slabaugh, High temperature seawater-based cross-linked fracturing fluids and methods [P]. US Patent 6 911 419, assigned to Halliburton Energy Services, Inc., Duncan, OK, June 28, 2005.

[4] J.B. Crews, Biodegradable chelant compositions for fracturing fluid [P]. US Patent 7 078 370, assigned to Baker Hughes Incorporated, Houston, TX, July 18, 2006.

[5] D.V.S. Gupta, P.S. Carman, Method of treating a well with a gel stabilizer [P]. US Patent 7 767 630, assigned to BJ Services Company LLC, Houston, TX, August 3, 2010.

[6] J.B. Crews, Fracturing fluids for delayed flow back operations [P]. US Patent 7 256 160, assigned to Baker Hughes Incorporated, Houston, TX, August 14, 2007.

[7] H.V. Le, W.R. Wood, Method for increasing the stability of water-based fracturing fluids [P]. US Patent 5 226 481, assigned to BJ Services Company, Houston, TX, July 13, 1993.

[8] T.C. Mondshine, Crosslinked fracturing fluids [P]. US Patent 4 619 776, assigned to Texas United Chemical Corp., Houston, TX, October 28, 1986.

[9] J.C. Dawson, Method for improving the high temperature gel stability of borated galactomannans [P]. US Patent 5 145 590, assigned to BJ Services Company, Houston, TX, September 8, 1992.

[10] M.K. Pakulski, D.V.S. Gupta, High temperature gel stabilizer for fracturing fluids [P]. US Patent 5 362 408, assigned to The Western Company of North America, Houston, TX, November 8, 1994.

[11] D.V.S. Gupta, P.s. Carman, Method of treating a well with a gel stabilizer [P]. US Patent Application 20100 016 182, January 2010.

[12] S. Lawrence, N. Warrender, Crosslinking composition for fracturing fluids [P]. US Patent 7 749 946, assigned to Sanjel Corporation, Calgary, Alberta, CA, July 6, 2010.

16 破 胶 剂

当地层被充分压开,充填支撑剂后,压裂液通常通过使用破胶剂回收。破胶剂通常会将流体的黏度降低到足够低的值,使支撑剂沉淀到裂缝中,从而增加地层对井的暴露。破胶剂的工作原理是降低聚合物的分子量,即使聚合物降解。然后,裂缝成为一条条高渗透管道,将产出的流体和气体引导到井筒中[1]。

除了提供凝胶液的破坏机理以促进液体的回收外,破胶剂还可以用来控制压裂液的破胶时间,这一点很重要。过早破胶会导致悬浮支撑剂物质在进入产出裂缝之前就从流体中析出。过早破胶还会导致流体黏度的过早降低,导致形成的裂缝长度小于预期长度[1]。

另一方面,凝胶液破胶过慢可能导致压裂液的回收缓慢,并延迟地层流体的恢复生产。此外,还会产生其他问题,例如支撑剂有可能从裂缝中脱落,导致裂缝关闭效果不理想,降低了压裂作业效率。

最理想的情况是,当泵送作业结束时,压裂凝胶将开始破胶。在实际应用中,应在压裂完成后的特定时间内将凝胶完全破碎。例如,在较高的温度下,大约24h就足够了。完全破碎的凝胶可以被流动的地层流体从地层中冲洗出来,也可以通过抽汲作业回收[1]。

16.1 水基体系的破胶

压裂液与破胶剂的结合一般有两种方法[2]:
(1)在将压裂液送至井下之前,先将破胶剂与压裂液混合。
(2)先把压裂液送到井下,然后再送破胶剂。

方法(1)因为操作方便而受到青睐,在地面混合流体并将混合物送至井下更加容易。这种混合方法的缺点是破胶剂可能会在预期时间之前降低压裂液的黏度。

在方法(2)中,压裂液先送到井下,破胶剂随后送到井下。虽然稍后送破胶剂到井下很不方便,但这种方法下的破胶剂不会提前降低压裂液的黏度。

压裂作业后,应恢复地层的性质。只有当处理后溶液的黏度和胶凝剂的分子量显著降低,即流体被降解后,才能实现井的最大产量。

针对生物酶、氧化和催化氧化破胶剂对羟丙基瓜尔胶压裂液的降解动力学进行了综合研究[3-5]。测定了黏度随时间的变化关系。

研究表明,酶抑制剂只有在温度不大于60℃的情况下在酸性介质中才是有效的。在碱性介质和温度低于50℃的情况下,催化氧化破胶剂系统是最有效的破胶剂。在50℃或更高的温度下,羟丙基瓜尔胶压裂液可以在没有催化剂的情况下通过氧化破胶剂降解。

16.2 氧化破胶剂

在氧化破胶剂中,碱、金属次氯酸盐、无机和有机过氧化物都已在文献资料[6]中描述。这些物质通过氧化机制降解聚合物链。用羧甲基纤维素、瓜尔胶和部分水解聚丙烯酰胺对一系列氧化破胶剂进行了实验研究。

16.2.1 次氯酸盐

次氯酸盐是强氧化剂,因此可以降解聚合物链。它们常与叔胺混合使用[7]。盐和叔胺的结合应用比单独使用次氯酸盐增加反应速度更高。叔氨基半乳糖甘露聚糖可作为胺源[8]。这也可以作为破胶前的稠化剂。次氯酸盐对于破胶稳定流体也很有效[9]。建议使用硫代硫酸钠作为高温稳定剂。

16.2.2 过氧化物破胶剂

碱土金属过氧化物描述为含羟丙基瓜尔胶的碱性水溶液中的延迟破胶剂[10]。过氧化物可通过提高流体的温度来活化。

研究表明,在较低的温度下,过氧化钙比过氧化镁更有效地分解聚合物。过氧化镁可以添加到含有多糖聚合物的流体中,在相对较高的温度下产生破胶延迟,而过氧化钙可以添加到相对较低的温度下产生破胶延迟。过磷酸酯或酰胺可用于氧化破胶[11]。然而过磷酸盐离子的盐类有妨碍交联剂的作用,过磷酸酯和酰胺则不会。

含有这些破胶剂的压裂液对于在 90~120℃ 温度下使用金属离子交联剂(如钛和锆)的深井压裂非常有用。以硫酸盐为基础的破胶剂体系也已介绍。此外,有机过氧化物适合于破胶[13]。过氧化物不必完全溶于水。通过调节加入破胶剂的量,将破胶时间控制在 4~24h。

16.2.3 氧化还原破胶剂

基本上,破胶剂是根据氧化还原反应来工作的。铜(Ⅱ价)离子和胺能降解各种多糖[14]。

16.3 延迟释放酸

羟乙基纤维素聚合物在高渗透性岩心中的渗透率恢复研究表明,过硫酸盐型氧化破胶剂和酶破胶剂不能充分降解聚合物。发现过硫酸钠破胶剂会发生热分解,地层中存在的矿物加速了这种分解。

酶破胶剂吸附到地层中,但仍有部分破胶剂的作用。在 pH 值降低的情况下,用硼酸盐交联凝胶进行的动态滤失测试表明,可能通过使用缓释酸来加速井筒漏失。流变学测量证实,一种可溶性缓释酸可用于将硼酸交联液转化为线性凝胶[15]。

羟基乙酸冷凝物：

在使用另一种可水解的含水凝胶的压裂液中，羟基乙酸的缩合产物可以作为滤失材料[16-18]。羟基乙酸缩合产物在地层条件下降解，释放出游离羟基乙酸，使水凝胶破裂。这种机理可以用于延迟破胶，如图16.1所示。在这种情况下，不需要单独添加破胶剂就可以恢复渗透率，而且缩聚产物起到了降滤失剂的作用。

$$\sim\!\!\!\text{O}-\text{H}_2\text{C}-\overset{\text{O}}{\text{C}}-\text{O}-\text{H}_2\text{C}-\overset{\text{O}}{\text{C}}\!\!\!\sim \xrightarrow{\text{H}_2\text{O}} \text{HO}-\text{H}_2\text{C}-\overset{\text{O}}{\text{C}}-\text{OH}$$

图 16.1 聚羟基乙酸的水解

16.4 生物酶破胶剂

生物酶具有催化作用和基质特异性，并能催化水解聚合物上的特定键。使用生物酶来控制破胶可以避免氧化剂温度问题，因为酶在较低的温度下是有效的。一种生物酶在其有效期内会降解许多聚合物键。令人遗憾的是，生物酶在一个狭窄的pH值范围内工作，它们的功能状态往往在高pH值下失活。

用于降解半乳甘露聚糖的常规生物酶在弱酸性到中性条件下，即pH值为5~7时具有最大的催化活性[1]。已经开发出来极端温度稳定型和聚合物特异性生物酶[19-21]。

Slodki等对生物酶的性能进行了基础研究，分析了降解产物、降解动力学以及应用范围，如温度和pH值等[22-23]。因为生物酶高度选择性地降解化学键，没有通用的生物酶存在，但对于每一种稠化剂，必须使用一种选定的生物酶来保证成功。适用于颗粒系统的生物酶见表16.1。

表 16.1 聚合物酶体系

聚合物	参考文献
黄胞胶①	[24]
含有半纤维素的甘露聚糖②	[25]

注：① 升高的温度和盐浓度；
② 高碱度和高温。

酶可以直接打断稠化剂的链。其他的系统也被描述为酶降解聚合物，可降解成有机酸分子。这些分子实际上在稠化剂的降解过程中很活跃[26]。

作用机理：

尽管酶破胶剂比传统的氧化破胶剂更有优势，但由于其他添加剂的干扰和不相容，酶破胶剂也有局限性。Prasek等研究了酶破胶剂和压裂液添加剂（包括杀菌剂、黏土稳定剂和某些类型的树脂涂覆支撑剂）之间的相互作用[27]。

16.5 胶囊破胶剂

在胶囊破胶剂中,破胶剂的化学物质被封装在一层膜中,这种膜对破胶剂没有渗透性或只有轻微的渗透性。因此,破胶剂最初可能不会与待降解的聚合物接触。只有随着时间的推移,破胶剂才能从胶囊中扩散出来,或者破坏胶囊,破胶剂才能成功地发挥作用。

胶囊破胶剂在延迟破胶方面有广泛的应用。破胶剂是用防水包被封装而成的,包被保护流体不受破胶剂的影响,因此高浓度的破胶剂可以添加到流体中,而不会导致流体特性的过早损失,如黏度或滤失的控制。

胶囊破胶剂设计的关键因素是包被的阻隔性能、释放机理和反应性化学物质的性能。例如,水解可降解的聚合物可以用作保护膜[28]。

在氧化破胶和生物酶破胶方面,这种延迟破胶方法已有相关研究。胶囊在延迟破胶中的应用见表16.2。胶囊破胶剂的膜见表16.3所示。

表 16.2 胶囊在延迟破胶中的应用

破胶剂体系	参考文献
过硫酸铵①	[29—32]
酶破胶剂②	[33]
络合剂③	[34]

注:① 瓜尔胶或纤维素衍生物;
② 开放的蜂窝状包被;
③ 用于钛和锆;木材树脂包封。

表 16.3 胶囊破胶剂的膜

膜的材料	参考文献
聚酰胺①	[35]
交联弹性体	[36]
与氮杂吡啶预聚物或碳二亚胺交联的部分水解丙烯酸酯②	[37—39]
7%的沥青和93%的中和磺化离子聚合物	[40]

注:① 对于过氧化物粒径为50~420μm;
② 包裹在纤维素衍生物上的生物酶。

16.6 用于瓜尔胶的破胶

瓜尔胶基聚合物凝胶在油气行业中被用于油气生产井的水力压裂中的黏性流体[41]。压裂后,必须对凝胶和滤饼进行降解,才能获得裂缝和岩石—裂缝界面的高渗透性。广泛地使用生物酶来达到这一目的,但其高浓度可能导致过早降解,或相反地导致凝胶失败。此外,生物酶在苛刻的 pH 值和温度下条件下的变性限制了它们的适用性。

只有显著降低溶液的黏度和胶凝剂的分子量,才能实现井的最大产量。然而,传统的评价这些物质的方法是压裂液黏度的降低,但这并不一定意味着胶凝剂也已经完全降解。

在控制条件下,研究了羟丙基瓜尔胶与氧化剂(过二硫酸铵)在氯化钾水溶液中的反应[42],测定了溶液黏度和羟丙基瓜尔胶分子质量加权平均值。

用于破胶的溴成分可以用氨基磺酸钠来使之稳定[2]。用于生产这种破胶剂的氨基磺酸盐在很长一段时间内,特别是在 pH 值为 13 时,能有效地活性溴类物质稳定。例如,WELLGUARD 7137 破胶剂在避免阳光照射的情况下可以保持稳定超过一年。破胶剂的卤素源为卤间化合物、氯化溴或溴与氯的混合物。

与次溴酸盐($^-$OBr)不同,这些类型的破胶剂不会氧化或破坏通常用作腐蚀和阻垢剂的有机磷酸盐。此外,破胶剂对金属具有较低的腐蚀性,特别是对黑色合金。这是由于这些破胶剂的低氧化还原电位造成的[2,43]。破胶剂对瓜尔胶的影响如图 16.2 所示。在 50℃(120°F)条件下进行了合成和研究。

硼酸交联瓜尔胶可以用乙二胺四乙酸(EDTA)化合物破胶[44]。EDTA 和其他氨基羧酸化合物可以破坏凝胶压裂液。示例见表 16.4。

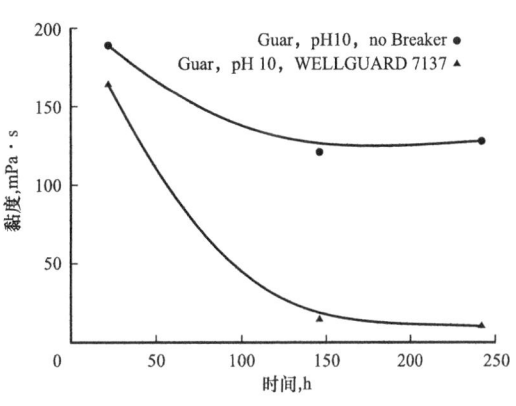

图 16.2　卤素基破胶剂对瓜尔胶的影响[2]

表 16.4　乙二胺四乙酸相关破胶剂[44]

络合物	络合物
四钠丙二胺四乙酸	乙二胺二乙酸二钠
羟乙二胺四乙酸三钠	二水乙二胺二乙酸二钠钙
腈三乙酸三钠	乙二胺四乙酸四铵
乙二胺四乙酸三钠	

这些破胶剂直接作用于聚合物本身,而不是任何可能存在的交联剂。多羟基化合物可以裂解瓜尔胶,而且可以裂解多糖形成的瓜尔胶。这些多羟基化合物包括甘露醇和山梨醇。多元醇可以与酶抑制剂结合使用[45]。

生物酶对瓜尔胶的分解:

由于大多数瓜尔胶聚合物在压裂应用中都是在 pH 值为 9.5~11 的情况下交联的,因此需要一种能够在 pH 值范围内降解基于瓜尔胶压裂液的破胶剂。已经开发出用于此用途的糖苷水解酶[1]。

可以使用糖苷水解酶8亚族的酶。这种保留酶包括来自嗜碱芽孢杆菌N16-5基因的酶破胶剂。这些酶具有最佳活性pH值。文献[46]研究了β-甘露聚糖酶的制备方法。

该酶是从嗜碱芽孢杆菌N16-5的培养液中制备的。最佳活性一般认为是pH值9.5和温度70℃。该酶由单链多肽组成,相对分子质量为55kDa。该酶有效地水解半乳甘露聚糖和葡甘露聚糖为一系列低聚糖和单糖。

对于压裂作业,酶破胶剂在15~107℃之间的温度范围内是具有催化活性和稳定性的[47]。

由于酶解剂在碱性pH值范围内具有最大的活性,因此可以与其他在不同pH值范围内工作的破胶剂结合使用,从而更好地控制压裂液在更大pH值范围内的水解。该交联聚合物凝胶还可以进一步纳入第二种酶破胶剂,这种酶破胶剂在4~8的pH值范围内具有催化活性和温度稳定性。已经描述了适合使用的生物酶[47]。

二价阳离子对酶破胶剂的活性可能存在有利的或有害的影响。Mg^{2+}使酶的活性增加,Co^{2+}使酶的活性降低[47]。

用不同比例的聚(醚酰亚胺)(PEI)和葡聚糖硫酸盐可以制备纳米粒子[48]。聚醚酰亚胺和葡聚糖硫酸酯的自组动组合形成了100~200nm的颗粒,可以有效地捕获铬,同时保持其在水或凝胶溶液中的胶体稳定性。加入氯化铬后,通常几分钟内就会形成凝胶。然而,铬可以有效隔离悬浮液中的聚电解质络合物,这将显著延迟凝胶的形成。硼酸交联瓜尔胶的化学结构如图16.3所示。

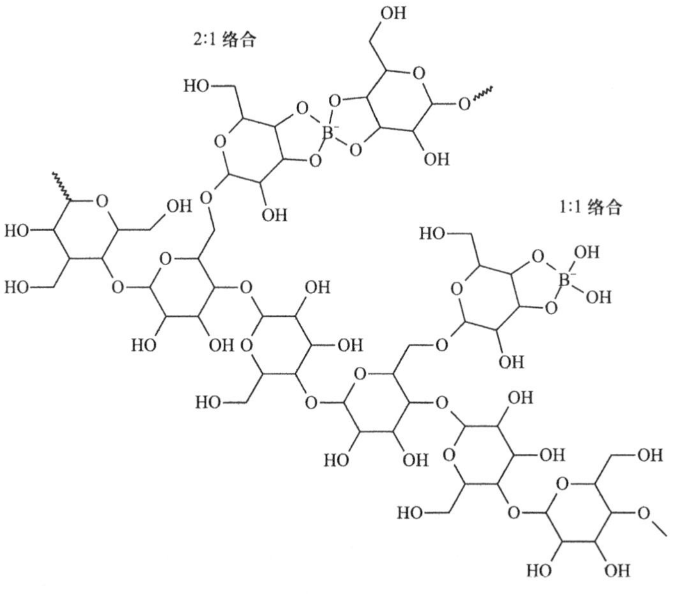

图16.3 硼酸盐交联的瓜尔胶[49]

形成的乙醚键容易被生物酶(例如果胶酶)切断[49]。另一方面,聚醚酰亚胺—葡聚糖硫酸盐聚电解质复合物被用于捕获瓜尔胶降解酶,从而获得延迟释放,并保护生物酶免受恶劣条件影响。

承载了商用生物酶的聚电解质纳米颗粒对硼酸盐交联羟丙基瓜尔胶的黏弹性降解延迟

达11h。相比之下,在酶混合物没有被捕获的等效体系中,仅延迟约3h。此外,聚醚酰亚胺－葡聚糖纳米颗粒可以保护生物酶在高温和pH值升高时免受变性的影响[41,49-50]。

本书研究了氧化破胶剂和酶破胶剂对瓜尔胶降解过程中时间、温度和破胶剂浓度的影响[51]。加入化学破胶剂将聚合物裂解成碎片,从而降低瓜尔胶的黏度。黏度的降低有助于残留聚合物的返排。通过这种方法,可以从支撑剂充填层中快速回收聚合物。使用无效的破胶剂或错误使用破胶剂都可能导致出砂或黏性流体返排。这两种情况都可以显著降低井的产能。对破胶剂在中低温度下的活性进行了评价。

本书还详细介绍了几种测试方法,其中包括交联测试和破胶时间测试[51]。破胶测试后的残留物可以确定破胶程序结束后未破裂凝胶的数量。测量到未破碎聚合物的残留百分比,这基本上等同一次过滤[20]。

16.7 黏弹性表面活性剂

用黏弹性表面活性剂(VES)增黏的流体的黏度可由脂肪酸盐控制。例如,含有胺氧化物表面活性剂凝胶的盐水流体凝胶,其黏度可通过含有菜籽油或玉米油中天然脂肪酸盐的成分来降低[52]。

在井下混合和泵送流体过程中,可能会发生脂肪酸的变化或皂化反应。该方法也可用于施工结束后不久,储层内发生的大部分皂化发生。换句话说,这些成分可以预先成型,然后作为外部破胶剂溶液加入,以清除已经置入井下的黏弹性表面活性剂凝胶液。

有可能首先出现黏度增加,然后出现黏度降低。当菜籽油用CaOH皂化时,首先观察到黏弹性表面活性剂流体轻微增加,随后出现破胶反应[52]。黏度的增加被解释为脂肪酸最初特殊的皂化,可以作为用于含有黏弹性表面活性剂流体提高黏度的辅表面活性剂。

16.8 颗粒型破胶剂

颗粒也有助于延迟破胶。已经描述了用40%～90%的过硫酸钠或过硫酸铵破胶剂以及10%～60%的无机粉状黏结剂(如黏土)配制的颗粒[53]。颗粒表现出破胶剂的延迟释放。

作为延迟破胶剂的其他化学物质也可以作为溶解度可控的化合物或缓慢释放特定盐的助排剂来对待。聚磷酸盐可被用于描述此类聚合物[54]。

由分散在蜡基质中的颗粒状破胶剂组成的颗粒用于压裂作业,以完成含有烷基磷酸酯盐凝胶的烃类液体的破胶。蜡颗粒在地面温度下为固体,在地层温度下熔化或分散到烃类液体中,释放破胶剂,与胶凝剂发生反应[55]。

油基体系的破胶剂:

非水基体系中使用的破胶剂与水基体系中使用的破胶剂具有完全不同的化学性质。氢氧化钙和碳酸氢钠的混合物对于非水基凝胶的破胶是有用的[56]。单独使用的碳酸氢钠对于磷酸铝基或磷酸铝酯基胶凝剂的压裂液完全无效。另一种选择是使用醋酸钠作为非水基凝胶剂的破胶剂。

(1)生物酶基破胶。

用黏弹性表面活性剂增加的流体的黏度可以通过细菌、真菌或酶等生化剂的直接或间接作用而降低。生化剂可以直接攻击黏弹性表面活性剂本身,或液体中产生一种副产物的其他成分,从而导致黏度的降低。该生化剂可分解或以其他方式攻击黏弹性表面活性剂胶凝液的胶束结构。这种生化剂可以产生一种生物酶,通过这些机制之一降低黏度。

单种生化剂可以通过两种不同的机理同时工作,例如直接降低该黏弹性表面活性剂以及其他成分(如乙二醇)的黏度,后一种机理是依次产生一种副产品,例如乙醇会导致黏度的降低。

或者,可以同时使用两种或多种不同的生化剂。在特定情况下,含有胺氧表面活性剂凝胶的盐水液会被阴沟肠杆菌、荧光假单胞菌或铜绿假单胞菌等细菌破坏其黏度[57]。

(2)黏弹性表面活性剂的破胶剂。

油溶性表面活性剂可作为黏弹性表面活性剂稠化水压裂液的内破胶剂的破胶增强剂[58]。油溶性表面活性剂破胶增强剂可以克服盐度对内破胶速率的减缓作用,特别是在较低的温度下效果尤其明显。此外,油溶性表面活性剂破胶增强剂可以降低内破胶剂浓度,以实现快速和完全的黏弹性表面活性剂凝胶流体的破胶。

油溶性表面活性剂破胶剂增强剂包括各种山梨醇(不饱和)脂肪酸酯[58-59]。这些酯与矿物油混合。已发现不饱和脂肪酸通过自氧化作用分解成黏弹性表面活性剂裂解产物或化合物。每种含有不同单烯酸和多烯酸的油,都通过这些自氧化产生的副产物的存在,显示出了黏弹性表面活性剂胶束结构的破坏。

在这些自氧化反应过程中可能会形成各种氢过氧化物。这些反应的最终产物通常包括羰基化合物、醇、酸和碳氢化合物。各种脂肪酸自氧化的速率见表16.5。

表 16.5　C_{18} 酸的相对自氧化速率[58]

脂肪酸	双键数	相对自氧化速率
硬脂酸	0	1
油酯	1	100
亚油酸	2	1200
亚麻酸	3	2500

(3)表面活性剂聚合物成分。

黏弹性表面活性剂基流体的稳定性可以通过使用单体黏弹性表面活性剂和具有热稳定性的主链的低聚物或聚合物来提高。在这种结构上,黏弹性表面活性剂的官能团还不确定[60]。

以正十二烯 -1- 基 -N,N- 双(2- 羟乙基)-N- 甲基氯化铵为原料,在氯化铵水溶液中合成了黏弹性表面活性剂溶液。用氮气净化水溶液以去除残留的氧,然后用 2,2- 偶氮(双脒基丙烷)二盐酸盐作为自由基引发剂发生低聚反应。低聚反应的示意图如图 16.4 所示。同样的方式也可以制得十八酸钾。

$$CH_2=CH-(CH_2)_{15}-COO^-K^+$$

由此产生的低聚物可能与低聚乙烯主链相关,相对较长的表面活性剂部分与之相连。如果双键是共轭的,就像十八碳二烯酸钾那样,所得到的低聚体结构 $CH_2=CH—CH=CH—(CH_2)_{13}—COOK^+$ 与聚丁二烯有关。

分子团中表面活性剂单体的低聚效应使凝胶在与烃类接触时黏度变得相对不敏感。此外,表面活性剂单体的低聚反应几乎没有改变凝胶的黏度。

Horton 等详细描述了其他几种低聚表面活性剂的制备,包括共聚单体的使用[60-61]。图 16.5 所示为冷却剂的示例。

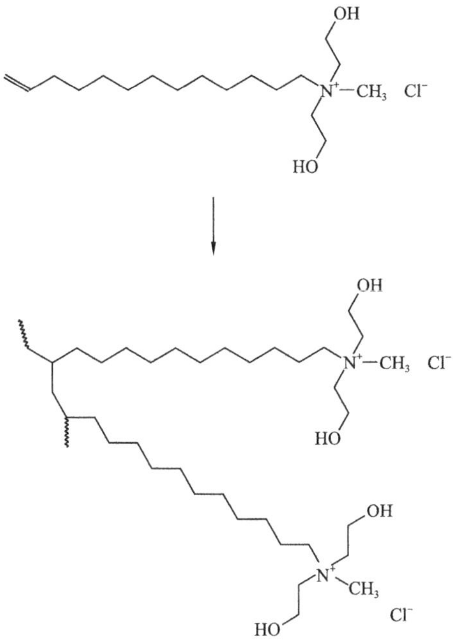

图 16.4　不饱和季铵盐低聚反应[60]

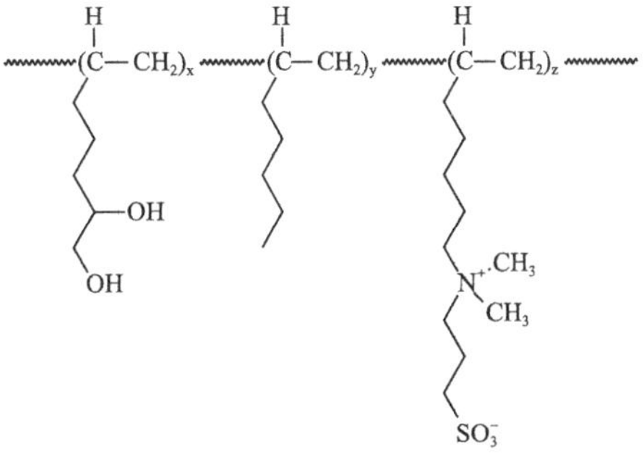

图 16.5　冷聚表面活性剂[61]

邻二醇的功能使低聚物容易与多价金属离子或配合物交联。该配方已根据 API 标准对滤失控制进行了表征[62]。

参 考 文 献

[1] C.D. Armstrong, Compositions useful for the hydrolysis of guar in high pH environments and methods related thereto [P]. US Patent Application 20120 111 568, May 2012.

[2] J.F. Carpenter, Bromine-based sulfamate stabilized breaker composition and process [P]. US Patent 7 576 041, assigned to Albemarle Corporation, Baton Rouge, LA, August 18, 2009.

[3] D. Craig, The Degradation of Hydroxypropyl Guar Fracturing Fluids By Enzyme, Oxidative, and Catalyzed Oxidative Breakers [D]. PhD thesis Texas A & M Univ., 1991.

[4] D. Craig, S.A. Holditch, The degradation of hydroxypropyl guar fracturing fluids by enzyme, oxidative, and catalyzed oxidative breakers: Pt. 1: Linear hydroxypropyl guar solutions [R]. Topical report (February 1991-December 1991), Gas Res. Inst. Rep. GRI-93/04191, Gas Res. Inst., December 1993.

[5] D. Craig, S.A. Holditch, The degradation of hydroxypropyl guar fracturing fluids by enzyme, oxidative,

and catalyzed oxidative breakers: Pt. 2: Crosslinked hydroxypropyl guar gels [R]. Topical report (January 1992–April 1992), Gas Res Inst Rep GRI–93/04192, Gas Res Inst, December 1993.

[6] V.D. Bielewicz, L. Kraj, Laboratory data on the effectivity of chemical breakers in mud and filtercake (Untersuchungen zur Effektivität von Degradationsmitteln in Spülungen) [J]. Erdöl Erdgas Kohle, February 1998, 114(2): 76–79.

[7] M.M. Williams, M.A. Phelps, G.M. Zody, Reduction of viscosity of aqueous fluids [P]. EP Patent 222 615, May 20, 1987.

[8] P.W. Langemeier, M.A. Phelps, M.E. Morgan, Method for reducing the viscosity of aqueous fluids [P]. EP Patent 330 489, August 30, 1989.

[9] M.L. Walker, C.E. Shuchart, Method for breaking stabilized viscosified fluids [P]. US Patent 5 413 178, assigned to Halliburton Co., May 9, 1995.

[10] T.C. Mondshine, Process for decomposing polysaccharides in alkaline aqueous systems [P]. US Patent 5 253 711, assigned to Texas United Chemical Corp., Houston, TX, October 19, 1993.

[11] S.B. Laramay, R.J. Powell, S.D. Pelley, Perphosphate viscosity breakers in well fracture fluids [P]. US Patent 5 386 874, assigned to Halliburton Co., February 7, 1995.

[12] W.M. Harms, Catalyst for breaker system for high viscosity fluids [P]. US Patent 5 143 157, assigned to Halliburton Co., September 1, 1992.

[13] J.C. Dawson, H.V. Le, Controlled degradation of polymer based aqueous gels [P]. US Patent 5 447 199, assigned to BJ Services Co., September 5, 1995.

[14] C.E. Shuchart, J.M. Terracina, B.F. Slabaugh, M.A. McCabe, Method of treating subterranean formation [P]. EP Patent 916 806, assigned to Halliburton Energy Serv., May 19, 1999.

[15] L. Noran, S. Vitthal, J. Terracina, New breaker technology for fracturing high-permeability formations [C]. in: Proceedings Volume, SPE Europe Formation Damage Contr. Conf., The Hague, The Netherlands, 1995, 5/15–16/95: pp. 187–199.

[16] L.A. Cantu, P.A. Boyd, Laboratory and field evaluation of a combined fluid-loss control additive and gel breaker for fracturing fluids [C]. in: Proceedings Volume, SPE Oilfield Chem. Int. Symp., Houston, 1989, 2/8–10/89: pp. 7–16.

[17] L.A. Cantu, E.F. McBride, M. Osborne, Formation fracturing process [P]. EP Patent 401 431, assigned to Conoco Inc. and Du Pont De Nemours & Co., December 12, 1990.

[18] L.A. Cantu, E.F. McBride, M. Osborne, Well treatment process [P]. EP Patent 404 489, assigned to Conoco Inc. and Du Pont De Nemours & Co., December 27, 1990.

[19] H.D. Brannon, R.M. Tjon-Joe-Pin, Biotechnological breakthrough improves performance of moderate to high-temperature fracturing applications [C]. in: Proceedings Volume, 69th Annu. SPE Tech. Conf., New Orleans, 1994, 9/25–28/94: pp. 515–530.

[20] M.U. Sarwar, K. Cawiezel, H. Nasr-El-Din, Gel degradation studies of oxidative and enzyme breakers to optimize breaker type and concentration for effective break profiles at low and medium temperature ranges [C]. in: Proceedings of SPE Hydraulic Fracturing Technology Conference, number 140520–MS, Dallas, Texas, SPE Hydraulic Fracturing Technology Conference, 24–26 January 2011, Society of Petroleum Engineers, The Woodlands, Texas, USA, January 2011, pp. 1–21.

[21] C. Jihua, G. Sui, Rheological behaviors of bio-degradable drilling fluids in horizontal drilling of unconsolidated coal seams [J]. International Journal of Information Technology and Computer Science, June 2011, 3(3): 1–7.

[22] M.E. Slodki, M.C. Cadmus, High-temperature, salt-tolerant enzymic breaker of xan-than gum viscosity [C]. in: E.C. Donaldson (Ed.), Microbial Enhancement of Oil Recovery: Recent Advances: Proceedings of the

1990 International Conference on Microbial Enhancement of Oil Recovery, in: Developments in Petroleum Science, vol. 31, Elsevier Science Ltd., 1991, pp. 247−255.

[23] D. Craig, S.A. Holditch, B. Howard, The degradation of hydroxypropyl guar fracturing fluids by enzyme, oxidative, and catalyzed oxidative breakers [C]. in: Proceedings Volume, 39th Annu. Southwestern Petrol. Short Course Ass. Inc. et al. Mtg., Lubbock, TX, 1992, 4/22−23/92: pp. 1−19.

[24] J.A. Ahlgren, Enzymatic hydrolysis of xanthan gum at elevated temperatures and salt concentrations [C]. in: Proceedings Volume, 6th Inst. Gas Technol. Gas, Oil, & Environ. Biotechnol. Int. Symp., Colorado Springs, CO, 1993, 11/29/93−12/1/93.

[25] D.W. Fodge, D.M. Anderson, T.M. Pettey, Hemicellulase active at extremes of pH and temperature and utilizing the enzyme in oil wells [P]. US Patent 5 551 515, assigned to Chemgen Corp., September 3, 1996.

[26] R.E. Harris, R.J. Hodgson, Delayed acid for gel breaking [P]. US Patent 5 813 466, assigned to Cleansorb Limited (GB), September 29, 1998.

[27] B.B. Prasek, Interactions between fracturing fluid additives and currently used enzyme breakers [C]. in: Proceedings Volume, 43rd Annu. Southwestern Petrol. Short Course Ass. Inc. et al. Mtg., Lubbock, Texas, 1996, 4/17−18/96: pp. 265−279.

[28] D.J. Muir, M.J. Irwin, Encapsulated breakers, compositions and methods of use [P]. WO Patent 9 961 747, assigned to 3M Innovative Propertie C, December 2, 1999.

[29] J. Gulbis, M.T. King, G.W. Hawkins, H.D. Brannon, Encapsulated breaker for aqueous polymeric fluids [C]. in: Proceedings Volume, 9th SPE Formation Damage Contr. Symp., Lafayette, LA, 1990, 2/22−23/90: pp. 245−254.

[30] J. Gulbis, M.T. King, G.W. Hawkins, H.D. Brannon, Encapsulated breaker for aqueous polymeric fluids [J]. SPE Prod. Eng. February 1992, 7(1): 9−14.

[31] J. Gulbis, T.D.A. Williamson, M.T. King, V.G. Constien, Method of controlling release of encapsulated breakers [P]. EP Patent 404 211, assigned to Pumptech NV and Dowell Schlumberger SA, December 27, 1990.

[32] M.T. King, J. Gulbis, G.W. Hawkins, H.D. Brannon, Encapsulated breaker for aqueous polymeric fluids [C]. in: Proceedings Volume, volume 2, Cim. Petrol. Soc/SPE Int. Tech. Mtg., Calgary, Can, 1990, 6/10−13/90.

[33] D.V.S. Gupta, B.B. Prasek, Method for fracturing subterranean formations using controlled release breakers and compositions useful therein [P]. US Patent 5 437 331, assigned to Western Co. North America, August 1, 1995.

[34] J.L. Boles, A.S. Metcalf, J.C. Dawson, Coated breaker for crosslinked acid [P]. US Patent 5 497 830, assigned to BJ Services Co., March 12, 1996.

[35] D.V.S. Gupta, A. Cooney, Encapsulations for treating subterranean formations and methods for the use thereof [P]. WO Patent 9 210 640, assigned to Western Co. North America, June 25, 1992.

[36] P.V. Manalastas, E.N. Drake, E.N. Kresge, W.A. Thaler, L.A. McDougall, J.C. Newlove, V. Swarup, A.J. Geiger, Breaker chemical encapsulated with a crosslinked elastomer coating [P]. US Patent 5 110 486, assigned to Exxon Research & Eng. Co., May 5, 1992.

[37] C.V. Hunt, R.J. Powell, M.L. Carter, S.D. Pelley, L.R. Norman, Encapsulated enzyme breaker and method for use in treating subterranean formations [P]. US Patent 5 604 186, assigned to Halliburton Co., February 18, 1997.

[38] L.R. Norman, S.B. Laramay, Encapsulated breakers and method for use in treating subterranean formations [P]. US Patent 5 373 901, assigned to Halliburton Co., December 20, 1994.

[39] L.R. Norman, R. Turton, A.L. Bhatia, Breaking fracturing fluid in subterranean formation [P]. EP Patent 1 152 121, assigned to Halliburton Energy Serv., November 7, 2001.

[40] V. Swarup, D.G. Peiffer, M.L. Gorbaty, Encapsulated breaker chemical [P]. US Patent 5 580 844, assigned to Exxon Research & Eng. Co., December 3, 1996.

[41] S. Johnson, R. Barati, S. McCool, D.W. Green, G.P. Willhite, J.-T. Liang, Polyelectrolyte complex nanoparticles to entrap enzymes for hydraulic fracturing fluid cleanup [J]. Preprints - American Chemical Society. Division of Petroleum Chemistry, 2011, 56(2): 168-172.

[42] G.W. Hawkins, Molecular weight reduction and physical consequences of chemical degradation of hydroxypropylguar in aqueous brine solutions [C]. in: Proceedings 192nd ACS Nat. Mtg., volume 55, Amer. Chem. Soc. Polymeric Mater. Sci. Eng. Div. Tech. Program, Anaheim, Calif, 1986, 9/7-12/86: 588-593.

[43] J.F. Carpenter, Breaker composition and process [P]. US Patent 7 223 719, assigned to Albemarle Corporation, Richmond, VA, May 29, 2007.

[44] J.B. Crews, Aminocarboxylic acid breaker compositions for fracturing fluids [P]. US Patent 7 208 529, assigned to Baker Hughes Incorporated, Houston, TX, April 24, 2007.

[45] J.B. Crews, Polyols for breaking of fracturing fluid [P]. US Patent 7 160 842, assigned to Baker Hughes Incorporated, Houston, TX, January 9, 2007.

[46] Y. Ma, Y. Xue, Y. Dou, Z. Xu, W. Tao, P. Zhou, Characterization and gene cloning of a novel β-mannase from alkaliphilic bacillus sp. n16-5 [J]. Extremophiles, December 2004, 8(6): 447-454.

[47] R.M. Tjon-Joe-Pin, Enzyme breaker for galactomannan based fracturing fluid [P]. US Patent 5 201 370, assigned to BJ Services Company, Houston, TX, April 13, 1993.

[48] M. Cordova, M. Cheng, J. Trejo, S.J. Johnson, G.P. Willhite, J.-T. Liang, C. Berkland, Delayed HPAM gelation via transient sequestration of chromium in polyelectrolyte complex nanoparticles [J]. Macromolecules, Jun 2008, 41(12): 4398-4404.

[49] R. Barati, S.J. Johnson, S. McCool, D.W. Green, G.P. Willhite, J.-T. Liang, Fracturing fluid cleanup by controlled release of enzymes from polyelectrolyte complex nanoparticles [J]. Journal of Applied Polymer Science, 2011, 121(3): 1292-1298.

[50] R. Barati, S.J. Johnson, S. McCool, D.W. Green, G.P. Willhite, J.-T. Liang, Polyelectrolyte complex nanoparticles for protection and delayed release of enzymes in alkaline ph and at elevated temperature during hydraulic fracturing of oil wells [J]. Journal of Applied Polymer Science, 2012, 126(2): 587-592.

[51] A. Kyaw, B.S. Binti, Nor Azahar, S.Q. Tunio, Fracturing fluid (guar polymer gel) degradation study by using oxidative and enzyme breaker [J]. Research Journal of Applied Sciences, Engineering and Technology, 2012, 4(12): 1667-1671.

[52] J.B. Crews, Saponified fatty acids as breakers for viscoelastic surfactant-gelled fluids [P]. US Patent 7 728 044, assigned to Baker Hughes Incorporated, Houston, TX, June 1, 2010.

[53] L.A. McDougall, F. Malekahmadi, D.A. Williams, Method of fracturing formations [P]. EP Patent 540 204, assigned to Exxon Chemical Patents Inc., May 5, 1993.

[54] T.O. Mitchell, R.J. Card, A. Gomtsyan, Cleanup additive [P]. US Patent 6 242 390, assigned to Schlumberger Technol. Corp., June 5, 2001.

[55] D.B. Acker, F. Malekahmadi, Delayed release breakers in gelled hydrocarbons [P]. US Patent 6 187 720, February 13, 2001.

[56] A.R. Syrinek, L.B. Lyon, Low temperature breakers for gelled fracturing fluids [P]. US Patent 4 795 574, assigned to Nalco Chemical Co., January 3, 1989.

[57] J.B. Crews, Bacteria-based and enzyme-based mechanisms and products for viscosity reduction breaking of viscoelastic fluids [P]. US Patent 7 052 901, assigned to Baker Hughes Incorporated, Houston, TX, May 30, 2006.

[58] J.B. Crews, T. Huang, Use of oil-soluble surfactants as breaker enhancers for VES- gelled fluids [P]. US Patent 7 696 135, assigned to Baker Hughes Incorporated, Houston, TX, April 13, 2010.

[59] J.B. Crews, T. Huang, Unsaturated fatty acids and mineral oils as internal breakers for VES-gelled fluids [P]. US Patent 7 696 134, assigned to Baker Hughes Incorporated, Houston, TX, April 13, 2010.

[60] R.L. Horton, B.B. Prasek, F.B. Growcock, D.P. Kippie, J.W. Vian, K.B. Abdur- Rahman, M. Arvie, Surfactant-polymer compositions for enhancing the stability of viscoelastic-surfactant based fluid [P]. US Patent 7 517 835, assigned to M-I LLC, Houston, TX, April 14, 2009.

[61] R.L. Horton, B. Prasek, F.B. Growcock, D. Kippie, J.W. Vian, K.B. Abdur- Rahman, M. Arvie Jr., Surfactant-polymer compositions for enhancing the stability of viscoelastic-surfactant based fluid [P]. US Patent 7 157 409, assigned to M-I LLC, Houston, TX, January 2, 2007.

[62] Recommended practice for field testing water-based drilling fluids [Z]. API Standard API RP 13B-1, American Petroleum Institute, Washington, DC, 2009.

17 杀 菌 剂

用于压裂处理的基本载液通常来自浅水井、溪流或池塘。这些水通常布满了细菌并饱和了溶解氧,需要在压裂增产过程中使用杀菌剂和氧气清除剂来处理这些流体,以防止设备加速腐蚀。

令人遗憾的是,最常用的杀菌剂和除氧剂在压裂液中要么相互作用,要么会与其他化合物发生不良反应。本书详细介绍了各种杀菌剂和除氧剂与压裂液组分的相互作用和影响[1]。

储层中硫化氢(H_2S)的生物成因是油气生产中的主要问题。硫化氢的存在会导致腐蚀加剧,形成硫化铁,提高运营成本,减少收入,并构成严重的环境和健康危害。

与某些细菌生物膜生长相关的酸的产生也会导致严重的腐蚀。这些细菌生物膜通常由硫酸盐还原菌组成,它们在水中厌氧生长,通常存在石油和天然气。一旦建立了生物膜,就很难恢复对系统的生物控制。当生物膜在金属表面形成时,会严重腐蚀石油生产设备。微生物影响的腐蚀是这种降解的最严重形式。

据估计,在所有行业中,微生物影响的腐蚀可能占由腐蚀引起的故障原因的15%~30%。

因此,必须对造成这些不良影响的细菌进行有效控制。目前,有几种杀菌剂以及非杀菌技术可以用来控制细菌腐蚀,并已开发出细菌的检测方法和技术。

17.1 生长机制

17.1.1 油田化学剂滋生的细菌

用来自石油设施的细菌进行生长实验,它们伴随着注水处理中使用的几种化学物质。这些研究表明,一些化学物质可以用作那些细菌的氮源物质、磷源物质以及碳源物质[2]。因此,我们认为水处理添加剂的细菌生长潜力是巨大的,在选择各化学品之前应该进行研究。

在其他实验中,从几个油田的水中分离的硫酸盐还原培养物比这些调查中作为标准的硫酸盐还原菌收集的培养物具有更大的形成H_2S的能力。化学产品对个别选择性培养的硫酸盐还原菌的刺激作用可能有很大差异,这取决于细菌的种类、活性和细菌对化学产品的适应力。

通过硫酸盐还原菌的选择性培养作为细菌适应性的研究结果,获得了细菌对有毒化合物的相对抗性。因此,当杀菌剂用于完全抑制井底层位和储层中硫酸盐的还原菌的重要活性时,有必要使用比实验室中集中培养计算出的杀菌剂更高的剂量[3]。

研究表明,伴随水驱注入储集层中的嗜硫细菌可以在更高的地层温度下存活,可以从生产井流体中回收[4]。这些生物可以在较冷的层位形成菌落,并通过降解地层水中的脂肪酸来维持生长。

17.1.2 数学模型

本书建立了一个由于硫酸盐还原菌的生长引起储层酸化的数学模型。该模型是一个基于守恒方程的一维数学输运模型,包括了细菌生长速率和储层中营养物、水的混合、输运和硫化氢吸附的影响。考虑了岩石对硫化氢的吸附作用。利用现场数据对微生物产生硫化氢的两个基本概念进行了测试[5]:

(1)地层水与注入水混合带产出的 H_2S(混合带模型)和靠近注水井的储层岩石生物膜中硫酸盐还原菌生长引起的 H_2S 的产出(生物膜模型)。

(2)Gullfaks 油田三口油井的现场数据与生物膜模型得到的 H_2S 产量剖面具有相关性,但用混合带模型无法解释[5]。

菌落生长模型:

在不同数量的硫酸铜存在下,细菌随时间的生长情况如图 17.1 所示。菌落的直径是衡量生长的标准。

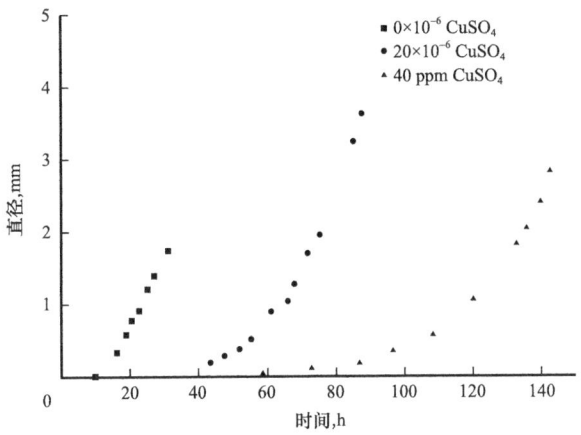

图 17.1 硫酸铜对黏质酵母菌落生长的影响[6]

本书提出了菌落生长的简化模型[6]。根据这个模型,在生长过程中,菌落依次经历了指数式和线性生长阶段。然而,除非营养基质浓度受到限制,否则指数级生长阶段将持续下去。指数生长期菌落直径 d 的增加可以描述为:

$$d = d_0 \exp\left(\frac{\mu'_m}{2} t\right) \quad (17.1)$$

其中 d 为培养时间 t 时的菌落直径,d_0 为单个细胞、菌落祖细胞的有效直径,μ'_m 为最大生长速率。线性生长阶段出现在营养局限时期,开始于 t_1,之后菌落直径以恒定速率 k_d 增加。

$$d = d_{t1} + k_d(t - t_1) \quad (17.2)$$

式(17.1)和式(17.2)可以组合为:

$$t = \frac{d}{k_d} + \frac{2}{\mu'_m}\left[\ln\left(\frac{2k_d}{d_0 \mu'_m}\right) - 1\right] \quad (17.3)$$

式(17.3)将不可见微菌落指数生长期的关键参数与可见大菌落线性生长期的参数联系了起来。这一特性本质上简化了μ'_m参数的实验确定[6]。

17.1.3 硫酸盐还原菌

硫酸盐还原菌属于化能石营养菌类[7],目前已知有60属220种左右,且都使用硫酸盐作为终端电子受体。通过这种方式,它们构成了一个独特的微生物生理群体,将厌氧电子传输与腺苷三磷酸(ATP)的合成结合了起来。硫酸盐还原菌的新菌株不断被发现[8-10],例如,2003年,从墨西哥油田的分离液中分离出了一种新的硫酸盐螺旋状还原菌,命名为MET2T[8]。

这些细菌可以利用各种化合物作为电子供体。具有金属基团的蛋白质可以被氧化和还原,是新陈代谢的基础。特别是,它们通过跨膜氧化还原复合物作用于可溶性电子转移蛋白。硫酸盐还原菌在纯培养和菌群中具有利用烃类的能力,为芳香烃污染土壤的生物修复提供了可能。

有些硫酸盐还原菌甚至能还原氯化合物,如3-氯苯酸盐、氯乙烯和硝基芳香化合物。硫酸盐还原菌也能还原部分重金属。因此,人们提出了几种利用这些菌株对有毒金属进行生物修复的方法。

在新陈代谢过程中,会产生高浓度的硫化氢。由于产生的硫化物会导致油田酸化,所以套管和混凝土的腐蚀成为一个严重的问题[7]。

17.1.4 细菌腐蚀

细菌腐蚀通常称为微生物影响的腐蚀。微生物影响的腐蚀包括微生物引发或加速腐蚀的过程。微生物的代谢产物似乎会影响大多数工程材料,但更常用的耐腐蚀合金,如不锈钢,似乎特别容易受到影响。

微生物对腐蚀影响的重要性一直被低估,因为大多数微生物影响的腐蚀是局部的、点蚀型腐蚀。一般来说,这种类型的腐蚀导致相对较低的失重率、电阻的变化和总面积的变化。这使得使用传统的腐蚀监测方法难以对微生物影响的腐蚀进行检测和量化[11]。

(1)pH值的调节。

弱酸是细菌代谢的产物。硫酸盐还原菌调节其环境pH值的水平取决于潜在的次级反应:

① 硫化铁的沉淀。

② 通过微量的氧气将硫化物离子氧化成硫代硫酸盐。

③ 硫代硫酸盐或其他硫化合物的代谢。

这样,就有可能解释细菌腐蚀坑的产生和生长。

(2)增强杀菌剂。

为了有效地处理细菌污染的水,需要一种快速作用的杀菌剂。在添加其他处理化学物质和将液体泵入井下之前,生物杀菌剂与水的接触时间非常短,这对于动态处理来说可能更加重要。为了快速有效杀死细菌,在某些情况下,人们认为加入杀菌剂增强剂来辅助杀菌剂处理或与杀菌剂协同工作是有益的[12]。

季铵盐表面活性剂可同时作为抗微生物增强剂来使用。例如,19N是一种阳离子表面活性剂,也是一种抗微生物增强剂。当与抗微生物剂如次氯酸钠或戊二醛联合使用时,在某些情况下,细菌问题可在短时间(5min)内得到解决。

虽然季铵盐表面活性剂在与抗微生物剂一起使用时是有用的,但有些季铵盐表面活性剂可能与阴离子降阻剂不相容,而阴离子降阻剂在井下作业中也是有用的。

据研究,季铵盐表面活性剂和阴离子降阻剂的不相容可能是由两种分子上的电荷引起的,这些电荷可能导致季铵盐表面活性剂和降阻剂发生反应,最终形成沉淀。此外,一些杀菌剂,例如氧化剂,可能能够降解某些降阻剂[12]。

17.1.5 产甲烷菌

美国约60%的天然气产量来自非常规油气藏的水力压裂,如页岩或富含有机质的亚硝酸盐[13]。在此,随着时间的推移,这个过程会在储层中培育并富集的耐盐微生物,形成一个含甲烷的盐生态系统。

在天然气井中注入微生物,必然会对深层生物圈环境产生影响。非常规油气藏中一些持久性微生物的代谢活动会导致硫化物的产生,导致酸化和基础设施腐蚀[14-15]。微生物生物量的积累可能导致裂缝的堵塞[16]。

对非常规油气藏产甲烷菌的生物地理学进行了研究。通过宏基因组技术,从每个水力压裂的非常规油气藏中提取甲烷盐菌属的成员。

提供了三个分离基因组和两个宏基因组组装基因组的基因组测序。利用其他6个先前测序的分离基因组和宏基因组组装的基因组,对代表该属的11个基因组进行了比较分析。

这项基因组研究揭示了地面和地下衍生基因组之间的区别,这与每种环境中遇到的限制条件一致。从同一口井采出的分离基因组之间也发现了基因型差异,表明在密切相关的菌株之间存在生态位分配。

并且,预测这些基因组基质的利用已被生理学研究证实。在嗜甲烷盐菌的CRISPR-Cas系统中观察到微小的微多样性。这些基因组来自地理上不同的非常规油气藏针对相同的病毒群体的共享隔离带。

这些发现对非常规油气藏生物成因甲烷增产策略具有指导意义[13]。

17.2 性能控制

压裂液的细菌污染会给油田带来许多严重问题。如果压裂液处理不当或未经处理,就会形成硫酸盐还原菌和产酸菌。

压裂液通常含有聚(丙烯酰胺)或糖基聚合物和其他有机化合物,它们是细菌的潜在食物来源。

通常,制备这些流体所用的水来自河流、湖泊以及油田废水,这些废水可能被细菌严重污染。

对各种杀菌剂进行测试的结果表明,包括拌棉醇、戊二醛、一种谷氨酸 - 戊二醛/季铵盐化合物共混物、异噻唑啉、四甲基硫酸磷和2,2-二溴-3-硝基丙氨酰胺。四甲基硫酸磷效果良好,对好氧菌、发酵菌和硫酸盐还原菌均能快速杀灭。此外,还观察到采出液可以长期保存。相反,戊二醛本身和戊二醛共混物对一般好氧和产酸细菌的杀灭效果并不好[17-18]。

在得克萨斯州沃斯堡盆地的巴尼特页岩压裂液中测试了杀菌剂。巴奈特(Barnett)页岩为一处深1.5mile的地下天然气层,面积超过5000mile^2。该油气田是美国第二大油气田[17]。

17.3 杀菌剂处理措施

17.3.1 裂缝型地层

如果对先前被细菌污染的已压裂地层进行重新压裂,则压裂液必须与足够数量的杀菌剂混合,以杀死地层中的细菌。地层重新压裂将使杀菌剂分布到整个地层中,接触并杀死其中所含的细菌[19]。

17.3.2 间歇性加入杀菌剂

杀菌剂的间歇添加法如下[20-22]:
(1)添加具有生物有效剂量的快速杀灭的杀菌剂。
(2)间歇添加生物有效量的控制抗微生物剂。这意味着控制杀菌剂的剂量是在一段时间内,然后是一段低得多的剂量或零剂量的时间。这个循环在整个处理过程中不断重复。

这一工艺减少了用于控制固着细菌对采油系统水体造成污染的抗微生物剂的用量。杀菌剂可以每隔2~15d施用一次。杀菌剂施用的时间最好是4~8h。

17.3.3 非生物控制

用化学方法来控制细菌会带来巨大的成本代价和环境责任。由于对使用有毒抗微生物剂的管制压力日益增加,目前正在制订环境上可接受的控制措施。

(1)生物竞争排除技术。

除了向油气井中添加杀菌剂外,还有一种方法在改善油藏生态方面似乎很有前景。这种方法可以减少硫化物的产生。硫化物的浓度可以通过本地微生物种群的建立和增长来取代硫酸盐还原菌的种群。

该技术的基础是添加低浓度的水溶性营养液,选择性地刺激本地微生物种群的生长,从而抑制有害硫酸盐,减少导致H_2S产生的细菌种群。这种对微生物群落和储集层生态有益的和可控的改变被称为生物竞争排除[24-25]。

(2)细菌膜抑制剂。

用季铵添加剂进行的实验室测试表明,其表面细菌定植率和腐蚀速率非常低[26]。另一方面,季铵在试验流体中的生物杀灭作用似乎很小。这些结果表明,季铵可能通过除杀死细菌之外的机制来防止微生物影响的腐蚀,并且,防止表面细菌定植的处理可能比大多数杀菌剂持续的时间更长。

(3)离子强度的周期性变化。

为了有效地控制微生物,必须考虑细菌的形成机制和影响它的生态因素。细菌的重要活动过程始于它们在围岩上的吸附和对新的生存环境的适应。纯硫酸盐还原菌纯培养物在原油中不具有活性。

它们在油藏中的发育完全依赖于碳氢化合物氧化菌,而碳氢化合物氧化菌是原油分解的主要原因。如果在微生物形成过程中储集层的生态条件发生改变,已建立的食物链就会中断,微生物群落的活跃发展也就停止了。实验中定期注入的水,其矿化作用明显不同。考虑到微生物形成的生态特征,可以控制油藏中的生物过程,而不会对环境的卫生状态造成干扰[27]。

17.4 特殊化学品

多年来,各种杀菌剂技术已成功地应用于水处理领域。它们包括氧化剂,如氯和溴产品,以及非氧化性杀菌剂,包括异噻唑酮类、季铵类、有机溴和戊二醛。

对常用于控制页岩天然气地层压裂液中,硫酸盐还原菌等多种杀菌剂的效率进行了严格评价[28]。对四(羟甲基)硫酸磷、次氯酸钠、二癸二甲基氯化铵、三正丁基十四烷基氯化磷和戊二醛等抗微生物剂进行了检测。用浮游生物细胞和生物膜测定了最低抑菌浓度。结果表明,硫酸盐还原菌形成的生物膜对杀菌剂的效率有负面影响。

杀菌剂在石油工业中经常被误用。许多误用的发生是因为在使用前没有考虑杀菌剂的特性。在 Boivin 等[29]概述了部分杀菌剂的选择方法和指导,并提出微生物问题的早期发现是当务之急,必须尽快采取补救措施。

这些措施应该包括为防止操作环境的退化,而采取的操作方法的改变。可能包括拒绝使用未经处理的水来清洗容器和管道中的沉淀物。一般来说,需要使用杀菌剂来控制系统中细菌的活动。然而,单靠杀菌剂通常不能解决微生物的问题。强调杀菌剂选择的五点要求如下[30]:

(1)广泛的杀菌能力和范围。
(2)耐腐蚀性、良好的抗氧化能力、运输和使用方便。
(3)无毒或低毒,对人体无害,符合环境保护规定。
(4)良好的混相性,不会对钻井液或其化学试剂造成伤害或干扰。
(5)不受细菌环境适应性影响的细菌杀灭效果。

含有瓜尔胶或其他天然聚合物的水力压裂液可以通过添加杂环硫化合物来使之稳定,防止细菌腐蚀。这种稳定化方法可以防止压裂液在高温下发生任何非预期的降解,如流变特性的降低(这是进行水力压裂作业所必需的)。适用于压裂液的杀菌剂见表 17.1、图 17.2 和图 17.3。

表 17.1 杀菌剂[31-32]

化合物	化合物
巯基苯并咪唑①	1,3,4-噻二唑-2,5-二硫醇①,②
2-巯基苯并噻唑	2-巯基噻唑啉
2-巯基苯并恶唑	2-巯基噻唑啉
2-硫咪唑酮	2-噻吩唑仑
4-酮噻唑啉-2-硫醇	正吡啶氧化物-2-硫醇

注:① 瓜尔胶;
② 黄胞胶。

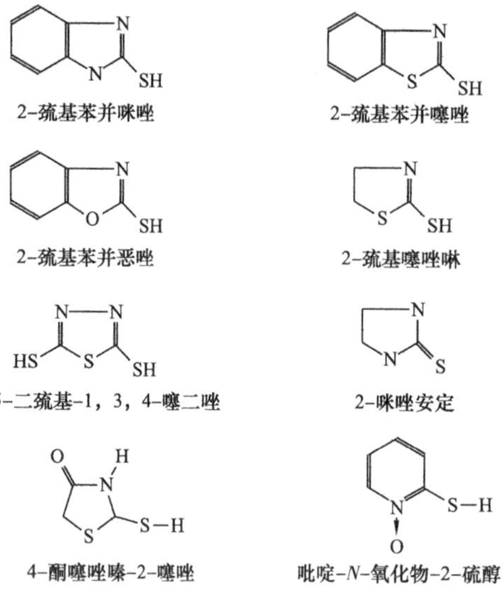

图 17.2 水力压裂液用杀菌剂

图 17.3 硫醇

参考文献

[1] R. McCurdy, Selecting and applying biocides and oxygen scavengers in high volume, high rate hydraulic fracture stimulations [Z]. in: Proceedings of the Annual Southwestern Petroleum Short Course, 2008, vol. 55: pp. 357–366.

[2] E. Sunde, T. Thorstenson, T. Torsvik, Growth of bacteria on water injection additives [C]. in: Proceedings Volume, 65th Annu. SPE Tech. Conf., New Orleans, 1990, 9/23–26/90: pp. 727–733.

[3] B.G. Kriel, A.B. Crews, E.D. Burger, E. Vanderwende, D.O. Hitzman, The efficacy of formaldehyde for the control of biogenic sulfide production in porous media [C]. in: Proceedings Volume, SPE Oilfield Chem. Int. Symp., New Orleans, 1993, 3/2–5/93: pp. 441–448.

[4] J.P. Salanitro, M.P. Williams, G.C. Langston, Growth and control of sulfidogenic bacteria in a laboratory model seawater flood thermal gradient [C]. in: Proceedings Volume, SPE Oilfield Chem. Int. Symp., New Orleans, 1993, 3/2–5/93: pp. 457–467.

[5] E. Sunde, T. Thorstenson, T. Torsvik, J.E. Vaag, M.S. Espedal, Field-related mathematical model to predict and reduce reservoir souring [C]. in: Proceedings Volume, SPE Oilfield Chem. Int. Symp., New Orleans, 1993, 3/2–5/93: pp. 449–456.

[6] V.B. Rodin, S.K. Zhigletsova, V.S. Kobelev, N.A. Akimova, V.P. Kholodenko, Efficacy of individual biocides and synergistic combinations [J]. International Biodeterioration & Biodegradation, June 2005, 55 (4): 253–259.

[7] L.L. Barton, G.D. Fauque, Biochemistry, physiology and biotechnology of sulfate-reducing bacteria, Chapter 2 [M]. in: A.I. Laskin, S. Sariaslani, G.M. Gadd (Eds.), Advances in Applied Microbiology, vol. 68, Academic Press, 2009, pp. 41–98.

[8] E. Miranda-Tello, M.-L. Fardeau, L. Fernández, F. Ramírez, J.-L. Cayol, P. Thomas, J.-L. Garcia, B. Ollivier, Desulfovibrio capillatus sp. nov., a novel sulfate-reducing bacterium isolated from an oil field separator located in the Gulf of Mexico [J]. Anaerobe, April 2003, 9 (2): 97–103.

[9] N. Youssef, M.S. Elshahed, M.J. McInerney, Microbial processes in oil fields: culprits, problems,

and opportunities, Chapter 6, in: A.I. Laskin, S. Sariaslani, G.M. Gadd (Eds.), Advances in Applied Microbiology, vol. 66 [M]. Academic Press, 2009, pp. 141-251.

[10] A. Agrawal, K. Vanbroekhoven, B. Lal, Diversity of culturable sulfidogenic bacteria in two oil-water separation tanks in the North-eastern oil fields of India [J]. Anaerobe, February 2010, 16(1): 12-18.

[11] D.H. Pope, D.M. Dziewulski, S.F. Lockwood, D.P. Werner, J.R. Frank, Microbiological corrosion concerns for pipelines and tanks [C]. in: Proceedings Volume, API Pipeline Conf., Houston, 1992, 4/7-8/92: pp. 290-321.

[12] J.E. Bryant, D.E. McMechan, M.A. McCabe, J.M. Wilson, K.L. King, Treatment fluids having biocide and friction reducing properties and associated methods [Z]. September 2009.

[13] M.A. Borton, R.A. Daly, B. O'Banion, D.W. Hoyt, D.N. Marcus, S. Welch, S.S. Hastings, T. Meulia, R.A. Wolfe, A.E. Booker, S. Sharma, D.R. Cole, K. Wunch, J.D. Moore, T.H. Darrah, M.J. Wilkins, K.C. Wrighton, Comparative genomics and physiology of the genus methanohalophilus, a prevalent methanogen in hydraulically fractured shale [J]. Environmental Microbiology, 2018, 20(12): 4596-4611.

[14] R. Liang, I.A. Davidova, C.R. Marks, B.W. Stamps, B.H. Harriman, B.S. Stevenson, K.E. Duncan, J.M. Suflita, Metabolic capability of a predominant halanaerobium sp. in hydraulically fractured gas wells and its implication in pipeline corrosion [J]. Frontiers in Microbiology, 2016, 7: 988.

[15] A.E. Booker, M.A. Borton, R.A. Daly, S.A. Welch, C.D. Nicora, D.W. Hoyt, T. Wilson, S.O. Purvine, R.A. Wolfe, S. Sharma, P.J. Mouser, D.R. Cole, M.S. Lipton, K.C. Wrighton, M.J. Wilkins, Sulfide generation by dominant halanaerobium microorganisms in hydraulically fractured shales [J]. mSphere, 2017, 2(4).

[16] M. Elsner, K. Hoelzer, Quantitative survey and structural classification of hydraulic fracturing chemicals reported in unconventional gas production [J]. Environmental Science & Technology, 2016, 50(7): 3290-3314.

[17] K. Johnson, K. French, J.K. Fichter, R. Oden, Use of microbiocides in Barnett shale gas well fracturing fluids to control bacteria related problems [G]. in: Corrosion 2008, NACE International, New Orleans, LA, 2008.

[18] J.K. Fichter, K. Johnson, K. French, R. Oden, Biocides control barnett shale fracturing fluid contamination [J]. Oil & Gas Journal, 2009, 107(19): 38-44.

[19] M.A. McCabe, J.M. Wilson, J.D. Weaver, J.J. Venditto, Biocidal well treatment method [P]. US Patent 5 016 714, assigned to Halliburton Co., May 21, 1991.

[20] B.M. Hegarty, R. Levy, Control of oilfield biofouling [P]. CA Patent 2 160 305, April 13, 1996.

[21] B.M. Hegarty, R. Levy, Control of oilfield biofouling [P]. EP Patent 706 759, April 17, 1996.

[22] B.M. Hegarty, R. Levy, Procedure for combatting biological contamination in petroleum production (Procédé pour combattre l'encrassement biologique dans la production de pétrole) [P]. FR Patent 2 725 754, April 19, 1996.

[23] S.S. Moody, H.T.R. Montgomerie, Control of oilfield biofouling [P]. EP Patent 706 974, April 17, 1996.

[24] K.A. Sandbeck, D.O. Hitzman, Biocompetitive exclusion technology: a field system to control reservoir souring and increase production [C]. in: US DOE Rep., number CONF- 9509173 5th US DOE et al. Microbial Enhanced Oil Recovery & Relat Biotechnol. for Solving Environ. Probl Int. Conf., Dallas, 1995, 9/11-14/95: pp. 311-319.

[25] D.O. Hitzman, D.M. Dennis, Sulfide removal and prevention in gas wells [C]. in: Proceedings Volume, SPE Prod. Oper. Symp., Oklahoma City, 1997, 3/9-11/97: pp. 433-438.

[26] M.V. Enzien, D.H. Pope, M.M. Wu, J. Frank, Nonbiocidal control of microbiologically influenced corrosion using organic film-forming inhibitors [C]. in: Proceedings Volume, 51st Annu. NACE Int. Corrosion Conf., Corrosion 96, Denver, 1996, 3/24-29/96.

[27] A.V. Blagov, Z.F. Prazdnikova, V.I. Praporshchikov, Use of ecological factors for controlling biogenic sulfate

reduction [J]. Neft Khoz, May 1990,(5): 48-50.
[28] C.G. Struchtemeyer, M.D. Morrison, M.S. Elshahed, A critical assessment of the efficacy of biocides used during the hydraulic fracturing process in shale natural gas wells [J]. International Biodeterioration & Biodegradation, July 2012, 71: 15-21.
[29] J. Boivin, Oil industry biocides [J]. Materials Performance, February 1994, 34(2) 65-68.
[30] Y. Zhou, Bactericide for drilling fluid [J]. Drilling Fluid & Completion Fluid, 1990, 7(3): 10-12.
[31] S. Kanda, M. Yanagita, Y. Sekimoto, Stabilized fracturing fluid and method of stabilizing fracturing fluid [P]. US Patent 4 721 577, January 26, 1988.
[32] S. Kanda, Z. Kawamura, Stabilization of xanthan gum in aqueous solution [P]. US Patent 4 810 786, March 7, 1989.

18 支撑剂

通常,在压裂液中,支撑剂颗粒悬浮在裂缝中,以防止一旦液压释放,裂缝完全闭合,从而在地层内形成油气流动的导流通道。一旦有至少一条裂缝形成,并且有至少一部分支撑剂基本就位,压裂液的黏度就可能会降低,并从地层中渗出[1]。

18.1 流体滤失

在某些情况下,部分压裂液可能会在压裂过程中漏失。例如,压裂液因泄漏进入地层中的天然裂缝。这是有问题的,因为这些天然裂缝通常比压裂作业产生的人工裂缝具有更高的应力,而这些高应力可能会破坏支撑剂,使其在天然裂缝中形成不渗透的阻塞,从而阻止油气从天然裂缝中流通。

传统上,作业者会试图通过在压裂液中加入防滤失添加剂来解决这个问题。传统的防滤失添加剂通常由具有球形形状的刚性颗粒组成,但这些添加剂的使用可能会产生问题,因为这些添加剂可能需要具有不同粒度分布的颗粒,以实现有效的滤失控制。

例如,当这些添加剂用于堵塞储层孔隙喉道时,就需要足够多的相对较大的颗粒来堵塞大部分的孔隙喉道。还需要足够多的相对较小的粒子来堵塞颗粒之间的空隙。此外,对于某些常规降滤失添加剂来说,如果不增加再加工材料的费用(例如,通过低温研磨来获得所需的粒径),则很难获得所需的粒度分布[1]。

18.2 示踪剂

压裂示踪剂的开发最初是为了研究充填动力学、随后的流体返排和支撑剂层清理[2]。

非放射性化学示踪剂已成功地用于评估这种特性。在压裂液的不同部分发现了不同种类的化合物。通过这种方法,可以评估各流体段的返排效率。

假设在多级完井过程中,可以监控单个压裂处理段的相对清理情况。从这些数据可以看出支撑剂的横向充填效果和层间的垂向连通情况。

用流变学方法研究了化学示踪剂的相容性。作为示范流体,选择了锆酸盐交联的羧甲基羟丙基瓜尔胶流体和硼酸盐交联的瓜尔胶[3]。

建立了一个包含设计约束条件、设计变量参数、裂隙几何形状、生产模块和成本模块的集成优化工具模型。该综合模型适用于低渗透率油藏[2]。

18.3 支撑剂的成岩作用

目前已经发现了许多降低裂缝导流能力的机制,包括支撑剂颗粒的机械破坏、地层微粒的释放、支撑剂嵌入、地层剥落、压裂液损伤、应力循环、沥青质沉积和支撑剂溶解[4]。与参考条件下公布的典型导电性数据相比,这些因素可以降低有效导电性的数量级。

最近提出了支撑剂随时间推移降解的另一种机制,这种机制被称为成岩作用,指的是在沉积过程中可能降低支撑剂充填层的孔隙度、渗透率以及强度的溶蚀和再沉淀过程。储层闭合应力、储层温度、支撑剂类型、岩石矿物学等因素控制着储层的产状和成岩作用程度。预测成岩作用的发生还存在一些不确定性。

根据高温静态测试、储层条件延长时间流动测试以及对沉淀物的详细分析、这种环境下的支撑剂机械性能的影响、各种储层页岩的化学和矿物学分析以及从生产井回收的实际支撑剂样品的评价得出了报告结论[4]。

在支撑剂表面可以形成结晶状的沉淀物。这适用于所有类型的支撑剂,包括陶瓷、砂、树脂涂层的支撑剂,甚至是惰性钢球或玻璃棒。

在没有氧化铝的情况下也可以形成沸石。用实际的储层页岩岩心样品对储层条件进行了模拟。结果表明,即使产生了成岩沉淀,也不会明显影响流动条件下的导流性能。此外,在油气藏中已知的其他条件会自然阻止沸石的形成。这项研究的结果将有助于增产工程师选择何种支撑剂来完成施工设计。尽管支撑剂性能下降的原因有很多,但这些研究表明,沸石的沉淀不太可能是大多数井的主要问题[4]。

18.4 支撑剂

对于有价值的油气井增产改造,选定最好的支撑剂和流体必须把良好的设计方案和正确的设备相结合。支撑剂的选择是决定增产措施成功与否的重要因素。为了为每口井选择最佳支撑剂,了解可用支撑剂的总体情况至关重要。

支撑剂在相应地层压力下应具有高渗透性、高抗压缩性、低密度和良好的抗酸能力。部分支撑剂见表18.1。

18.4.1 支撑剂生产的挤压工艺

本节介绍了一种用于生产陶瓷、玻璃、微晶玻璃或用作支撑剂的复合材料的挤出方法和设备[13]。

该工艺包括以下步骤[13]:
(1)将前体材料混合形成生坯材料。
(2)以适当的力和流速向挤压筒(如混合挤压筒)供料。
(3)将挤压筒的输出部分分离成离散的颗粒。

(4) 把离散的颗粒塑造成生坯。
(5) 将生坯烧结成支撑剂。

支撑剂配方的实例见表 18.1[13]。

表 18.1　基本支撑材料

材料	描述/性质	参考文献
铁铝氧石	标准	[5-6]
铁铝氧石 + ZrO_2	应力耐腐蚀	[7]
砂	高压下渗透率低	
轻质	控制密度	[8]
陶粒	可以制成球状体	[9]
黏土		[10-12]

配方 18.1：将平均粒径约 1.50 ± 0.05μm 的硅酸铝玻璃和铝土矿的陶瓷粉末混合物送入挤压机的滚轮，在粉末中加入 50.0 ± 0.5g 油酸作为挤出润滑剂。将得到的混合物进行研磨约 5min 后，加入 250 ± 0.5 g 甲基纤维素作为黏结剂。将粉剂/润滑剂/黏结剂反复研磨 10min，然后加入一定量的水将粉剂浸湿，形成适合挤出的糊状。加水量一般为 500 ± 1g。膏体在真空条件下再研磨 20min，以便在挤压前除去膏体中的气体。浆料通过双螺旋给料机从贮料槽移动到挤出模具。该挤压模具有多个直径约 915μm 的圆孔。浆料从模具中挤出，形成连续的圆截面挤出物，截面平均直径约 915μm。通过垂直切割刀片将挤出物切成长度为 915μm 的型材。将所述切割出的挤出物送入 Eirich 混合器的产品室，以影响圆柱形挤出物的滚圆化。锅为顺时针旋转，速度约 25r/min，与机器转子逆时针方向运行，转速约 100r/min。这个过程一直持续，直到挤出物变成球形。现在球形挤出物从锅上搅拌机移出，并在标准条件下的空气中烧结（例如，800～1200℃烧 10～60min）获得直径约 750μm 的支撑剂。

支撑剂至少具有以下特征之一[13]：
(1) 总直径在 90～2000μm 之间。
(2) 克伦拜因球度至少在 0.5 左右，圆度至少在 0.5 左右。
(3) 抗压强度不小于 1000psi。
(4) 比重在 1.0～3.5 之间。
(5) 孔隙率在 0%～60% 之间。

18.4.2　石英砂

砂是最简单的支撑剂材料。砂子价格低廉，但在较高的应力下，它的渗透率会大幅降低。

18.4.3　纳米陶粒

将经过特殊处理的酚醛树脂包裹在传统陶的外皮上，可以得到理想的支撑剂[14]。在树脂涂层上散布有无数的氟改性二氧化硅纳米粒子，其厚度是可控的。由于氟的低表面能、纳米二氧化硅的纳米粗糙结构以及树脂的黏接作用,改性支撑剂展现出了惊人的性能。

纳米颗粒形状的树脂使陶瓷支撑剂与水的接触角达到157.8°。经过强酸处理后,该支撑剂被证明是稳定的,从而极大地提高了裂缝的油导流能力达150%,同时可完全防止水通过。此外,树脂使支撑剂的破碎率降低了52%,支撑剂的密度降低到1.63g/cm^3[14]。

18.4.4 陶瓷颗粒

烧结陶瓷球被称为一种油井支撑剂[15]。每个球粒具有由矿物颗粒、碳化硅和黏合剂等原材料制成的核心。这种混合物中含有一种与水或硫化学结合的矿物,在燃烧过程中会将混合物吹散。

因此,核心有许多封闭的气室。每个球粒都有一个外壳围绕着核心,由氧化铝和氧化镁的金属氧化物组成。烧结陶瓷球的密度小于2.2g/cm^3。

本节描述了一种制造支撑剂颗粒的方法[16]。该方法使用一种陶瓷原料浆料,该陶瓷原料浆料含有聚羧酸的反应物。在制备过程中,浆料在气体中流过喷嘴,振动浆料形成微滴。该方法还可以包括用一个盛放一种液体的容器来接收液滴,该液体的上表面与气体直接接触,并含有凝结剂。

此外,反应物还能与凝固剂发生反应,使反应物凝固在液滴中。液滴可以从液体中转移出来,然后干燥成生球团。该方法可包括在选定的温度范围内烧结生球团以形成支撑剂颗粒。反应物可以是聚马来酸、聚丙烯酸、共聚物或这些材料的盐类[16]。

滴铸和常规成形的支撑剂颗粒的表面粗糙度见表18.2。

表18.2 滴铸和常规方法形成的支撑剂颗粒的表面粗糙度[16]

材料	平均表面粗糙度,μm
滴铸型氧化铝	1.4
干混成形氧化铝	5.8
滴铸型铝土矿	1.6
干混成形铝土矿	4.9
滴铸型高岭土	0.8
喷雾流化床高岭土	5.7

18.4.5 导电支撑剂

已经开发出了带有导电涂层的导电支撑剂颗粒[17-18]。导电支撑剂颗粒可能包含一种以4000psi压力粉碎的不到30%的支撑剂颗粒(其密度约为4g/cm^{3}或更低)以及黏合剂包被材料或可选择的支撑剂颗粒的外表面的一层镍成形的初始层。导电材料沉积在黏合材料的外表面或镍的初始层上。本节详细介绍了在这些工艺中所采用的制造方法和材料,还描述了制造和使用这种具有导电包被的导电支撑剂颗粒的方法[17]。

不导电的基质,如陶瓷支撑剂样品,经适当的清洗和粗糙化,然后连续浸入一种还原剂和催化金属,如氯化亚锡和氯化钯的水溶液,并在每次浸泡后在水中清洗[18]。然后,将基质浸入温度加热到 55～95℃之间的电镀槽中。电镀槽中可能有一种包含镍和磷盐,包含还原剂,如次磷酸钠。在柠檬酸钠和乙酸钠等盐的存在下,溶液的pH值调整到 4～6 之间。浸泡约 1～30min 后,电镀液基本消耗殆尽,在基质表面沉积了厚度约为 0.5μm 至 5μm 的镍膜[18]。这种支撑剂颗粒可以用电磁方法检测到。这些方法可以表征支撑剂在距离井筒相对较远的裂缝中的充填,从而确定支撑剂的充填情况是否适合[17]。

18.4.6 调整表面润湿性

在地下含油气地层生产过程中,地层润湿性是影响流体通过储层的一个重要参数[19]。润湿性是一种流体在存在另一种不混溶流体时优先附着于一种固体表面的倾向。

本节描述了一种支撑剂材料,它可以通过支撑特征来提高流体的流速,也可以减少支撑剂材料对井筒中流速的影响。支撑剂材料包括基体材料、置于基体材料上的聚合物材料层,以及处理在聚合物材料上的表面润湿性改性剂层。而这一表面润湿性改性剂层位于聚合物材料上。

表面润湿性改进剂从硅氧烷共聚物、丙烯酸酯共聚物、丙烯酸酯材料及其组合组成的基团中选择。所述聚合物材料也可以是热固性材料。

表面润湿性改进剂的例子包括从聚(聚二甲基硅氧烷)、聚(烷氧基二甲基硅氧烷)共聚物、硅氧烷聚(环氧烷烃)共聚物、聚醚聚合物氟表面活性剂、二羟基乙基甲基丙烯酸酯、2-丙烯酸、2-(甲基((非氟丁基)磺酰)氨基)乙酯、三乙氧基硅烷丙氧基(六乙氧基)十二酸盐、三乙氧基硅烷丙氧基(三乙氧基)十八酸盐、三氟辛基三乙氧基硅烷以及七氟十二烷基三甲氧基硅烷组中选择的化合物及其组合[19]。

下面详细介绍这种支撑剂材料的制备方法[19]。

配方 18-2:将 40 目/70 目大小的基体材料添加到一个反应器并用丙烷火焰在大气压力下加热到温度约 380°F(193℃)。加了约 1000g 基体材料。接下来,加入约 10.3g 的溶解醇酚醛的液态高分子材料可熔酚醛树脂。然后,在混合物中加入约 3.2g 的酚-甲醛-糠醇三元聚合物的第二种液体高分子材料。添加约 0.4g 的硅烷添加剂,例如,a-1100,约为 0.55g 氯化铵($10\%NH_4Cl$)。这是一种纠正第二种液体聚合物材料酸催化剂。然后顺序添加约 6.2g 的酚醛苯酚甲醛材料,如 SD-672D 到混合物。再加入可熔酚醛树脂聚合物材料(约 8.0g)。所有品牌材料都可以从莫明蒂特种化学品公司、纽约奥尔巴尼高性能材料公司或莫明蒂特种化学品公司购买。

随后,加入一种表面润湿性改进剂,并提供了约 1g 固体材料。在两种单独的添加物中加入总量约 11g 的水。对于 Y-17712 和 Y-17713 的例子,添加水量小于 11g,因为 11g 水的一部分是在添加表面润湿性改进剂时加入,在这两种情况下都是水分散体系,固体材料添加量必须大于 1g。在各种添加过程中,不断地搅拌基质。加入水后继续搅拌,直到整体分解成自由流动的颗粒。将产生的混合物排出,并对支撑剂材料进行分析。

18.4.7 滑溜水携砂

滑溜水处理在非常规压裂方法中得到了广泛应用[20],而支撑剂的加入是滑溜水处理的一个重要方面。

在滑溜水处理的直裂缝中,研究了支撑剂添加顺序对支撑剂分布的影响。首先,基于欧拉—拉格朗日模型建立了支撑剂模型,该模型能够准确地模拟支撑剂在流体中的运移。已发表的实验数据验证了该模型的有效性。

在验证该模型有效性之后,给出了一个基本案例,可以更清楚地了解支撑剂在直裂缝中的分布情况。并在接下来设计了一系列的案例研究,研究了包括注入速度、注入支撑剂浓度、多浓度支撑剂添加顺序和多粒径支撑剂添加顺序对裂缝中支撑剂分布的影响。

这项研究可以让我们更清楚地了解支撑剂添加计划对支撑剂分布的影响,并有助于非常规油气藏增产改造过程中优化泵送方案[20]。

18.4.8 铁铝氧石

烧结矾土陶粒球是标准的支撑剂材料。颗粒的粒径范围为 0.02~0.3μm。烧结前在混合料中加入 2% 的氧化锆,增强了它们的抗应力腐蚀能力。生产适合作为支撑剂材料的工艺包括以下特征步骤[21]。

配方 18-3:从天然存在的铝土矿中分离出精细的组分,细粒部分为未煅烧的天然铝土矿部分,主要由三水铝石、一水软铝石和高岭石等单矿物颗粒组成。高岭石占比不超过 25%。分离的细粒部分在水的存在下成球形,生产出的球团经过处理以除去水分。

18.4.9 轻质支撑剂

轻质支撑剂的密度小于 2.60g/cm³,由高岭土和轻质骨料制成,并且需要特殊的煅烧条件[22-24],其氧化铝含量在 25%~40% 之间[25],高强度支撑剂的密度小于 1.3g/cm³ [8]。

在常规压裂液中,轻质支撑剂具有良好的输送性能,黏度最小,可确保支撑裂缝的有效导流能力[26]。在泡沫黏弹性流体中使用这些超轻重量的支撑剂,可以为压裂作业提供最佳的支撑剂置入和良好的清洁效果。当然,流体系统必须得到优化。这些组合系统需要大量的实验室测试,以成功地表征和优化流体系统,以满足超低渗透率油气藏的需求。

已经描述了硅线石制成的支撑剂[27]。硅线石矿物可从蓝晶石、硅线石和红柱石组成的矿物群中选择。

(1)计算和实验方法。

为了确定轻质支撑剂在油气井水力压裂中替代砂子的有效性和效率,对轻质支撑剂进行了计算和实验评估[28]。

花生壳、铝和陶瓷颗粒的混合物可以降低压裂液的黏度,同时增加其抗压能力。为了研究支撑剂充填体的准静态压缩,采用了动态有限元分析,其中对每个颗粒都进行了单独建模。

研究了各种硬颗粒和软颗粒混合物的形状、大小和颗粒间的摩擦。颗粒间的相互作用表明孔隙空间的变化是压力、混合物组成和摩擦的函数。

摩擦通过限制颗粒的重新排列而导致形成更高的孔隙率。模型表明,含有硬颗粒和软颗粒混合物的较软岩石会抑制返排,但可能会降低充填层的渗透率[28]。

(2)反向支撑剂对流。

在成熟油田,使油气采收率最大化的同时尽量减小伴生水的产量是一项持续的挑战。产水会导致以下几个问题,包括结垢、细小颗粒运移或砂面破坏、管具腐蚀以及流体静载荷增大[29]。

因此,尽管产水是产油过程中不可避免的结果,但最好尽可能地推迟产水时间或产水量上升的时间。对于许多油藏,包括水驱油藏中或附近的含水层中的泥质砂岩和低渗透率层状地层,都需要进行适当的增产。对防水的关注使得一致性压裂在成熟油田中具有很好的前景,因为它可以将相对渗透率调节剂与压裂液协同使用,从而在一个步骤中提高产量并减少含水率。

然而,如果水层位于压裂层以下,则裂缝侵入可能会为产水创造一个传导路径。例如,支撑剂对流和沉降会导致较重的压裂段从射孔处迅速向下移到裂缝底部。当压裂作业要求前置液体积大、支撑剂浓度高或压裂段密度有差异时,可能会出现这种情况。为了避免这一问题,一种重要的技术被称为反向支撑剂对流。它需要支撑剂在所选压裂液中具有浮力,当使用密度在 1.054~1.75g/cm³ 之间的超轻支撑剂时,这是有可能的。

该技术涉及到泵送密度高于支撑剂携带液的高密度前置液,而支撑剂携带液的密度又略高于所选的超轻支撑剂[29]。

18.4.10 纤维多孔填料

纤维和支撑剂的混合物可以在地层中形成多孔充填层。纤维材料可以是任何合适的材料,如天然或合成有机纤维、玻璃纤维、陶瓷纤维,或碳纤维。

多孔充填层可以过滤掉多余的颗粒、支撑剂和细小颗粒,同时还能保证石油的生产。使用纤维在地层中形成纤维和支撑剂的多孔充填层,可以降低设备的能耗。将纤维与支撑剂一起泵送能够显著降低摩擦力,否则泵送含支撑剂的流体就会受到限制[30]。

18.4.11 覆膜支撑剂

通常情况下,压裂液中悬浮的颗粒(如分选砂)在压裂液转化为稀流体返回地面时会沉积到裂缝中。这些颗粒状固体,或支撑剂颗粒,可以防止裂缝完全闭合,从而形成导流通道,使产出的油气可以通过这些导流通道流动[31]。

为了防止支撑剂和其他颗粒与产出流体一起返排,可以在支撑剂上涂上一层可固化的树脂或增黏剂,以促进裂缝中支撑剂颗粒的固结。部分闭合的裂缝向包被支撑剂颗粒施加压力,颗粒被迫相互接触,而树脂或增黏剂增强了单个支撑剂颗粒之间的接触。

有增黏剂的压力作用确保支撑剂颗粒固结到渗透性物质中,具有抗压和抗拉强度,同时允许少量表面变形的支撑剂充填层减少尖端加载效应的影响或降低支撑剂破碎[31]。

环氧树脂成分一般包括低聚双酚 A 环氧氯丙烷树脂、4,4′-二氨基二苯砜固化剂、溶剂、硅烷偶联剂和表面活性剂[32]。

在一系列的实验中,采用双组分高温环氧树脂体系对三种不同类型的支撑剂颗粒进行了评估[31]。在每次实验中,树脂用量为3%。支撑剂颗粒类型包括铝土矿、中等强度支撑剂和轻质支撑剂。这些支撑剂可以承受 40~80MPa 的压力,而不会发生严重的破碎。所有测试的温度为120℃。

应力在几天内不断增加,从14 MPa增加到80MPa。对未包覆的支撑剂颗粒也进行了测试。闭合应力和流速对树脂处理过的支撑剂的影响通过 API 线性电导率池进行评估。在14MPa(2000psi)和120℃(250°F)的条件下,连续监测每个支撑剂充填体的导电性和渗透率至少

25~30h。

三种支撑剂中,包覆支撑剂的裂缝导流能力和支撑剂充填层渗透率均显著高于未包覆支撑剂。在较低的应力条件下,裂缝导流能力和支撑剂充填体渗透率得到显著改善。研究显示,使用包覆支撑剂后,支撑剂和地层物质之间形成了更加稳定的界面。

支撑颗粒可以单独包上可固化的热固性包被。该包被提高了支撑剂的耐化学性。

如果支撑剂针对压裂液中的添加剂(如酸性破胶剂)相比不稳定,那么有必要对其进行改性。在氧化破胶剂的存在下,推荐使用可溶酚醛树脂作为包被材料[33]。支撑剂聚合物包被见表18.3。

表18.3 支撑剂聚合物包被

材料	参考文献
酚醛/呋喃树脂或呋喃树脂①	[34]
酚醛清漆环氧树脂①	[35]
热解碳包被①	[36]
酚醛树脂	[37]
糠醇树脂②	[38]
双酚A型树脂(可固化)②	[39]
环氧树脂与β-(氨乙基)-δ-氨基丙基三甲氧基硅烷交联剂	[40]
聚(酰胺)等	[41]

注:① 化学抗性;
② 防止返排。

包被的另一个优点是减小了支撑剂颗粒的摩擦。在这种情况下,将低摩擦系数的包被材料纳入包被的混合物中[42],减摩材料见表18.4。从经济学的角度来看,表18.4中所列的材料并非都是经济合理的。颗粒材料的多层包覆,导致最终包被产品具有光滑和均匀的表面。

表18.4 减摩材料[42]

材料	材料
三氧化锑	硫化铅
硼酸	铌联硒化物
铜	聚四氟乙烯
铟	锡
铋	二硫化钼
氟化钡钙	含氟聚合物
石墨	银
氧化铅	二硫化钨

18.4.12 防沉降添加剂

当生成裂缝时,支撑剂在水力裂缝内的输送有两个分量。水平分量由流体速度和相关的流线决定,这些流线有助于将支撑剂输送到裂缝顶端。垂直分量由颗粒的最终沉降速度决定,是支撑剂直径和密度以及流体黏度和密度的函数[43]。

通过注入比流体介质密度更低的添加剂,可以改变裂缝内部的密度梯度。低密度添加剂的上移会干扰高密度支撑剂的下移,反之亦然。

支撑剂与限制在狭窄裂缝中的添加剂之间的这种相互干扰会显著阻碍高密度支撑剂的沉降。利用这一原理,可以控制支撑剂的沉降时间。

低密度材料的粒度分布应该与标准支撑剂的粒度分布相似。这类材料除了具有浮力外,还可以充当支撑剂。这类材料的例子是聚乳酸颗粒或玻璃珠。这种低密度添加剂对沉降时间的影响见表18.5。

表18.5 存在低密度添加剂情况下的沉降时间[43]

距离,ft	沉降时间,s	
	加入添加剂0%	加入添加剂5%
1	8	11
2	22	42
3	47	61
4	56	77

测试是在$1.8g/m^3$瓜尔胶基线性凝胶中进行的。凝胶在$551s^{-1}$的表观黏度为$8mPa \cdot s$。在用于测试的线性凝胶中,支撑剂浓度为$240kg/m^3$,直径为30~50目。

18.4.13 支撑剂回流

压裂增产后支撑剂的回流是一个主要问题,因为这会损坏设备并造成油井产量损失。Nguyen等研究了回流机理和控制回流的方法[44]。为了减少支撑剂的回流,可以使用固化树脂包被支撑剂[45]。为了防止或减少支撑剂的回流,必须在整个生产井段置入支撑剂。

(1)热塑性薄膜。

为了减少压裂后的支撑剂回流,开发了热塑性薄膜材料[44,46]。在较宽的温度和闭合应力范围内,切成薄片的热收缩膜可以减少回流,对裂缝导流能力影响不大,但与浓度、温度和闭合应力有一定关系。

(2)胶黏包覆材料。

在支撑剂中加入黏合剂包膜材料可以减少颗粒的回流[47]。这种胶黏剂包膜材料可以是无机纤维或有机纤维。胶黏剂包膜材料与支撑剂颗粒发生机械作用,防止颗粒回流到井筒中。也可以使用聚氨基甲酸乙酯包被发生支撑剂的固结。在压裂施工后,聚氨基甲酸乙酯会由于加成聚合工艺而缓慢聚合[48]。

（3）磁化材料。

以珠状、纤维状、条状或颗粒状等形式存在的磁化材料可以与支撑剂一起置入裂缝。磁化的物质移动到支撑剂层内的空隙或通道中,并在空隙或通道中形成簇状物,这些簇状物被磁性吸引聚在一起,进而促进了其中渗透性支撑剂桥的形成。

磁化材料—支撑剂桥能够延缓并最终防止支撑剂和地层固体颗粒的回流,但仍然允许石油和天然气能够以足够高的速率通过裂缝开采出来[49]。同样,与支撑剂一起置入裂缝的纤维束也可以作为防回流剂在裂缝中发挥作用[50]。

参 考 文 献

[1] B.L. Todd, B.F. Slabaugh, T. Munoz Jr., M.A. Parker, Fluid loss control additives for use in fracturing subterranean formations [P]. US Patent 7 096 947, assigned to Halliburton Energy Services, Inc., Duncan, OK, August 29, 2006.

[2] M. Asadi, R.A. Woodroof, R.E. Himes, Comparative study of flowback analysis using polymer concentrations and fracturing-fluid tracer methods: a field study [J]. SPE Production & Operations, 2008, 23(2): 147–157.

[3] R. Sullivan, R. Woodroof, A. Steinberger-Glaser, R. Fielder, M. Asadi, Optimizing fracturing fluid cleanup in the Bossier sand using chemical frac tracers and aggressive gel breaker deployment [C]. in: Proceedings of SPE Annual Technical Conference and Exhibition, Society of Petroleum Engineers, September 2004.

[4] R. Duenckel, M.W. Conway, B. Eldred, M.C. Vincent, Proppant diagenesis-integrated analyses provide new insights into origin, occurrence, and implications for proppant performance [J]. SPE Production & Operations, 2012, 27(2): 131–144.

[5] W.H. Andrews, Bauxite proppant [P]. US Patent 4 713 203, assigned to Comalco Aluminium Limited, Victoria, AU, December 15, 1987.

[6] J.J. Fitzgibbon, Use of uncalcined/partially calcined ingredients in the manufacture of sintered pellets useful for gas and oil well proppants [P]. US Patent 4 623 630, November 18, 1986.

[7] A.K. Khaund, Stress-corrosion resistant proppant for oil and gas wells [P]. US Patent 4 639 427, January 27, 1987.

[8] R.L. Bienvenu Jr., Lightweight proppants and their use in hydraulic fracturing [P]. US Patent 5 531 274, July 2, 1996.

[9] J.L. Gibb, J.A. Laird, G.W. Lee, W.C. Whitcomb, Particulate ceramic useful as a proppant [P]. US Patent 4 944 905, July 31, 1990.

[10] J.J. Fitzgibbon, Sintered, spherical, composite pellets prepared from clay as a major ingredient useful for oil and gas well proppants [P]. CA Patent 1 232 751, February 16, 1988.

[11] J.J. Fitzgibbon, Sintered spherical pellets containing clay as a major component useful for gas and oil well proppants [P]. US Patent 4 879 181, November 7, 1989.

[12] A. Khaund, Sintered low density gas and oil well proppants from a low cost unblended clay material of selected composition [P]. US Patent 4 668 645, May 26, 1987.

[13] D.K. Chatterjee, S. Wu, Y. Xie, C.E. Coker, R.D. Skala, Extrusion process for proppant production [P]. US Patent 9 862 879, assigned to Halliburton Energy Services, Inc., Houston, TX, January 9, 2018.

[14] X. Ren, Q. Hu, X. Liu, Y. Shen, C. Liu, L. Yang, H. Yang, Nanoparticles patterned ceramsites showing super-hydrophobicity and low crushing rate: the promising proppant for gas and oil well fracturing [J]. Journal of Nanoscience and Nanotechnology, 2019, 19(2): 905–911.

[15] J.A. Laird, W.R. Beck, Ceramic spheroids having low density and high crush resistance [P]. EP Patent 207 668, April 5, 1989.

[16] B.T. Eldred, B.A. Wilson, C.F. Gardinier, R. Duenckel, T. Roper, Methods of making proppant particles from slurry droplets and methods of use [P]. US Patent Application 20190 016 949, assigned to Carbo Ceramics Inc., January 2019.

[17] T. Roper, M. Cho, D.R. Mitchell, S. Savoy, Proppant containing electrically conductive material and methods for making and using same [P]. US Patent Application 20190 225 877, assigned to Carbo Ceramics Inc., July 2019.

[18] C. Cannan, T. Roper, S. Savoy, D.R. Mitchell, Electrically-conductive proppant and methods for detecting, locating and characterizing the electrically-conductive proppant [P]. US Patent 10 167 422, assigned to Carbo Ceramics Inc., October 10, 2019.

[19] J.W. Green, J.M. Terracina, J.F. Borges, S.E. Spillars, S.H. Mah, Proppant materials and methods of tailoring proppant material surface wettability [P]. US Patent 9 879 515, assigned to Hexion Inc., Columbus, OH, January 30, 2018.

[20] X. Hu, K. Wu, G. Li, J. Tang, Z. Shen, Effect of proppant addition schedule on the proppant distribution in a straight fracture for slickwater treatment [J]. Journal of Petroleum Science & Engineering, 2018, 167: 110–119.

[21] W.H. Andrews, Sintered bauxite pellets and their application as proppants in hydraulic fracturing [P]. AU Patent 579 242, November 17, 1988.

[22] P.R. Lemieux, D.S. Rumpf, Low density proppant and methods for making and using same [P]. EP Patent 353 740, February 7, 1990.

[23] P.R. Lemieux, D.S. Rumpf, Lightweight oil and gas well proppant and methods for making and using same [P]. AU Patent 637 576, June 3, 1993.

[24] P.R. Lemieux, D.S. Rumpf, Lightweight proppants for oil and gas wells and methods for making and using same [P]. CA Patent 1 330 255, June 21, 1994.

[25] L. Sweet, Method of fracturing a subterranean formation with a lightweight propping agent [P]. US Patent 5 188 175, February 23, 1993.

[26] K.E. Cawiezel, D.V.S. Gupta, Successful optimization of viscoelastic foamed fracturing fluids with ultralightweight proppants for ultralow-permeability reservoirs [J]. SPE Production & Operations, 2010, 25(1): 80–88.

[27] M. Windebank, J. Hart, J.A. Alary, Proppants and anti-flowback additives made from sillimanite minerals, methods of manufacture, and methods of use [P]. US Patent 7 790 656, assigned to Imerys, Paris, FR, September 7, 2010.

[28] M.C. Kulkarni, O.O. Ochoa, Mechanics of light weight proppants: a discrete approach [J]. Composites Science and Technology, 2012, 72(8): 879–885.

[29] J.A.C.M. dos Santos, R.A. Cunha, R.C.B. de Melo, R.S. Aboud, H.A. Pedrosa, F.A. Marchi, Inverted-convection proppant transport for effective conformance fracturing [J]. SPE Production & Operations, 2009, 24(1): 187–193.

[30] R.J. Card, P.R. Howard, J.P. Feraud, V.G. Constien, Control of particulate flowback in subterranean wells [P]. US Patent 6 172 011, assigned to Schlumberger Technol. Corp., January 9, 2001.

[31] R.G. Dusterhoft, H.J. Fitzpatrick, D. Adams, W.F. Glover, P.D. Nguyen, Methods of stabilizing surfaces of subterranean formations [P]. US Patent 7 343 973, assigned to Halliburton Energy Services, Inc., Duncan, OK, March 18, 2008.

[32] P.D. Nguyen, J.A. Barton, O.M. Isenberg, Methods and compositions for consolidating proppant in fractures

[P]. US Patent 7 264 052, assigned to Halliburton Energy Services, Inc., Duncan, OK, September 4, 2007.

[33] B. Dewprashad, Method of producing coated proppants compatible with oxidizing gel breakers [P]. US Patent 5 420 174, assigned to Halliburton Co., May 30, 1995.

[34] D.R. Armbruster, Precured coated particulate material [P]. US Patent 4 694 905, September 22, 1987.

[35] J.L. Gibb, J.A. Laird, L.G. Berntson, Novolac coated ceramic particulate [P]. EP Patent 308 257, March 22, 1989.

[36] T.E. Hudson, J.W. Martin, Pyrolytic carbon coating of media improves gravel packing and fracturing capabilities [P]. US Patent 4 796 701, January 10, 1989.

[37] C.R. Johnson, K.-t. Tse, C.J. Korpics, Phenolic resin coated proppants with reduced hydraulic fluid interaction [P]. US Patent 5 218 038, assigned to Borden, Inc., Columbus, OH, June 8, 1993.

[38] P.D. Ellis, B.W. Surles, Chemically inert resin coated proppant system for control of proppant flowback in hydraulically fractured wells [P]. US Patent 5 604 184, assigned to Texaco Inc., February 18, 1997.

[39] C.K. Johnson, K.T. Tse, Bisphenol-containing resin coating articles and methods of using same [P]. EP Patent 735 234, assigned to Borden Inc., October 2, 1996.

[40] P.D. Nguyen, J.D. Weaver, J.L. Brumley, Stimulating fluid production from unconsoli- dated formations [P]. US Patent 6 257 335, assigned to Halliburton Energy Serv., July 10, 2001.

[41] P.D. Nguyen, J.D. Weaver, Method of controlling particulate flowback in subterranean wells and introducing treatment chemicals [P]. US Patent 6 209 643, assigned to Hallibur-ton Energy Serv., April 3, 2001.

[42] R.J.C. de Grood, P.D. Baycroft, Use of coated proppant to minimize abrasive erosion in high rate fracturing operations [P]. US Patent 7 730 948, assigned to Baker Hughes Incorporated, Houston, TX, June 8, 2010.

[43] J.T. Watters, M. Ammachathram, L.T. Watters, Method to enhance proppant conductivity from hydraulically fractured wells [P]. US Patent 7 708 069, assigned to Superior Energy Services, L.L.C., New Orleans, LA, May 4, 2010.

[44] P.D. Nguyen, J.D. Weaver, M.A. Parker, D.G. King, R.L. Gillstrom, D.W. Van Batenburg, Proppant flowback control additives [C]. in: Proceedings Volume, Annu. SPE Tech. Conf., Denver, 1996, 10/6-9/96: pp. 119-131.

[45] K.H. Nimerick, S.B. McConnell, M.L. Samuelson, Compatibility of resin-coated proppants with crosslinked fracturing fluids [C]. in: Proceedings Volume, 65th Annu. SPE Tech. Conf., New Orleans, 1990, 9/23-26/90: pp. 245-250.

[46] P.D. Nguyen, J.D. Weaver, M.A. Parker, D.G. King, Thermoplastic film prevents proppant flowback [J]. Oil & Gas Journal, 1996, 94(6): 60-62.

[47] W.J. Caveny, J.D. Weaver, P.D. Nguyen, Control of particulate flowback in subterranean wells [P]. US Patent 5 582 249, December 10, 1996.

[48] R. Wiser-Halladay, Polyurethane quasi prepolymer for proppant consolidation [P]. US Patent 4 920 192, April 24, 1990.

[49] M.D. Clark, P.L. Walker, K.L. Schreiner, P.D. Nguyen, Methods of preventing well fracture proppant flow-back [P]. US Patent 6 116 342, assigned to Halliburton Energy Service, September 12, 2000.

[50] P.D. Nguyen, K.L. Schreiner, Preventing well fracture proppant flow-back [P]. US Patent 5 908 073, assigned to Halliburton Energy Serv., June 1, 1999.

19 特殊添加剂

压裂液在应对一些特殊储层特征的时候,需要一些特殊性能的压裂液,以确保压裂液在严苛的环境中依旧具有良好的性能。例如低温储层压裂液面临破胶不完全造成地层污染的问题,超高温储层压裂液则要求在超 200℃条件下仍具有稳定的压裂性能,要求压裂液技术在稠化剂分子设计、交联技术以及破胶技术进行个性化设计。本章对一些具有特殊性能的压裂液成分进行了评述。

19.1 自生热系统

在低温、浅层、高凝固点油藏压裂过程中,主要的问题是克服压裂未完全压穿、压裂液未彻底清理以及注入冷液对地层的冷损伤。

为了避免这些问题,开发了一种胶囊式产热水力压裂液系统。油气生产中常用两种发热系统。在以过氧化氢为基础的体系中,反应为[1]:

$$H_2O_2 \longrightarrow \frac{1}{2}O_2 + H_2O \tag{19.1}$$

这个体系的标准反应热 ΔH 为 -196kJ/mol。亚硝酸铵盐体系的生热反应如下[2]:

$$NO_2^- + NH_4^+ \longrightarrow N_2 + 2H_2O \tag{19.2}$$

该体系的标准反应热 ΔH 为 -333kJ/mol,远高于第一个体系。

第二种体系以草酸为催化剂,以乙基纤维素和石蜡为包被材料,采用相分离法进行研究。加入这些成分和环己烷,在持续搅拌下加热到 81℃,直到乙基纤维素溶解。搅拌 30min,冷却后,中间产物经过滤回收,用环己烷洗涤,干燥。

该体系的反应动力学关系可以描述为:

$$\frac{dc}{dt} = -1.267 \times 10^7 C_H^{1.17} C_0^{1.88} \exp\left(-\frac{5360}{T}\right) \tag{19.3}$$

式中 $\dfrac{dc}{dt}$ ——反应物消耗速率,mol/(L·min);

C_H ——质子催化剂的浓度,mol/L;

C_0 ——初始浓度,mol/L。

表达式以阿伦尼乌斯(Arrhenius)系数结束。

压裂液的成分见表 19.1。结果表明,含有胶囊发热剂的水力压裂液具有良好的稳定性和配伍性。当压裂液中含有 2.0mol/L 发热剂、0.93%胶囊式草酸和 0.08%过硫酸铵时,压裂液在 4h 后的峰值温度可达 78℃,残余液黏度为 3.12mPa·s[2]。

表 19.1 压裂液成分[2]

成分	数量,%
羟丙基瓜尔胶	0.6
硼砂	0.7
过硫酸铵	0.08
发热剂	数量,mol/L
实验 1	1.5
实验 2	1.75
实验 3	2.0

微胶囊草酸的缓慢释放:

在水力凝胶压裂过程中,氯化铵(NH_4Cl)和亚硝酸钠($NaNO_2$)在原位加热系统中进行放热反应的关键是一种具有缓释性能的酸性催化剂[3]。

为了提高草酸的缓释性能,通过聚二甲基硅氧烷诱导聚结,将草酸微胶囊化到丙烯腈-丁二烯-苯乙烯聚合物(ABS)的外壳内。制备过程中所有试剂均可循环使用,从而降低生产成本。

Meng 等对产物的微观形态、结构、催化性能及影响因素进行了研究[3]。结果表明,ABS包被草酸微胶囊是具有核—壳结构、缓释性能和水力压裂原位加热系统良性催化性能的微米级微球。核壳比、聚二甲基硅氧烷的黏度和回收试剂对微胶囊中草酸含量、粒径和释药性能均有影响。

此外,微胶囊的草酸含量可以达到 86.7%,使原位加热系统达到温度峰值的时间延迟了 80min。因此,ABS诱导的微型胶囊通过聚(二甲基硅氧烷)诱导为草酸带来持续释放,是一种经济、可行的方法[3]。

19.2 可交联合成聚合物

Holtsclaw 等开发了一种水力压裂液,其使用温度可达 232℃[4]。这种流体技术使用一种合成聚合物,这种聚合物可以与金属离子交联,从而产生高黏度。聚合物基压裂凝胶克服了传统瓜尔胶和衍生瓜尔胶压裂液的热限制。以丙烯酸、丙烯酰胺和 2-丙烯酰胺-2-甲基丙磺酸为基料,合成了一种丙烯酰胺三元共聚物。

通过研究,研制出了一种高温下具有良好流体稳定性的压裂液,能够在最苛刻的环境中更好地输送和置入支撑剂。交联反应可以对交联起始温度,在 38~138℃之间进行调整,从而可以根据特殊的井况进行优化。

流变学数据证明了流体的稳定性、交联性能和可控的流体压裂。此外,还提供了动态失水量和导流能力恢复数据来说明支撑剂充填层的流体清理情况[4]。

19.3 单相微乳液

Liu 等开发了一种基于单相微乳液和胶凝聚合物体系的压裂液[5]。该配方适合于减少聚合物用量。此外,该凝胶聚合物的其他性能也得到了改善,并具有良好的协同效应。

从相应的相位图数据得到了单相微乳液体系的配方。该配方是通过在胶凝聚合物体系中加入不同浓度的单相微乳液而制备的,具有高黏度、低失水和低摩擦的特点。

此外,凝胶体系在地层中留下的残留物较少,表面张力较低,启动清理的压力也较低,并能保持较高的岩心渗透率。该配方有望减少对地层的伤害、降低初始清理压力,并保持用于压裂处理的原始核心的回收能力。

19.4 复合交联剂

Putzig 等描述了一种适合交联的成分,该成分是以锆、锆酸四三乙醇胺和四(羟烷基)乙二胺在水中的三乙醇胺络合物为基础的[6]。

在乙醇溶液中,锆酸四正丙酯与三乙醇胺反应可合成锆酸四三乙醇胺。然后,加入乳酸得到锆 – 烷醇胺 – 羟基羧酸络合物。Putzig 等详细介绍了制备方法[7]。

参考文献

[1] J.H. Bayless, Hydrogen peroxide applications for the oil industry [J]. World Oil, 2000, 221(5): 50-54.

[2] J. Wu, N. Zhang, X. Wu, X. Liu, Experimental research on a new encapsulated heat- generating hydraulic fracturing fluid system [J]. Chinese Journal of Geochemistry, 2005, 25(2): 162-166.

[3] F. Meng, S. Wang, H. Liu, X. Xu, H. Ma, Microencapsulation of oxalic acid (OA) via coacervation induced by polydimethylsiloxane (PDMS) for the sustained release performance [J]. Materials & Design, 2017, 116: 31-41.

[4] J. Holtsclaw, G.P. Funkhouser, A crosslinkable synthetic-polymer system for high-temperature hydraulic-fracturing applications [J]. SPE Drilling & Completion, 2010, 25(4): 555-563.

[5] D.-X. Liu, M.-F. Fan, L.-T. Yao, X.-T. Zhao, Y.-L. Wang, A new fracturing fluid with combination of single phase microemulsion and gelable polymer system [J]. Journal of Petroleum Science & Engineering, 2010, 73(3-4): 267-271.

[6] D.E. Putzig, Hydraulic fracturing methods using cross-linking composition comprising zirconium triethanolamine complex [P]. US Patent 7 730 952, assigned to E.I. duPont de Nemours and Company, Wilmington, DE, June 8, 2010.

[7] D.E. Putzig, Process to prepare zirconium-based cross-linker compositions and their use in oil field applications [P]. US Patent 7 754 660, assigned to E.I. duPont de Nemours and Company, Wilmington, DE, July 13, 2010.

20 环境因素

油气开采涉及的钻井、压裂、运输等多流程中,都存在对环境造成影响的可能性。例如压裂液的组分由多种有机物或无机物组成,压后返排液及地层渗漏可能引发的空气、水源污染问题,日益成为社会关注的焦点。本章通过广泛的文献调研与数据对比分析,对油气井生产过程中可能存在的环境、健康风险,可能的污染物组成、实验室分析方法以及处理方法进行了详细描述。

20.1 风险分析

近年来,通过使用水平钻井和水力压裂技术,页岩气地层得到了经济、有效的开发。然而由于使用了大量水资源,这些技术具有较大的潜在水污染风险。

通过概率边界分析方法,对马塞勒斯页岩(Marcellus Shale)天然气开采造成水污染的可能性进行了评估[1]。

在数据稀疏且参数高度不确定性的情况下,概率边界分析非常适用。可以确定水污染的五种途径为[1]:

(1)运输泄漏;
(2)套管泄漏;
(3)从裂隙岩石中渗漏;
(4)钻井现场排放;
(5)废水处理。

对以上每个途径都生成了概率框图,与水力压裂废水处理相关的潜在污染风险和认识不确定性比其他途径形成的风险大了几个数量级。

即使在最好的情况下,单口油井也很可能释放至少200m³受污染的流体。由于马塞勒斯页岩地区的油井总数可能达到数万口,这一巨大的潜在风险表明,需要采取额外的措施来减少污染流体泄漏的可能性。为了减少认识上的不确定性,应收集更多关于利用工业和城市废水处理设施,去除使用过的水力压裂液中污染物的数据[1]。

针对马塞勒斯页岩47口已完井天然气中使用的12种不同的水力压裂液添加剂的危险成分,将质量平衡原理应用到一个四隔室模型中。假设1000gal稀释的添加剂被排放到表层水体或土壤中,对泄漏情况进行了模拟。结果浓度根据其大小进行了排序,比较每个隔室中的相对预期数量。氢氧化钠、4,4-二甲基恶唑烷和盐酸是在水体、土壤和生物区系中质量浓度最高的物质;4,4-二甲基恶唑烷在空气室中含量最高[2]。

20.1.1 环境污染和毒性

Holloway等在专著中描述了有关水力压裂的环保意识和作业问题[3]。Stringfellow等综述了压裂液中存在的化合物特性、潜在毒性和可处理性[4-7]。然而,其中一些化合物在井下高压、高温和高盐度条件下可能发生结构性变化[8-9]。

Johnson 等详细介绍了上游石油开采对环境公共卫生的影响[10]。石油开采会影响当地的土壤、水和空气,进而影响公共卫生。由于石油资源越来越多地在靠近人类居住地开采,目前关于潜在的公共卫生影响的科学知识范畴得到了强化,目的是帮助我们确定科学差距,并为围绕石油钻探作业的政策探讨提供信息。

初步检索了 2236 项研究文献,确定了 22 项人类研究,包括 5 项职业研究、5 项动物研究、6 项实验研究和 31 项与石油钻探相关的暴露研究。目前的证据表明,由于人类暴露于上游石油开采,存在潜在的健康影响,如癌症、肝损伤、免疫缺陷和神经症状[10]。

文献中,页岩气勘探与开发问题已引起广泛讨论,但目前对页岩气环境影响方面的研究尚未进行全面综述[11]。

对 2010 年至 2015 年间发表的科学论文进行了系统审查,确定了最近的进展和现有的数据差距。被检查的文章被分为六个主要类别(水资源、大气排放、土地使用、诱发地震、职业和公共卫生与安全以及其他影响)。对这些分类分别进行分析,以确定具体的挑战,可能存在的共识,以及文献中仍然存在的数据差距[11]。

此外, Krupnick 等对非常规天然气开发带来的环境卫生问题进行了详细的描述[12-13]。初步证据表明,非常规天然气与呼吸系统疾病(包括哮喘发作)和分娩疾病(如胎儿生长减缓和早产)有关。然而,不同研究人群和不同地区的研究结果也有所不同。

(1)当前的治理方法。

对现有文献和当前治理方法进行了评估,这些方法与水力压裂对水质(包括饮用水)的潜在影响有关[15]。研究确定了文献和/或当前治理方法中的差距,它们应加以解决,以指导决策者制定适当的监管制度,从而能够评估水力压裂对水质的影响。

研究结果显示,有些辖区已实施基准及作业后水质监测规定。然而,在加拿大和美国各地,针对特定地点的监测要求有很大的差异。根据最近的资料,提出了一种基于风险优先级的针对性方法,可以优先收集样品和频率、针对污染物和取样所需的时间。评价中概述的步骤有助于解决公众对水质的关注问题,并适当确保制定适当的水安全预案来保护公共卫生[15]。

(2)水力压裂废水。

Rozell 等[1]则侧重于描述水力压裂废水的特征,并制定策略以减轻其对环境的影响。通过风险系数法,对水力压裂废水中的一些潜在有害有机化合物进行识别,以预测接收的地面水体中对淡水生物的影响。目前,水力压裂废水的处理主要有两种选择,一种是深井注水处理,另一种是现场作为压裂液重复使用。

在另一项研究中,对受非常规油气废水处理作业影响的溪流的毒理学进行了调查[17]。水和河床沉积物取自沃尔夫溪(Wolf Creek)一条未命名的支流,从处置设施上游到注入井附近,再到下游。处理设施下游两个地点的水和沉积物中都含有有机化合物,而且与非常规油气废水的来源一致。

这些化合物包括溶于水的 2-(2-丁氧乙氧基)醇、磷酸三(1-氯-2-丙基)酯、α,α-二甲基-苯甲醇、3-乙基-4-甲基-1H-吡咯 2,5-二酮和四氢化-噻吩-1,1-二氧化物,沉积物中的柴油燃料的碳氢化合物(例如,二十五烷,Z-14-二十九烷)和卤化烃化物(如 1-

碘代-十八碳烷,三氟乙酸辛酯,三十二烷基五氟丙酸)。在这些场合,这类化合物的浓度一般较低。此外,在下游设施附近,水和沉积物中含有许多色谱上未确定和未识别的碳氢化合物。相反,在设施上游或附近不受处置井设施影响的流域中,主要含有来自当地环境的天然或有机物质。人类细胞系暴露于水和沉积物的毒理学分析显示,人类受到的影响很小[17]。

(3)甲烷泄漏。

由于油气井完整性受损,甲烷泄漏会导致地下水质量受损。利用三维多相(蒸汽和水)、多组分(甲烷、水、盐)的数值模型(TOUGH2 EOS7C),研究了天然气井眼泄漏向上运移至淡水含水层可能导致地下水污染的水文地质条件[18]。

用于模拟的概念模型假设甲烷泄漏发生在地下水以下20~30m;进行了180次模拟,进行灵敏度分析,检查[18]:

① 与储层、毛细管作用和相对渗透率相关的多相流动参数,包括孔隙度和初始流体相饱和度;

② 固有渗透率的地质统计学变化;

③ 甲烷气源层的压力。

模拟的甲烷气源层的压力范围从泄漏深度刚刚超过环境静水压力(100kPa)到钢套管通常额定承受的最大压力(如20340kPa)。因此,淡水含水层下地层和上覆油气产层的多相参数化是评价含水层甲烷泄漏脆弱性的基础[18]。

(4)对神经发育的影响。

在非常规石油和天然气生命周期的每个阶段,从建井到开采、作业、运输和配送,都可能导致空气和水的污染。非常规石油和天然气开采作业现场附近的居民可能会暴露在高浓度的空气污染物和水污染物中。

Webb等描述了五类与潜在的永久性学习和神经心理缺陷、神经发育障碍和神经先天性缺陷有关的空气和水污染物,分别为[19]:

① 颗粒物质;

② 多环芳香烃;

③ 内分泌干扰化学物质;

④ 砷和锰;

⑤ 芳烃,如苯、甲苯、乙苯和二甲苯。

在这项研究中,已经详细阐述了石油和天然气开发现场附近的污染物含量、暴露途径、机理及其对神经系统和神经发育的影响。这些物质广泛应用于非常规石油和天然气的开发和作业,并且与婴幼儿、儿童和年轻人的神经发育健康问题密切相关。

考虑到发育中的大脑和中枢神经系统的高度敏感性,我们可以合理地得出这样的结论:经常接触这些污染物的儿童患慢性神经系统疾病的风险特别高[19]。

(5)细菌应激反应。

为了在环境变化中生存,细菌产生应激反应,保护它们免受不利和变化条件的影响。污染可能是应激和细菌反应的根源,可以作为环境异常的指标。

测定了水力压裂过程中产生的有毒化合物的生化效应[20]。采用了大肠杆菌、奥克西托克雷白杆菌、铜绿假单胞菌、恶臭假单胞菌、施氏假单胞菌、嗜水气单胞菌、蜡样芽孢杆菌和枯草芽孢杆菌细胞来源的脂肪酸和蛋白质组成。

这些微生物暴露在高浓度的苯、乙醇、丙醇、甲苯和盐中。选择它们来代表严重的地下污染或地表泄漏。分别用气相色谱—真空紫外光谱法和基质辅助激光解吸离子飞行时间质谱法分析了细菌的脂肪酸和蛋白质谱。

总的来说,当微生物在有毒化合物存在的情况下生长时,观察到了不同的脂肪酸和蛋白质情况。当存在普通压裂液成分时,细胞表现出饱和/不饱和比的增加,并表现出存在支链脂肪酸和环丙烷脂肪酸,从而降低了膜的渗透性,采出水分析证实了这一点。这种方法为环境诊断提供了一个潜在的有用工具,因为蛋白质和脂肪酸可以作为生态健康的指标[20]。

（6）儿童白血病的风险。

在美国,非常规油气井和其他设施的广泛分布可能会使数百万人暴露在空气和水污染物中,包括已知或可疑的致癌物。儿童白血病因其严重程度、易感人群和较短的疾病潜伏期而受到特别关注[21]。

到目前为止,还没有关于与非常规油气开发有关的致癌物质和白血病物质的全面审查,这可以为今后的接触监测研究和人类健康评估提供信息。该分析的目的是评估与非常规油气开发相关的水污染物和空气污染物的致癌性证据。

美国环境保护署收集了水力压裂液和废水中含有的1177种化学物质。然后,利用PubMed和ProQuest数据库[21],通过回顾2015年及2015年之前发表的科学论文,构建了143种与非常规油气相关的空气污染物的列表。

利用国际癌症研究机构专题论文评估了这些化学品的致癌性和增加风险的证据。这些化合物中的大多数（80%）没有得到国际癌症研究机构的评估,因此不予以评论。

在国际癌症研究机构评估的111种潜在水污染物和29种潜在空气污染物（119种独特的化合物）中,已知49种水污染物和20种空气污染物（55种独特的化合物）很可能或可能致癌。

表20.1显示了与非常规油气开发相关的具有致癌性证据的潜在水污染物和空气污染物。

表20.1 具有白血病致癌性的潜在水污染物和空气污染物[21]

水中污染物	大气污染物	水中污染物	大气污染物
人类致癌物		环氧乙烷	
1,3-丁二烯	1,3-丁二烯	可能致人类致癌物	
苯	苯	苯乙烯	苯乙烯
镉	柴油	1,2-环氧丙烷	
乙醇	乙醇	肼	
甲醛	甲醛		

共有17种水和11种空气污染物（20种独特的化合物）显示出白血病/淋巴瘤风险增加的证据,包括苯、1,3-丁二烯、镉、柴油尾气和几种多环芳烃。

虽然关于与非常规油气开发有关的化合物的致癌性的信息有限,但目前的评估确定了20种已知或推测的致癌物。这些致癌物可以在未来的研究中进行测量,以推进致癌物质的接触和风险评估。这些发现支持了对非常规油气开发与癌症和特别是儿童白血病风险之间关系的研究[21]。

20.1.2 水力压裂化学品的分类

（1）FracFocus 登记。

在非常规天然气开发中，水力压裂添加剂的化学结构一直是人们关注的焦点[22]。本书综述了水力压裂技术的结构特性，可以促进水力压裂技术的应用，并确定压裂添加剂的环境毒理及环境归趋。

在超过 1000 种报告的物质中，化学分类产生了简明的子类，能够说明它们的使用原理，以及与环境归趋、毒性和化学分析相关的物理化学特性。虽然许多物质是无毒的，但经常被披露的物质还包括臭名昭著的地下水污染物，如石油碳氢化合物（溶剂）、内分泌干扰物的前体，如壬基酚（防乳化剂）、有毒的丙炔醇（腐蚀抑制剂）、四甲基铵（黏土稳定剂）、抗微生物剂或强氧化剂。

高氧化性化学物质的应用，加上偶然发现的推定的延迟酸和络合剂，即设计用于在地下反应的化合物，表明可能形成相关的转化产物[22]。

在另一项研究中，系统地评估了 1021 种化学物质在水力压裂流体、废水或两者中的潜在生殖和发育毒性，以筛选出对人类健康有潜在影响的物质[23]。许多国家要求披露水力压裂化学品[24]。通过 FracFocus 完成直接报告[25]。FracFocus 包含最全面的压裂化学品数据，但仍面临数据质量和透明度方面的批评。作为回应，FracFocus 宣布了升级版，并从 2015 年 5 月开始发布集合体数据。

在一项研究中，对 2011 年 3 月 9 日至 2015 年 4 月 13 日期间提交的 96449 份表格进行了分析[24]。调查发现，自 2013 年以来，隐瞒化学信息的比例有所上升，而且似乎未受到不同法律要求的影响。

FracFocus 中的自动字段填充和提示可以减少数据错误，而执行信号、教育和协调的需求可能会增强合规性和信息披露。各州有权要求化学品生产商提供成分列表[24]。

（2）REPROTOX 数据库。

利用有数据的化学品的化学文摘服务登记号对 REPROTOX 数据库使用进行了评估。然后，对不良生殖和发育影响的证据进行了评价。

该系统筛选方法根据已知或推测的毒性，确定了 67 种与水力压裂相关的候选分析物。结合有关效价、理化性质和环境浓度的数据，可以进一步确定这些物质的优先次序，用于未来的饮用水暴露评估或生殖和发育健康研究[23]。

（3）全球协调系统。

对水力压裂液中发现的化学物质进行鉴定，以评估其对环境的潜在影响，包括对处理系统的影响，以及对人类健康的影响，这是非常重要的。鉴定了 81 种常用的水力压裂化学添加剂，并按其功能进行了分类[4]。

利用公开的化学信息数据库对这些添加剂的物理和化学特性进行了测定；其中 55 种化合物是有机的，27 种被认为是容易或固有的可生物降解的，而 17 种化合物理论的化学需氧量高,其使用浓度对施工存在潜在的挑战。被评价的水力压裂化学品大多是无毒或低毒的,根据全球统一化学品分类和标签系统标准,只有3种被列为2类口服毒物。

然而,对所评估的30种水力压裂化学品的毒性信息并没有确定。挥发并不是大多数水力压裂化学品暴露的重要途径。毒性和其他化学性质方面的差距表明,目前的认识水平存在不足,强调需要进一步评估,以便了解环境中与水力压裂化学品相关的潜在问题[4]。

(4)综合模型。

在钻井作业过程中,大量的返排水和采出水(其中含有多种有机化合物)返回地面,可能会影响周围环境和人类健康。为了进行预测性风险评估[26],需要建立一个数学模型来评估有机化合物在水的输送过程中的特性,以及在整个操作生命周期中浓度随时间的变化。

将有机物运移动力学模型与二室一级速率常数模型相结合,建立了一个与实验数据相吻合的综合模型,用于量化有机化合物的浓度。该算法模型包含了快速和慢速两种运移速率。结果表明:化学药品中有机碳分配系数越大,其在水中达到最大浓度越晚。

在足够长的一段时间内,每种化合物的最大浓度百分比将达到页岩地层中有效浓度的90%(其来源可能与钻井液、原生水和/或岩石基质有关)。该模型可用于加强监测策略,通过优化当地居民的健康风险评估来提高效益,并为进一步的行动提供初步的基本数据[26]。

(5)指标法。

以水力压裂添加剂和压裂液数据为基础,使用指标法可以评估压裂添加剂对环境和人类健康的危害[27]。指标系统分析了添加剂中不同成分的化学毒理学数据,并为每种添加剂生成了一个综合环境和人类健康安全指数,以及一个描述化学毒理学数据完整性的指标。

研究结果表明,常用的添加剂一般与中等水平的环境和人类健康危害有关。在每一种添加剂类别中,都可以确定对环境和人类健康有高度影响的成分。将其列为高危害主要归因于该成分在水中的高毒性和致癌作用。

在所有评估的添加剂类别中,铁控制剂被确定为最大的环境和人类健康危害物质[27]。由于信息的缺乏,例如未披露的成分和化学毒理学数据的空白,导致了不同程度的评估不确定性。

特别是,降阻剂显示的关于环境和人类健康危害的数据最不完整。Hu等介绍了目前水力压裂现场作业中使用的化学品对环境和人类健康的潜在危害[27]。

Hu等提出了一种基于模糊指标法的水力压裂化学添加剂管理方法。使用指标系统将添加剂对环境和人体健康的危害转化为危害指数[28]。

针对不确定性,采用基于模糊推理和模糊聚类分析的模糊方法,对不同添加剂的风险潜力进行评估,为化学品管理决策提供依据。对随机选取的添加剂进行了评价,结果表明,该模糊指标法对约30%的被评价的添加剂进行了不同的化学危害评价。

以上结果表明,使用这种方法可以充分考虑不确定性,形成更好的化学品管理决策。危害评估结果还表明,根据目前的指标法,允许在水力压裂作业中使用的添加剂中,有一半以上被认为是对环境和人类健康具有中度危害。基于这种基于模糊的方法,大多数(80%)添加剂被标识为具有低的和非常低的潜在风险,因为它们的使用频率较低[28]。

采用模糊聚类分析方法,对加拿大不列颠哥伦比亚省105种具有代表性的水力压裂添加剂的环境和人类健康风险进行了分析[29]。使用指标系统将这些因素的添加剂性能转化为指标。根据指标的相对相似性,将指标分为7类。

根据所得到的指数对每个聚类的环境和人类健康风险进行解释。研究结果表明,第2类和第7类中的添加剂具有较高的环境和人类健康风险,在水力压裂作业中需要特别注意。第1、4和5类具有中度环境和人类健康风险,而第3类和第6类具有较低的环境和人类健康风险。

许多铁控制剂被归为第7类,表明这类添加剂对环境和人类健康具有很高的风险。许多降阻剂和胶凝剂被归为第4类,具有最高的危险不确定性。

对假设的压裂液进行的评估表明,使用低风险类添加剂有助于减轻水力压裂化学品对环境和人类健康造成的影响[29]。

(6) HYDRUS计算机软件。

HYDRUS-1D和HYDRUS(2D/3D)计算机软件包广泛用于模拟水、热和多种溶质在变饱和介质中的一维、二维和三维运动[30]。

标准的HYDRUS模型只考虑单种溶质或受一级降解反应影响的溶质的归趋和迁移,但有几个专门的HYDRUS附加模块可以模拟更复杂的生物地球化学过程。

Mallants等简要概述了关于HYDRUS模型及其附加模块[30],演示了该软件在煤层气开采和水管理作业中涉及的化学品的地下归趋和运移方面的可能应用,并且详细介绍了三个应用领域。选择这些例子是为了说明用户如何根据具体需要调整所需的模型复杂程度,例如在一般土壤条件下对各种化学品进行快速筛选或风险评估,或对实际地下污染问题进行更详细现场分析[30]。

其中一个应用是使用标准的HYDRUS模型来评估水力压裂化学品及其转化产物的自然土壤衰减潜力,以防事故性排放。结合抗微生物剂溴硝丙二醇及其降解产物的缓凝、一级降解和对流—弥散迁移过程,证明了自然衰减如何使土壤表层5cm的初始浓度降低100倍以上。

第二个应用是使用UnsatChem模块来探索利用煤层气采出水进行可持续灌溉的可能性。对不同灌溉水(未经处理、经地表水处理和经反渗透处理)的模拟提供了有关土壤和植物健康的化学指标的详细结果,特别是钠吸附比(SAR)、电导率(EC)和钠浓度。

第三个应用是使用HP1模块分析在偶然发生水释放情况下,煤层产气水浸出土壤中涉及阳离子交换和表面络合吸附反应的痕量金属迁移。结果表明,土壤中痕量金属的迁移主要是自然存在的痕量金属与无机配体(如碳酸盐和碳酸氢盐)的络合作用,这些无机配体是在碱性废水入渗后进入土壤的。

(7) Cytoscape分析。

流行病学研究表明,尽管尚未确定特定的潜在病因,但非常规油气作业与不良分娩结果和癌症的增加有关[31]。目前,还没有基于联合国全球化学品统一分类和标签制度(GHS)的单一危害分类清单,各国应用GHS标准来生成自己的化学品危害分类清单。对一个跨国行业来说,当前化学品优先排序方面的挑战是危害性分类不一致,这可能导致对潜在公共健康风险的错误判断。

Inayat-Hussain等提出了一种新的危险性识别方法,然后利用公开的监管数据库对非常规油气作业中发现的生殖毒性物质进行排序[31]。

利用一个评分系统来为生殖健康、癌症和生殖细胞突变危险终点分配数值。通过

Cytoscape 分析,定性和定量结果直观地呈现出来,方便地识别出具有多重不良影响的高优先级非常规油气化学品[31]。Cytoscape 是一个开放源码的生物信息学软件平台,用于使分子相互作用网络可视化,并集成了基因表达谱和其他状态数据[32]。

在 11 个数据库中发现了分类上的重大不一致。在国内和跨国家之间采用最严格的分类,将 43 种化学品被归类为已知或假定的人类生殖毒物(GHS 1 类),而 31 种化学物质被列为推测人类生殖毒物(GHS 2 类)。43 种生殖毒物需要进行进一步的致癌和致突变的特性分析。通过计算危险评分和细胞图可视化,得出了几种高优先级化学物质,包括重铬酸钾、镉、苯和环氧乙烷[31]。

(8)吸入暴露建模。

对水力压裂中使用的化学品储罐和返排池中挥发性有机化合物可能的职业性吸入暴露和潜在风险进行了研究。研究中采用了 AERMOD—模型配方进行描述[34]。

对 23 种已知吸入参考浓度或吸入单位风险(IUR)的污染物,根据距离油井 5~180m 的径向距离评估其潜在风险。

研究结果表明,12.4% 的井中使用的化学物质具有潜在的由于暴露所致的急性非癌症风险,0.11% 的井使用的化学物质可能具有由于暴露所致的慢性非癌症风险。7.5% 的油井中使用的化学物质,与潜在的由于暴露所致的急性癌症风险有关,5.8% 的油井中使用的化学物质可能与由于暴露所致的慢性癌症风险有关。

虽然有 8 种有机化合物与由于暴露所致的急性非癌症风险相关(>1),但在 7282 口水力压裂井的化学药品储罐(1.00~45.49)中,甲醇是主要的化合物。含甲醛化学添加剂的井,当暴露于吸入单位风险大于 10^{-6} 的情况下,表现出急性和慢性癌症风险,表明甲醛是水力压裂中由于暴露所致的两种类型风险的主要因素。

还发现,由于其他现有的挥发性有机化合物的现场排放以及来自于其他邻井的地理上较为复杂的空气浓度,用于本研究的储罐和返排池的化学品排放数据低于实地测量的报告浓度,因而预计由于暴露造成的职业吸入性风险较高[33]。

(9)不同方法使用化学品的比较。

研究人员对非常规油气开发中的增产措施(如水力压裂、酸化压裂和基质酸化)的潜在危害和风险进行了研究和评价。此外,联邦和州法规要求在增产作业中披露化学物质,这已成为非常规油气开发总体风险管理策略的一部分。

利用南海岸空气质量监测区收集的数据对常规作业和更严格管理的增产作业中使用的化学物质进行了比较,该监测区要求报告南加州部分地区非常规和常规的现场化学物质使用情况。

2013 年 6 月 4 日至 2015 年 9 月 2 日期间,从南海岸空气质量监测区域数据库下载了石油和天然气作业中使用的化学物质类型、注入质量和注水量的数据[36]。这里,要求运营商和化学供应商必须提交并公布圣博娜迪诺、奥兰治、里弗赛德和洛杉矶等加州各县,包括洛杉矶市与常规石油和天然气勘探活动(钻井、完井和修井)以及油气井的增产作业(水力压裂、基岩酸化)有关的现有化学药品使用数据。

所鉴定的化学添加剂的毒理学数据均来自在线化学品数据库。当没有可用的实验数据时,使用美国环保局 EPI 软件包(如 BIOWIN)中的计算模型来填补数据空白。收集大鼠、小鼠和兔子的急性经口毒性数据以及大鼠和小鼠的吸入毒性数据,以代表和比较这些化学成分在哺乳动物体内的毒性。

对这些数据的分析表明,在所谓的非常规作业以及井的维护、完井或修井常规作业中,化学物质的使用有很大的重叠。在南海岸空气质量监测区进行的一项对比显示,在州强制披露规定的油气井增产措施和州立法规之外的常规处理措施中,所使用的化学物质的类型和数量存在显著的重叠。

针对南海岸空气质量监测区用于常规处理的化学品的使用和全州范围内用于水力压裂化学品的使用的对比也表明,在化学品披露要求所涵盖的活动(如水力压裂)中和许多其他油气田活动中,化学品的使用方面非常相似。

研究结果表明,法规和风险评估只关注增产作业中使用的化学品,可能低估了整个油气田化学品使用的潜在危害或风险[35]。

(10)当前的监管问题。

对截至2016年底符合联邦、州和地方有关水力压裂的法规和法律的活动进行了评估[37]。包括某些可能对水力压裂产生何种影响的结果的选举后评估。

分析包括对最近的法院案件、未决起诉和上诉、相关法规以及最近影响水力压裂的环境研究的回顾。此外,还讨论了未来可能的监管趋势,对执业工程师的建议,以及对公司政策决策者的建议[37]。

(11)水力压裂液中的杀菌剂。

抗微生物剂是用于非常规页岩气开发的水力压裂液中的关键成分。细菌可能造成生物堵塞和抑制天然气的开采,产生有毒的H_2S,并引起腐蚀,导致井下设备故障。戊二醛和季铵盐化合物等抗微生物剂的使用,引起了公众的关注,并在监管机构中引发了关于意外排放到环境中对生态系统和人类健康的影响的辩论。

Kahrilas等对水力压裂中使用的抗微生物剂的潜在归趋和毒性进行了评述[38]。

在物理化学、毒理学以及在选择抗微生物剂时应考虑的知识空白是[38]:

① 不带电物种将在水相中占主导地位,并受到降解和迁移,而带电物种将被土壤吸收,生物有效性较低。

② 许多抗微生物剂寿命短或可通过非生物或生物过程降解,但有些可能转化为毒性更强或持久性更强的化合物。

③ 对于井下高压、高温、不同的盐和有机物浓度等条件下抗微生物剂的归趋,人们的了解是有限的。

④ 有几种生物杀灭替代品,但由于成本高、能源需求高和/或形成消毒副产品,限制了它们的使用。

Rogers等开发了用于识别水力压裂液中有机化合物的环境影响筛选框架[39]。

然而,大多数研究仅评估这些化学物质一般意义上的影响,而没有特别关注与水力压裂过程有关的条件。最近,一些研究探讨了化学混合物之间的相互作用;然而,这些研究主要通过宏观参数来表征复杂的水力压裂液混合物,而不是像本研究中所做的那样通过特定的综合方法来描述。

充分了解排放的水力压裂液中的化学和生物相互作用是非常重要的,因为用于水力压裂的化学制剂能够改变溶解度、黏度、微生物群落、pH 值以及其他可能影响其他添加剂命运的土壤环境因素。此外,添加剂可以通过化学反应直接相互影响[2]。

本研究可作为环境风险评估和微生物控制策略识别的指南,以帮助开发一种可持续的方式管理水力压裂液[38]。

一套稳定的荧光素酶报告基因检测方法用于研究选定的水力压裂化学物质或地理因素用于激活或拮抗核受体信号的潜力。筛选出三种抗微生物剂:拌棉醇、戊二醛和四羟甲基硫酸磷[40]。这些化合物如图 20.1 所示。

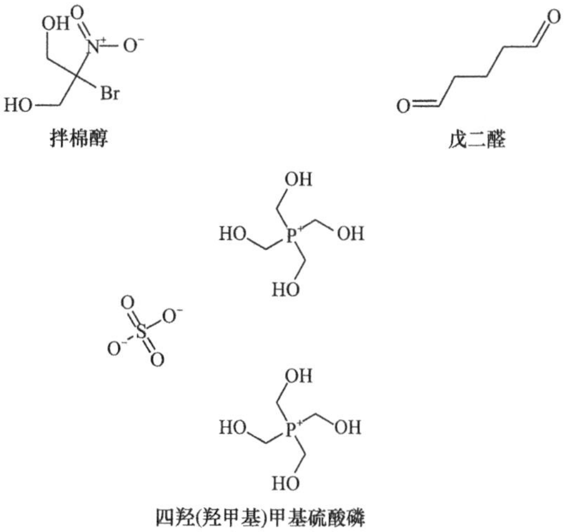

表面活性剂(2-丁氧基乙醇)、降阻剂(聚丙烯酰胺)和煤层成因(邻甲酚)经测试,具有对雌激素受体、雄激素受体、孕激素受体、糖皮质激素受体或过氧化物酶体增殖物激活受体(PPAR)的激动剂或拮抗剂的潜力。

图 20.1 抗微生物剂

在研究中使用的任何检测方法中,这些化学物质都没有诱导荧光素酶活性。在拮抗模式下,在浓度为 50~100μmol/L 的报告基因测定中,溴硝丙二醇、戊二醛和四甲基硫酸磷导致荧光素酶活性降低。在 2~10μmol/L 浓度下,戊二醛和四甲基硫酸磷在某些测定中相对于对照组其荧光素酶活性提高了[40]。

其他被测试的化学物质在选定的测定中都没有表现出拮抗作用。在大多数情况下,改变受体信号只发生在显示细胞毒性的浓度。然而,在亚细胞毒性浓度下,增殖物激活受体 γ 活性和黄体酮受体活性均受到四甲基硫酸磷的抑制。大多数测试的二元组合表现出显著低于添加剂的细胞毒性,而没有一个组合表现出协同的细胞毒性。

综上所述,所选择的化学物质不能作为所测核受体的直接激动剂,只有四甲基硫酸磷对两种核受体具有明显的部分拮抗作用[40]。

(12)鱼类和贝类赖以生存的受污染的地表水。

已证明油气开采过程中的采出水含有高浓度的主要离子。一项研究的目的是确定在采出水污染的地表水中主要离子的增加对鱼类(黑头呆鱼,Pimephales promelas)和贝类(淡水贻贝,Lampsilis siliquoidea)在短期(7 天)内暴露后的潜在影响[41]。

测试生物体暴露在三种再造水中,三种水分别含有北达科他州威利斯顿盆地采油废水、管道泄漏采出水,一个月后,测量结果分别是从污染现场采出水主要离子浓度的 1 倍、2 倍和 4 倍。模拟溢出物上游区域离子成分的再造水被用作参照水样。

与参照水样对比,在 4 倍浓度处理液中观察到鱼的生存能力和生长速度显著降低。贝类比鱼类更敏感,在 2 倍和 4 倍浓度处理液中存活率显著降低,在 1 倍和 2 倍浓度处理液中生长长度显著减小。

这些结果表明,在产出的受污染的地表水中,主要离子浓度的升高可能会对被测试的鱼类和贝类,以及其他水生生物产生不利影响[41]。

（13）地下水污染。

水力压裂对地下水质量造成了两大风险[42]：

① 离散的天然气气窜。

② 化学品和液体泄漏的潜在污染。

由于缺乏钻井前基线测量，获取井场和行业数据有限，且因为不断向压裂液中添加新的化学添加剂，所以难以对比不同取样和分析方法获得的数据集，所以风险评估十分复杂。

为了减少不确定性并满足更好地评估地下水风险的需求，提出了具体建议包括提高研究人员之间的数据共享、采用标准化方法、收集钻前基准数据、安装专用监测井、开发页岩特定的环境指标并向研究机构提供更好的油气田现场、样品和工业数据[42]。

水力压裂作业被视为是造成地下水污染等环境问题的原因[43]。水力压裂在地下水中诱发污染物途径的可能性尚不清楚，因为气井是在与潜水面隔离情况下完井的，而储气层位于潜水面以下数千英尺。最近的研究将地下水污染归因于不良的建井施工和井眼环空因套管破裂而泄漏。

利用ArcGIS建立了巴奈特页岩地区的地理空间模型。ArcGIS是一个地理信息系统，用于处理地图和地理信息。它用于创建和使用地图，编译地理数据，分析地图信息，共享和发现地理信息，在各种应用程序中使用地图和地理信息，并在数据库中管理地理信息[44]。

该模型用于地下水质量数据的空间分析，以确定地下水质量的区域差异（如不同地下水成分浓度所示的差异）是否与地区水力压裂气井的存在有关[43]。将巴奈特页岩储层压力、完井数据和压裂施工数据作为地下水质量变化的预测因子进行评估。

研究结果表明，某些地下水成分浓度的升高可能与天然气生产有关。铍可作为评价压裂对区域地下水水质影响的指标变量。研究结果还表明，气井密度和地层压力与区域水质变化有关，而与气井的靠近程度本身与水质变化无关。

（14）延迟硫化氢的产生。

水平井钻井与水力压裂相结合，可以更有效地从不易开采的储层中采出天然气[45]。有一个问题是，在温度超过100℃的高温页岩气藏早期开采过程中，硫化氢和硫醇含量会增加。水力压裂技术依赖于使用化学添加剂来改变压裂液的物理和化学性质，从而将支撑剂"拖"入油气藏。

在井眼条件下，天然硫化氢或金属硫化物可被溶解氧或其他含水物质部分氧化，从而产生单质硫。这种单质硫可以缓慢地氧化化学添加剂，从而再生硫化氢和其他有机硫品种。

Marrugo-Hernandez等研究了井眼条件下硫醇反应动力学，介绍了反应速率和反应类型，并讨论了作为延迟硫醇和硫化氢产生的替代机理[45]。

（15）饮用水资源的潜在危害。

尽管人们越来越担心水力压裂可能会影响饮用水资源，但目前只有有限的数据可以确定，水力压裂液的使用可能是造成公共健康问题的化学物质[46]。

为了探索这些潜在的危害，本书使用了一个多准则决策分析框架。整合了毒性、使用频率和描述在水中运移的物理化学性质等数据，并对这些化学物质的选定子类进行分析和排序。

该研究采用的框架是一个由三部分组成的优先排序模型，其中包含了毒性、使用频率和理化性质的数据(图20.2)。

该框架基于Mitchell等人[47]开发的一种多准则决策分析方法,通过整合物理化学性质和生命周期分析数据来排序化学品暴露的可能性。

这种方法采用的数据来自美国环境保护局汇编的公开数据库,这是一项关于水力压裂对饮用水潜在影响的权威研究的一部分[46]。

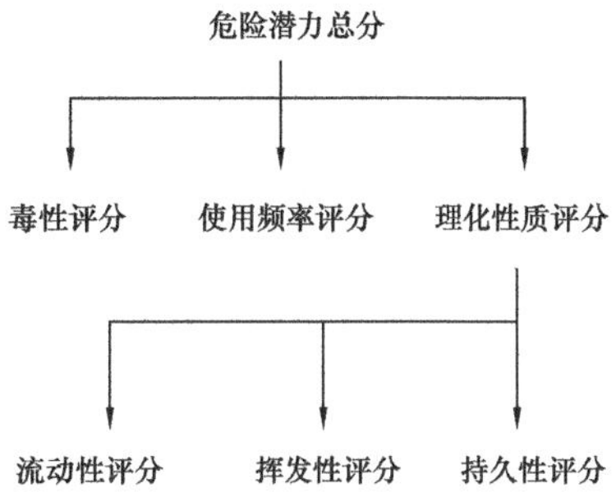

从美国环境保护署对聚焦压裂(FracFocus)化学信息披露登记1.0版的分析中获得的全国水力压裂化学品使用数据开始,对具有非癌症毒性值(37种化学品)或癌症特异性毒性值(10种化学品)的化学品进行多准则决策分析测试[46]。然后对三个有代表性的州(得克萨斯州、宾夕法尼亚州和北达科他州)报告的化学物质分类重复进行非癌症多准则决策分析。

图20.2 三部分优先化模型[46]

在每个多准则决策分析中,根据相对毒性、相对使用频率和物理化学性质(如在水中的流动性、挥发性和持久性),评出化学品的得分。

研究结果显示了这些化学物质基于潜在危害的相对排名,并得出了初步的结论,这些化学物质可能比其他化学物质更有可能影响饮用水资源。

对全国的各州进行了分析研究对比,结果表明:虽然许多化学品被广泛使用,并获得了类似的总体危害性排名,但是,在更被关注的饮用水资源化学品方面,存在地区差异。据报道,已发现这些多准则决策分析方法所强调的几种化学物质出现在水力压裂活动区域附近的地下水中[46]。

20.1.3 分析方法

水力压裂液在水介质中含有有机和无机添加剂的混合物。这些混合物的组成成分因地区或公司用途的不同而不同,因此识别单个化合物的过程非常困难[48]。

为了了解与水力压裂有关的各种水污染物的运输、环境归趋和最终潜在的健康影响,对这些混合物的分析表征非常重要。有机化合物类型包括溶剂、凝胶、抗微生物剂、阻垢剂、降阻剂、表面活性剂和其他相关化合物。这些污染物通常都是微量的,因此需要复杂的分析方法来完全表征压裂液的化学成分。

Oetjen等评估了分析化学领域的当前发展趋势和新兴技术,以及它们在返排和采出水中的适用性。此外,还提出了一些未充分利用的方法,这些方法可以作为潜在的解决方案,解决返排和采出水所固有的复杂成分所带来的问题[49]。

(1)用于研究地下化学转化的反应物。

水力压裂与水平钻井相结合,需要在深井注入由多种化学添加剂组成的压裂液,旨在促进页岩区块天然气的释放和采集[51]。对返排废水的分析研究表明,有机污染既有地质原因,也有人为原因。对未披露的卤化学物质的额外检测表明,活性添加剂在非预期的情况下发生了原位转化,但这些添加剂在地下盐水中的形成途径尚不清楚。

为了开发一个高效的实验框架来研究复杂的页岩井参数空间,我们评估了井的地理空间数据,包括温度、压力、pH 值和卤化物离子数值,以及工业化学品披露和浓度数据[51]。这些研究结果表明,地下压力可达 31MPa,温度可达 95℃,而工业部门至少公开了 588 种独特的化学物质,包括活性氧化剂和酸。为了模拟地下的极端条件,已经评估了现有的达到必要的压力和温度的地球化学反应系统,并将生产能力确定为一个关键的限制条件。然后,设计并开发出了一个定制的反应系统,可以实现 34.5MPa 和 90℃低成本的 15 个单独的反应,随时可以实现转换[51]。

为了验证该系统的产能,在模拟地下条件下时,研究人员同时测试了 12 种与水平钻井相结合的水力压裂化学品,排除了 12 种潜在的转化途径。

通过结合水平井钻井化学添加剂进行水力压裂,得出了动态的、变化的参数范围。本文介绍了一种优化的反应结构和一种新型反应系统,用于研究地下转化途径[51]。

肉桂醛在过硫酸铵存在下的卤化反应证明了氧化破胶剂与卤化物反应生成活性卤素的潜力[52]。根据页岩井地下条件,对卤化产物的形成、分布和动力学进行了评估,将转化风险与可测量的与井相关的特征联系起来,如卤化产物成分、井温和 pH 值。

在一种典型的反排盐水中,溴化产物主要以摩尔百分数(6±2%,按初始肉桂醛含量归一化)高于氯化物(1.4±0.4%)和碘化物(2.5±0.9%),反映出相对的卤化物丰度和氧化倾向。因此,天然盐水和水力压裂添加剂之间的地下反应可能会意外形成卤化产物[52]。

(2)气相色谱—质谱分析法。

近年来,气相色谱—质谱(GC-MS)等现代分析方法已被专门用于识别与压裂过程有关的压裂液和/或返排液和采出液的有机化学成分[48]。

Ferrer 等采用液相色谱四级杆飞行时间质谱联用仪对返排液和采出液中存在的化学添加剂进行了鉴定[53]。通过对主要离子和碎屑的精确质量测量来表征压裂液的主要成分。

在研究中,由于富氧结构,钠加合物成为一些添加剂中检测到的主要分子加合离子形式。化学成分的分析类别包括凝胶(瓜尔胶)、抗微生物剂(戊二醛和烷基二甲基苄基氯化铵)和表面活性剂(椰油酰胺丙基二甲胺、椰油酰胺丙基羟基硫胺和椰油酰胺丙基衍生物)。为了明确鉴别这些化合物,我们探索了准确的质量和质谱—质谱碎片化的鉴别能力[54-55]。

Ferrer 等对水力压裂液中的化学成分进行了详细描述,并对用于明确测定的分析技术进行了评价[48]。

(3)液相色谱—高分辨率质谱。

在回顾中,我们评估了与非常规钻井相关的化学风险评估的不确定性和知识缺口[55]。讨论了在非常规石油和天然气开发活动中进行的化学品风险评估与常规化学品风险评估的不同之处,并讨论了对现有法规的影响。

Faber 等编写了一份包含 1386 种可能存在于非常规油气水样中的非常规油气化学物质推测清单,可用于液相色谱—高分辨率质谱—测定法对推测物质的筛选。

获得了非常规油气相关水的浓度的报告信息。大多数信息与页岩气相关,其次是煤层气,而致密气和常规气的信息量很少。

对常规油气开采的有限研究阻碍了对非常规油气开采活动的风险是否实际上高于常规油气开采活动方面的研究。还没有对压裂液、返排水和采出水、地表水和地下水的整个循环过程进行的分析研究。

通常使用的是目标筛选,可能忽略了所关注的污染物。地表水和地下水中分析的有机化合物中有近一半超过毒理学关注阈值(TTC),需要进行进一步的风险评估,不能豁免风险。此外,非常规油气开发相关活动对地下含水层没有特定的暴露场景。

人为失误在非常规油气生产生命周期各个阶段的化学品暴露中起着重要作用。无论是在国际层面,还是在美国联邦和欧盟层面,都已制定非常规石油和天然气开采相关活动的具体规定,以保护环境和人类健康。非常规油气开采活动大多通过总体环境、空间规划和开采立法进行监管[55]。

(4)液相色谱—电喷雾电离质谱。

需要定量分析方法来评价废水处理的备选方案或进行充分的暴露评估。然而,对基质效应如何改变目标分析物电离效率的了解,限制了液相色谱—电喷雾质谱对极性至半极性水力压裂添加剂的定量分析[56]。为了解决这一局限性,采用改进的标准添加方法,探讨了基质化学影响17种优先压裂添加剂电离的方式。

然后将这些数据用于对水力压裂相关流体中的水力压裂添加剂进行量化。结果表明,水力压裂添加剂在压裂相关流体中普遍表现出抑制的电离作用,但主要形成盐化加合物的水力压裂添加剂在采出水样中表现出显著的电离作用,这主要是加合物移位的结果。

在初步筛选中,在水力压裂伴生流体中鉴定出来戊二醛和2-丁氧乙醇以及苯扎氯铵、聚乙二醇和聚丙二醇的同系物。

然后使用基质采收率因子对水力压裂相关流体中苯并氯铵、聚乙二醇和聚丙二醇的单个同质物进行定量测量,范围从水力压裂液中的mg/L水平到样品中的μg/L水平。该方法可在样品类型和页岩地层中推广,并获得重要数据,以评估废水处理方案或实施风险评估[56]。

(5)分子印迹聚合物。

描述了一种分子印迹聚合物,能够检测2-丁氧基乙醇,这是一种与水力压裂污染有关的污染物[57]。该检测是基于胶体晶体模板和分子印迹的组合。与非印迹膜相比,分子印迹聚合物对2-丁基乙醇具有更高的结合能力,印迹效率约为2。

实验依赖于材料的均匀有序多孔结构所表现出的光学效应。聚合物薄膜的反射光谱具有特征布拉格峰,布拉格峰的位置随2-丁氧基乙醇浓度的变化而变化。在分子印迹聚合物暴露于浓度在1×10^{-9}~1×10^{-4}之间的2-丁氧基乙醇时,峰值发生长波红移,最高可达50nm。这样可以定量估计水溶液中2-丁氧基乙醇的浓度。该材料用于早期检测水力压裂现场的污染[57]。

(6)页岩废水样品。

使用一套一维和二维气相色谱技术对6个费耶特维尔页岩废水样品的有机组成进行了研究,以捕获化学结构的广泛分布[58]。采用严格的化合物鉴定置信度标准,对化合物进行了分类。

样品具有明显的地质成因特征(烃类和藿烷类生物标志物)、非常规天然气开发添加剂(如烃类、邻苯二甲酸二异丁酯等邻苯二甲酸盐、偶氮二异丁腈等自由基引发剂)。此外,还发现了未公开的化合物,如卤化碳氢化合物,如2-溴己烷或4-溴庚烷,以及氯甲基烷酸盐(氯甲基丙酸盐、戊酸盐和辛酸盐)。它们被鉴定为潜在的延迟酸,即只有在水解裂解后才释放酸性部分的酸。卤代甲烷和丙酮的鉴定表明,这些化合物是意外形成的副产品。图20.3列出了

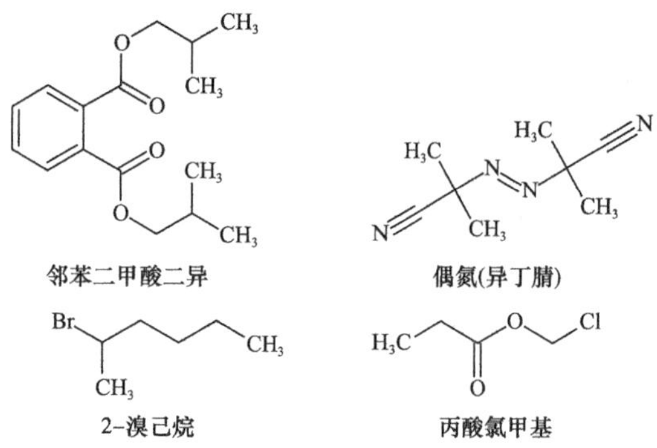

图 20.3 天然气开发添加剂

（邻苯二甲酸二异、偶氮（异丁腈）、2-溴己烷、丙酸氯甲基）

上述几种化合物。

该研究强调了非常规天然气开发作业产生转化产物的可能性，并强调了向地下注入添加剂的价值[58]。

非常规油气开发废水中的有机组分可以改变微生物群落和生物地球化学过程，从而改变基本自然衰减过程的速率[59]。这些发现为非常规油气开发废水释放后微生物的反应提供了新的见解，对确定受影响环境的修复和自然衰减策略至关重要。

在用于水力压裂液的费耶特维尔页岩流体中，对大量、短时间取水的需求可能会造成水生生物缺水。对允许取水量、实际取水量，与每月的中值、低值和高流量进行对比，估算潜在的供水不足风险。生物应激的风险被认为占长期中位数的20%以及高流量和低流量阈值的10%[60]。

水力压裂可以使用小溪、河流、池塘和水坝中的水。6月份，当流量很低时，允许在50%的取水点，12h泵送流量超过流量的中位数。与平均流速及流水量相比，运营商披露的每日用水量显示，6月至11月期间，7%～51%的流域可能存在水资源短缺。

如果100%的采出水被循环利用，每口井的用水量将减少25%，超过阈值将减少10%。由于新井设备的减少和循环用水的增加，预计未来的水短缺将发生在对饮用水和物种保护更为关注的少数集水区。可获取的、精确的采出量和流量数据对于评估和缓解大量抽水的流域的水短缺至关重要[60]。

（7）页岩气返排和采出水。

页岩气返排和采出水中的有机污染物通常表示为总有机碳或化学需氧量。

这些参数不能提供关于个别成分的毒性和环境归趋的信息。Butkovskyi等对返排水和采出水中有机污染物的鉴定方法进行了综述[61]。

（8）风险系数方法。

风险系数方法用于定量预测有机化合物对接纳地表水淡水生物的毒性[61]。这就需要识别许多与返排和采出水相关的潜在有害的有机化合物，即那些来源于页岩地层的化合物，如聚环芳烃、邻苯二甲酸盐、压裂液，例如，季铵杀菌剂和2-丁氧基乙醇和井下转化的有机化合物，例如，二硫化碳和卤代有机化合物。

此外，还对返排和采出水处理工艺如何去除这些化合物进行了研究，并确定了其他潜在的和有效的减排策略[61]。

（9）返排水和采出水的统计分析。

当水力压裂后的水返回地面时，它们具有复杂的有机和无机化学特征，如果处理不当，可能会造成健康风险。因此，这些水必须得到适当的处理或处置。

在整个返排阶段，研究了奈厄布拉勒地层水力压裂现场的水化学情况。在前18天，每隔一天采集一次样本，然后定期采集3个月[62]。

水力压裂液添加剂包括苯扎氯铵、烷基聚氧乙烯酸盐、聚乙二醇以及返排液和采出水中的地质成分。

这些研究结果表明,碱度和铁含量可能会限制这些水在水力压裂中的重复使用,而氯化物和碱度可能会限制这些水用于套管固井。此外,还观察到许多表面活性剂同系物,包括杀菌剂,在返排期开始时含量最高。

通过主成分分析,在化学数据中确定了三种独特的分组,对应于反排期间的不同阶段[62]:

① 返排阶段(第1~2天);
② 过渡阶段(第6~21天);
③ 采出水阶段(第21~87天)。

这项研究的结果对于制定评估水处理方案的决策框架非常重要,特别是在试图进行现场处理的情况下[62]。

(10)地球化学指纹。

非常规油气储层大规模压裂后回流地表流体的地球化学指纹识别,在评价油气资源开采、环境影响和废水处理处置等方面具有重要的应用价值。

已描述诊断元素和同位素特征(B/Cl、Li/Cl、$\delta^{11}B$ 和 δ^7Li)[63]。这对于表征水力压裂返排液的性质以及判别环境中水力压裂返排液的来源具有重要意义。

来自39份水力压裂返排液和生产水样本的数据显示,在大多数情况下,通过常规油气井采出水采样说明,马塞勒斯和费耶特维尔黑色页岩地层水力压裂返排液的成分中B/Cl(>0.001),Li/Cl(>0.002),$\delta^{11}B$(25‰~31‰),δ^7Li(6‰~10‰)是不同的。

硼同位素地球化学可用于定量描述小部分(0.1%)污染淡水中的水力压裂返排液,并可广泛应用于追踪其他盆地的水力压裂返排液。

这种诊断同位素工具的环境应用是通过对宾夕法尼亚州的一个油气盐水处理设施和西弗吉尼亚州的一个意外泄漏点的污水排放的成分进行检验来验证的。

假设在水力压裂过程中,硼和锂材料从页岩地层黏土矿物上的可交换位置上调动出来,导致水力压裂返排液中硼和锂的相对富集[63]。

采用生命周期评估方法,根据GHGfrack模型确定钻井和压裂的能源需求,对页岩气开采的典型水力压裂作业的环境影响进行评估[64]。GHGfrack是一种基于开源工程的模型,用于估算钻井和水力压裂作业的能源消耗和相关温室气体排放[65]。主要的环境影响来自于油气井建设,它在全球变暖、富营养化等各类环境影响中占63%,主要归因于柴油燃烧和炼钢[64]。

与用水有关的相对影响,即压裂液成分、水/废水运输和废水处理的影响相对较小,在所有类别的总影响中占5%~22%。此外,用于压裂的淡水消耗仅占页岩气藏可用水资源的一小部分。评价了用 CO_2 或 CH_4 泡沫压裂液(体积比为10%)替代滑溜水的影响。总影响降至12%以下,与用水有关的相对影响降至总影响的2%~9%。

因此,改用泡沫基压裂液可以显著减少与水有关的影响(>60%),但对总体的环境影响甚微。水平井长度、采出水—淡水比、压裂液成分和生命周期评估控制体积都不会改变这些结果。考虑到水与泡沫有关的生态健康和能源生产的影响,可以实现更多的潜在效益[64]。

Edwards等提出了页岩气藏中水气两相流的数值模型[66-67]。该模型用于检验水被毛细管力吸收并无限期停留在毛细管中的假设,还对大量与页岩气地层中水和气的多相流建模相关的数据进行了整理[68]。

该模型包含了系统的基本物理特征,并采用了最合理的几何结构。该模型被应用于不列颠哥伦比亚省 Horn River 盆地的一个特定井场,该井场有足够的可用数据来建立和测试该模型。

该模拟试验与气井生产的水气产量数据非常接近,表明该模型可以追踪页岩体系内所有的注入水,其中大部分水被吸入页岩基质,并在那里长期停留[66]。

(11) 特殊成分。

① 有机化合物。

研究人员对大容量水力压裂液、返排液和采出水中有机化合物的定性和定量分析方法进行了综述,以弥补在大容量水力压裂废水成分方面存在的知识欠缺[69]。

有机化合物的分析方法主要集中在那些用气相色谱法检验的化合物上,因此主要是挥发性和半挥发性的油气化合物。由于缺乏对哪些是可能存在的化合物以及分析这些复杂混合物的定量方法和标准的了解,对极性较强的非挥发性有机化合物的研究受到了限制。已经将液相色谱与高分辨率质谱结合,用于研究许多添加剂,并将使其成为进一步研究转化产物的重要工具,这些转化产物在现场和环境污染事件中通过物理、化学和生物过程越来越多地成为可溶性物质[69]。

在这项研究中,在美国西部水力压裂的 20 个采出水样品中发现了氨基聚乙二醇、氨基聚乙二醇羧酸酯和氨基聚乙二醇胺[69]。

② 半挥发性的碳氢化合物。

采用一次性十八烷基键合硅胶(C_{18})盒进行固相萃取,然后进行气相色谱—质谱分析,开发一种通用的用于水力压裂废水中 n-C_{10} 到 n-C_{32} 范围内半挥发性线性脂肪烃和 16 种多环芳香烃的定量分析方法。基质峰值显示,线性脂肪烃(n-C_{10} 到 n-C_{32})的固相萃取回收率为 38%~120%,多环芳烃的固相萃取回收率为 84%~116%。

两组化合物的检测极限都在较低的 ng/L 范围内。为了在实际应用中证明该方法的实用性,对科罗拉多州丹佛—朱尔斯堡盆地的采出水进行了为期 8 周的正渗透—反渗透混合先导系统的处理性能评估。反渗透处理后整个系统对正构烷烃的去除率一直高于 99.4%。处理过程中采出水、滤液和浓缩液中多环芳烃含量最高的是低分子量的萘、芴和菲。

它们在采出水中的浓度高达 359.3μg/L,40.7μg/L 和 68.3μg/L。这是最终处理水中检出的唯一超过美国环境保护局规定的饮用水中多环芳烃最高污染物含量标准的多环芳烃[70]。

③ 聚丙烯乙二醇和聚乙二醇羧酸酯。

尝试对美国科罗拉多州 Weld 县的丹佛—朱尔斯堡盆地(Niobrara 地层)的油气井返排水和采出水中的未知表面活性剂进行了分离和识别。在返排和采出水样中首次发现聚丙二醇(PPG)和聚乙二醇(PEG)羧基化合物。这些乙氧基表面活性剂可用作降阻剂、黏土稳定剂和表面活性剂。

使用超高效液相色谱/四极杆飞行时间质谱法可分离和鉴定不同类别的 PPG 和 PEG 羧化物及其异构体[71]。

Kendrick 质量标度[72]与色谱/质谱结合,以准确的质量提供快速明确的鉴别。Kendrick

质量标度系数是用该组的名义质量除以真实精确质量的比率计算出来的。然后将这个比率乘以测量到的质量来计算 Kendrick 质量。Kendrick 质量的重要性在于,在色谱图中,具有相同 Kendrick 质量亏损的每个峰与它之前或之后的一个环氧乙烷单位恰好相关[71]。

PPG 及其异构体在 1×10^{-6} 浓度范围内存在,可以作为水力压裂的指纹图谱。通过 FracFocus 3.0 对比压裂过程中使用的化合物的检测结果,可以发现虽然 PPG 和 PEG 通常都作为添加剂,但 PEG 羧基化合物尚未见报道。聚乙二醇羧酸酯可能是微量杂质或 PEG 的降解产物[71]。

④ 卤代有机化合物。

目前对水力压裂废水中特定有机成分的了解仅限于碳氢化合物和已知化学添加剂的一小部分。在一项研究中,水力压裂废水样品采用超高分辨率傅里叶变换离子回旋共振质谱作为非靶向技术进行分析,为单电荷分子离子分配明确的分子式[73]。

利用同位素模拟和 MS—质谱破裂谱对卤化物分子式进行了鉴定和确认。在返排液而非更陈旧的废水中丰富的卤代有机化合物说明观察到的分子离子可能与水力压裂添加剂及相关地下反应有关,如通过从页岩中提取的氯化物、溴化物和碘化物与强氧化剂添加剂,例如,次氯酸盐、过硫酸盐和过氧化氢反应,随后与多样化的溶解有机物反应。

一些分子离子与已知的消毒副产物的质量完全匹配,包括二碘乙酸、二溴苯甲酸和二碘苯甲酸。这些已鉴定的卤代有机化合物,特别是碘化有机分子,在陆地自然系统中是不存在的,因此这些化合物可以作为环境示踪剂发挥重要作用[73]。

⑤ 水力压裂产生的气体。

研究人员回顾了从非常规储层识别油气产量的最新技术和有前途的新方法,以确定它们是否是流入浅部含水层的游离甲烷和相关污染物的来源[74]。

这些方法可应用于更广泛的地下勘探和开发问题,如地下水资源,或低碳能源替代品的新前沿领域,如地下氢储存、核废料隔离和 CO_2 地质封存[74]。

(12)微环境实验。

① 戊二醛的降解。

使用微环境来阐明在不同戊二醛浓度下对生物降解的抑制作用。在没有戊二醛的情况下,半衰期从 13 天到 93 天不等。质谱分析表明,戊二醛以三聚体为主。当戊二醛三聚物浓度为 5mg/L 时,对细菌有一定的抑制作用。

对于大多数化合物,生物降解速度随着戊二醛浓度的增加而减慢。对于许多化合物,在柱体中的降解比在微观环境中要快。在一系列氧化还原条件下,四种化合物(2-丙醇、乙二醇、丙炔醇和 2-丁氧乙基醇)在地下水中既可流动又可持久存在。戊二醛三聚体和 2-乙基己醇的降解速度更快,特别是在氧条件下[75]。

此外,研究了暴露于抗微生物剂戊二醛对生物降解潜力的影响[76]。微环境是由宾夕法尼亚州马塞卢斯页岩地区水力压裂影响和非水力压裂影响的河水构建的。

使用戊二醛来改变微环境并在空气中孵育 56 天。采用 16S rRNA 基因扩增子测序和 qPCR 定量检测来监控微生物群落对戊二醛的适应能力。采用超高效液相色谱—高分辨质谱联用技术测定了戊二醛的非生物降解和生物降解情况以及总有机碳含量。

研究发现,非水力压裂作用影响下的微环境对戊二醛的生物降解速度要快于水力压裂作用影响下的微环境,表现出水力压裂作用后降解潜力的下降。与未受到影响的水流相比,在戊二醛暴露后,水力压裂影响下的微环境中戊二醛含量更高,表明水力压裂影响下的水流对戊二醛的耐受性更高。

序列计数数据的生境多样性和差异丰度分析表明,添加戊二醛后,水力压裂影响下和非水力压裂影响下的微环境中细菌富集程度不同。这些研究结果表明,水力压裂作业对水流中的微生物群落结构和戊二醛降解潜力具有持久的影响[76]。

② 聚乙二醇和聚丙二醇的降解。

聚乙二醇和聚丙二醇常用于水力压裂液,在多个盆地的水力压裂油气井返回地面的水中都检测到聚乙二醇和聚丙二醇。在模拟采出水溢出到浅层地下水的条件下,确定了聚乙二醇和聚丙二醇的降解途径和动力学[77]。

采用从丹佛—朱尔斯堡盆地两口早期和晚期生产井取得的四份采出水样,进行了沉积—地下水微环境实验。采用高分辨质谱技术分别对聚乙二醇生物降解产物单羧基聚乙二醇、二羧基聚丙二醇和单羧基聚丙二醇的形成进行了鉴定。

在有氧条件下,聚乙二醇的一级反应半衰期(<0.4~1.1天)比聚丙二醇的一级反应半衰期(2.5~14天)短[77]。聚乙二醇和聚丙二醇的降解与16S rRNA 基因宏基因组分析预测的主醇脱氢酶基因相对丰度的增加有关。在缺氧条件下,未观察到进一步的降解。

这些结果揭示了聚乙二醇和聚丙二醇在降解速度和降解途径上的差异,它们可能被用来更好地表征采出水释放后对浅层地下水的污染[77]。

20.2 处理方法

20.2.1 非离子表面活性剂的自然衰减

对三种广泛使用的非离子型聚乙二醇醚表面活性剂烷基乙氧基化物、壬基酚乙氧基化物和聚丙二醇的生物降解性进行了评价[78]。这些化合物在注入流体后起风化剂、乳化剂、润湿剂和缓蚀剂的作用。在厌氧条件下,无论表面活性剂是化学混合物的一部分还是作为单独的添加剂,都可以在3周内观察到溶液中烷基乙氧基化物和壬基酚乙氧基化物的完全去除。微生物酶链的缩短是导致乙氧基化物分子量分布转移和代谢产物乙酸酯积累的原因。

聚丙二醇生物衰减最慢,产生相当浓度的丙醛的一种异构体丙酮。表面活性剂链的缩短与16S rRNA 基因预测的厚壁菌宏基因组中二醇脱水酶基因簇(pduCDE)丰度的增加相耦合。二醇脱水酶基因簇的作用是在发酵成酒精和羧酸之前,将乙氧基酸链单元裂解成醛。

这些数据为水力压裂表面活性剂通过缩短链和生物转化意外释放后的环境归趋提供了新的机理见解,强调了揭示化合物结构对于预测生物降解产物的重要性[78]。

20.2.2 可见光的光催化

戊二醛是非常规油气生产中最常用的抗微生物剂。研究了使用 Ag/AgCl/BiOCl 复合光催化剂在可见光条件下光催化降解模拟油气废水中的戊二醛。用 5g/L 的光催化剂照射

75min后,浓度为0.1mmol/L、pH为7的200g/L NaCl溶液中戊二醛的去除率达到90%。

戊二醛的脱除遵循伪一级反应,反应速度常数为0.0303min^{-1}。在pH为5或300g/L NaCl条件下,光催化对戊二醛的脱除几乎完全受到抑制。当添加可溶性有机碳(通过腐植酸)10和200mg/L或Br$^-$ 120mg/L时,也观察到类似的抑制作用。随着pH值(5～9)增大、光催化剂添加量(2～8g/L)和350nm紫外线下(与可见光相比),戊二醛的去除率显著提高。而随着NaCl和初始戊二醛浓度(NaCl浓度为0～300g/L,戊二醛浓度为0.1～0.4mmol/L)的增加,戊二醛去除率明显降低。

同时,研究过程中还进行了淬火实验。实验发现,电子空穴和超氧化物是脱除戊二醛的主要反应物质,而OH的作用非常有限[79]。

20.2.3 采出水的生物处理

油气采出水的生物处理虽然有效,但很少使用。迄今为止,物理化学处理方法由于对空间的要求较小和操作简单而受到青睐。监管要求的改变以及随着人们对回收再利用兴趣的增加,导致了大家对生物处理兴趣的增加。为了阐明其潜在的作用,对采出水生物处理的59项研究进行了综述[80]。

对油田采出水进行了重点研究。中国对油田采出水的研究比其他任何国家都要多。大多数研究都使用了实际采出水(73%)。

研究主要是小规模的实验(69%)。固定膜反应器最为普遍(27%)。采出水处理后水质变化较大;总溶解固体的浓度中值为28000mg/L,化学需氧量中值为1125mg/L。盐度的抑制作用随处理体系和研究设计的不同而不同,但当总溶解固体超过50000mg/L时,盐度的抑制作用一般会降低。在处理实际样品的研究中,当总溶解固体浓度小于50000mg/L时,平均化学需氧量去除率为73%。当总溶解固体浓度大于50000mg/L时,平均化学需氧量去除率为54%。

关键问题是微生物驯化、毒性、生物污染和矿物结垢。由于从各种环境中分离出了能够降解烃类的微生物,找到一种接种菌并没有什么问题。用合成采出水代替实际样品处理效果较好。特别是作为一个更大的处理系统的一部分时,生物处理对于适合重复利用的废水是有希望的[80]。

非常规气井水力压裂利用大量水基流体来提高地层渗透率,并在返排过程中产生大量废水。这些水在重复利用或排放到环境中之前需要进行适当的处理[81]。

本书概述了非常规天然气资源的勘探和后续环境影响,并介绍了采出水处理技术,描述了主要结果和缺陷,以及一些成本估算方法[82]。

特别是,随着页岩气采出水量的不断增加,为水处理工艺和服务提供商创造了一个有利的市场机会。基于膜的技术,如膜蒸馏、正向渗透、膜生物反应器和渗透汽化,以及高级氧化工艺,如臭氧氧化、芬顿(Fenton)和光催化,被认为是恰当的处理方案[82]。

(1)瓜尔胶的降解。

返排水的重要成分是瓜尔胶,用作胶凝剂。它可能会对高级返排水处理(如膜分离)产生不利影响[81]。

说明了活性污泥混合液在典型反排条件下降解瓜尔胶的潜力。瓜尔胶在总溶解固体浓度为 1500mg/L 时能高效降解。在 10h 后,有超过 90% 的溶解化学需氧量被去掉。在 31h 后,总溶解固体浓度增加到 45000mg/L,抑制溶解化学需氧量降解到去掉 60%。高总溶解固体浓度还导致污水总悬浮物和浊度水平的增加。

然而,使用三氯化铁混凝剂后再进行沉淀和过滤可以有效地降低这些杂质含量。生物降低瓜尔胶浓度增加了小型超滤膜的通量,从而证明了该工艺在膜分离前处理反排水的潜力[81]。

(2)序列间歇式反应器。

研究表明,一种好氧颗粒污泥可耐受高盐度,适合处理返排水[83]。研究了序列间歇式反应器,用好氧颗粒污泥处理合成返排水,并研究了不同盐度下的微生物群落结构。注入合成返排水采的好氧颗粒污泥具有较大的平均粒径和较高的沉降速率(50m/h)。当 NaCl 浓度增加到 50.0g/L 时,总有机碳(TOC)的去除率提高到 79±1%,聚丙烯酰胺的去除率提高到 42.7±0.7g/($m^3 \cdot d$)。

α 蛋白细菌、β 蛋白细菌、γ 蛋白细菌和球杆菌在好氧颗粒污泥的微生物群落中占主导地位。属于 β 蛋白细菌和 γ 蛋白细菌的胞状振子科、红环菌科、肠杆菌科、莫拉氏菌科、假单胞菌科和卤虫科在高盐度返排水中降解聚(丙烯酰胺)、多环芳烃和其他一些有机物中起着重要作用。

本研究结果表明,好氧颗粒污泥为基础的序列间歇式反应器是一种很有发展前景的处理返排水的技术[83]。

20.2.4 农业表土的生物降解

水力压裂经常发生在农业用地。大量的有机压裂液和油气废水成分在环境中释放时的吸附、转化和相互作用程度尚不清楚[84]。

对常用水力压裂化学品的环境归趋和毒性的控制过程进行了研究。基于 PE 的表面活性剂在 42～71 天内在农业表层土壤中完全生物降解,但在抗微生物剂戊二醛存在时其转化受阻,在一定浓度下被盐完全抑制,这是油气废水的典型特征。与此同时,戊二醛被土壤吸附后浓度下降,在 33～57 天内完全降解。

在 6 个月的时间内没有脱除水溶液中的聚丙烯酰胺降阻剂,其会与戊二醛交联,进一步降低了抗微生物剂的水溶液浓度。

这些研究结果强调,为了了解其对人类健康的影响、被作物吸收以及对地下水污染的可能性,有必要考虑压裂液添加剂和农业土壤中油气废水成分的一些共同污染影响[84]。

由于返排水的高含盐量、含金属或非金属(As、Se、Fe 和 Sr)以及有机添加剂,意外泄漏的返排水可能会对周围环境造成风险。研究了反排水对中国东北地区页岩气区 4 种代表性土壤的潜在影响[85]。

溶液的成分可以代表压裂完井后不同阶段产生的返排水。利用 Microtox 生物测定法(用费氏弧菌)和酶活性测试,从金属流动性和生物可及性以及生物终点的角度评估了返排水溶液的成分对土壤生态系统的影响。

对不同返排溶液的土壤进行人工老化1个月后,As(Ⅴ)和Se(Ⅵ)的流动性和生物可及性随着返排溶液离子强度的增加而降低[85]。

结果表明,As(Ⅴ)和Se(Ⅵ)与土壤具有较强的结合亲和力。而土壤毒性在老化后仅呈现中度增加,脱氢酶和磷酸单酯酶活性随返排溶液离子强度的增加而显著降低。返排液中的聚丙烯酰胺则具有较高的脱氢酶活性。

这些结果表明,土壤酶活性返排液的成分很敏感。一项与As(Ⅴ)有关的初步人类健康风险评估表明,由于暴露和摄入而导致的癌症风险较低,同时需要对环境影响进行整体评估[85]。

20.2.5　有机物的好氧生物降解

(1)合成水力压裂液

合成水力压裂液是用已公开的工业配方开发出来的,使用马塞勒斯页岩气田工作人员使用的商业添加剂来进行实验室实验[86]。

实验采用一种国际公认的标准方法(OECD 301A[87]),通过监测用两种基质浓度和四种盐度的活性污泥和湖水微生物群落,从水溶液中去除溶解有机碳,来评价流体混合物的好氧生物降解潜力。

微生物降解工艺在6.5天内对添加的溶解性有机碳的去除率从57%提高到90%以上,在较低的浓度下去除效率更高,污泥和湖泊微生物处理的总体去除率相差不大。在生物处理过程中,醇类、异丙醇、辛醇被降解到低于其检测极限的水平,而溶剂丙酮则随着时间的推移而积累。在合成水力压裂液孵育的前6.5天内,即使生物群落已经预先适应了盐,40g/L或更高的盐浓度完全抑制了降解。

在合成压裂液孵育后,最初不同的微生物群落由隶属于假单胞菌和其他假单胞菌科的16S rRNA序列主导,类群可能参与丙酮的产生。

在有氧条件下,如果有机化合物意外释放到地表水和浅层土壤中,这些数据有助于进一步理解有机化合物在水力压裂液中生物降解潜力的约束条件[86]。

(2)烷基和壬基酚聚氧乙烯酯表面活性剂的生物降解。

非离子聚乙氧基盐通常被添加到水力压裂液配方中,作为风化剂,乳化剂,润湿剂和缓蚀剂[88]。这些添加剂随处可在,其生物降解能力对采出水再利用前的预处理、改善处理流程以实现外部有益的再利用是至关重要的。

研究人员评估了一口非常规天然气井采出水总溶解固体对烷基乙氧基盐和壬基酚乙氧基盐表面活性剂有氧生物降解的影响[88]。

在75天的有氧培养期内,表面活性剂浓度、物种的形成和代谢产物以及微生物群落组成和活性的变化都被量化。与对照组相比,在总溶解固体处理(10g/L,40g/L)中,化合物类和大量有机碳的降解速度都较慢。

短链乙氧基化物比长链乙氧基化物的生物降解更快,代谢物的相对丰度的变化,包括丙酮、醇、羧酸盐和烷基单元的醛中间体,表明采出水中总溶解固体浓度较高时,代谢途径可能发生改变。

因此,发现聚乙氧基醇表面活性剂添加剂在高浓度的总溶解固体中不稳定。这对于采出水的管理有着重要的意义,因为这些液体可越来越多地被循环利用于水力压裂液中[88]。

20.2.6 微生物电化学电池

利用巴肯页岩废水对微生物燃料电池和微生物电容去离子电池的性能进行了评估[89]。采出水的特点是含有大量的溶解固体和化学需氧量。

双室微生物燃料电池和三室微生物电容去离子电池采用分批投料模式,在阳极利用混合微生物群落、在阴极利用铁氰化物,采出水作为阳极和电容去离子单元的电解液。微生物燃料电池的化学需氧量去除率为88%,而微生物电容去离子电池的化学需氧量去除率仅为76%。微生物电容去离子电池的阻抗($6600\Omega\cdot cm^2$)较微生物燃料电池的阻抗($870\Omega\cdot cm^2$)大,因而性能较差。

然而,微生物电容去离子电池可以实现两倍高的去除溶解固体率。微生物燃料电池和微生物电容去离子电池在作业的后期都因污垢而产生较高的阻抗[89]。

20.2.7 铁—生物炭复合材料

最近,多孔碳或矿物材料,例如,活性炭和沸石,作为支持纳米零价铁的材料备受关注,由于其高表面积和特定的孔隙/通道结构,防止纳米零价铁的氧化和聚合[90],因此可以适用于压裂废水处理[91-93]。

与活性炭相比,生物炭是一种通过热解从生物废弃物中提取的多孔材料,作为纳米级零价铁的固体支撑材料提供了一种更可持续的选择[94]。更重要的是,生物炭可能比活性炭携带更多的含氧表面官能团(如CO、COC和CO),这些官能团可能能够与Fe发生交互作用,形成多功能Fe—生物炭复合材料[95]。

研究人员对一种新型吸附剂进行了评价,该吸附剂可以去除水力压裂废水中的潜在有毒元素、阳离子和杂氯。

将林业木材废弃物衍生生物炭粉与$FeCl_3$水溶液混合,制备一系列铁—生物炭合成物,具有不同的铁/生物炭浸渍质量比(0.5:1、1:1、2:1),随后将其在1000℃高温下在氮气净化管式炉中热分解。通过对铁—生物炭合成物的孔隙度、表面形态、晶体结构和界面化学性质的表征发现,铁与CO键螯合成CO-Fe部分在生物炭表面,随后在热解过程中还原成C-C键和纳米级零价铁[96]。

合成的化学机理可以概括如下[96]:

$$\begin{aligned}
2FeCl_3+6H_2O &\longrightarrow 2Fe(OH)_3+6HCl, \\
2Fe(OH)_3 &\longrightarrow 2Fe_2O_3+3H_2O, \\
C+H_2O &\longrightarrow CO+H_2, \\
3FeO_3+H_2,CO,C &\longrightarrow 2Fe_3O_4, \\
Fe_3O_3 &\longrightarrow 3FeO, \\
3FeO+6C &\longrightarrow 3Fe_3C+3CO, \\
Fe_3C &\longrightarrow 3Fe+C.
\end{aligned} \quad (20.1)$$

对铁—生物炭复合材料进行性能评估,以便从高盐度(233g/L 总溶解固体量模型)压裂废水中同时去除潜在的有毒元素[铜(Ⅱ)、铬(Ⅵ)、锌(Ⅱ)和砷(Ⅴ)],固有的阳离子(钾、钠、钙、镁、钡和锶),异构氯化物的(1,1,2-trichlorethane),从盐碱地和总有机碳(233g/L 总溶解固体模型)压裂废水。异构氯化物(1,1,2-三氯乙烷)以及总有机碳。

通过对不同污染物的去除机理的研究,表明铁生物炭(1∶1)具有最佳的还原/电荷转移活性,这是因为纳米尺度的零价铁的均匀分布具有最高的 Fe^0/Fe^{2+} 比例。铁—生物炭(0.5∶1)中较低的 Fe 含量导致 Fe^0 快速耗尽,而铁—生物炭(2∶1)中较高的 Fe 含量导致 Fe^0 严重聚集和氧化,并致其与 Fe^{2+}/Fe^{3+} 的络合/(co)形成沉淀。通过 CO 键和阳离子的相互作用进行桥接,所有合成的铁—生物炭复合材料都表现出了对压裂废水中固有阳离子(3.2~7.2g/g)的高去除能力。

综上所述,可以阐明铁—生物炭复合材料(预)处理高矿化度复杂压裂废水的潜在效果和机理作用[96]。

20.2.8 雌激素和雄激素受体活性

伴随水力压裂开采天然气的迅速发展,增加了整个过程中使用的化学物质对地表和地下水污染的可能性[97]。在整个开采过程中,可能会用到的许多产品中含有 750 多种化学物质和成分,其中包括 100 多种已知或预测的内分泌干扰物。

据估计,在天然气钻井作业中使用的特定化学物质,以及在科罗拉多州加菲尔德县钻井密集地区收集的地表和地下水样品中,均显示雌激素和雄激素受体活性。在一项研究中,收集了水样本,进行固相萃取,并使用人体细胞系报告基因测定方法测量雌激素和雄激素受体活性。在选取的 39 个水样中,分别有 89%、41%、12% 和 46% 显示出雌激素活性、抗雌激素活性、雄激素活性和抗雄激素活性。

对天然气钻井化学品的测定显示了新的抗雌激素活性、新的抗雄激素活性和有限的雌激素活性。科罗拉多河是该地区的流域,显示出中等水平的雌激素、抗雌激素和抗雄激素活性,这表明在河流周围已知的与天然气相关的泄漏点,可能与该水源观察到的多种受体活性有关。

在科罗拉多钻井密集地区采集的大部分水样,与附近钻井作业有限参考地点的水样相比,表现出更多的雌激素、抗雌激素或抗雄激素活性。这些发现表明,天然气钻井作业可能会导致地表水和地下水中内分泌干扰化学活性的升高[97]。

研究了怀俄明州常规油气和非常规油气产区地下水中的内分泌活性和有机污染物[98]。

从每个地区收集地下水样本,进行固相萃取,并利用人类子宫内膜细胞报告基因检测评估内分泌活性(雌激素、雄激素、孕激素、糖皮质激素、甲状腺受体激动性和拮抗)[98]。

来自非常规油气和常规油区的水样比来自常规气区的水样具有更强的雌激素受体拮抗剂活性。来自非常规油气区的样品往往更容易表现出孕激素受体拮抗作用,这表明可能存在非常规油气区对这些内分泌活动的影响。研究人员还报道了亭式地下水提取液中的非常规石油和天然气污染物,以及当地非常规石油和天然气废水样品中的高浓度化学物质。在常规油气井平台的一口允许饮用的水井中,地下水中观察到一组独特的污染物,而非常规油气现场则没有。该区域人类内分泌活动水平较高,这表明常规油气可能会对内分泌生物活性产生影响[98]。

对科罗拉多州丹佛—朱尔斯堡盆地一口水平井进行了超过220天的水力压裂返排和采出水样品的毒性和微生物特征分析[99]。通过生物发光抑制试验、Ames Ⅱ致突变性试验和酵母菌雌激素筛选,测定了返排水和采出水的细胞毒性、诱变性和雌激素活性。

在生物荧光抑制试验中,原返排液和采出水对细菌有刺激作用,但在酵母雌激素筛选中对酵母有细胞毒性。在生物荧光抑制试验和酵母雌激素筛选中,过滤后的返排液和采出水均能刺激细胞生长。

通过固相萃取浓缩25倍。通过生物发光抑制试验发现,在整个油井生产过程中具有显著的毒性。通过酵母雌激素筛选,在返排的前55天具有毒性,通过Ames Ⅱ诱变试验发现具有诱变性。通过16S rRNA基因V4V5区测序,分析了压裂条件下的压力选择(包括毒性)对细菌和古生菌群落的影响。选择了用于压裂液的地下水和天然页岩中细菌群落中嗜热、厌氧、嗜盐细菌和产甲烷古菌的生存条件[99]。

(1)干扰内分泌的化学物质。

① 形成脂肪的活性。

新的研究评估了目前的脂肪形成模型,并提出了新的模型[100]。直到最近几年,研究才真正开始关注复杂的污染物的混合物,以及这些混合物如何在与环境相关的场景中破坏代谢健康。一些研究已经开始评估来自不同环境的环境混合物,并研究其潜在的形成代谢功能障碍的机理。这些研究在强调探索所观察到的生物体效应的关键机制方面很有前景。此外,高通量毒性数据库(ToxCast等)可能有利于在未来为体内试验优先确定化学物质,特别是能更好解释促进功能障碍的致病分子机理,并将专家的意见用于完善数据库。

在生产过程中使用的有机化学品超过1000种,注入后在生产井的生产周期均会产生废水[101]。这些废水通常通过注入处置井来长期储存、由废水处理厂处理并排放,和/或储存在露天蒸发池。然而,据报道,在所有地区的施工井中,废水泄漏率为2%~20%,增加了人们对这些废水给环境造成影响的担忧。

使用小鼠胚胎成纤维细胞(3T3-L1)和人转录因子PPARγ报告检测试剂盒,把科罗拉多州和西弗吉尼亚州23种非常规石油和天然气的化学品,以及一小部分受非常规石油和天然气化学品废水影响的地表水混合物,对其促进脂肪形成的活性进行了评估(包括甘油三酯积累和前脂肪细胞的增殖)[101]。

据报道,实验室配制的非常规石油和天然气化学混合物以及低于环境浓度水平的非常规石油和天然气化学物质影响的水样都能诱导有效的成脂活性。

此外,在类似浓度下对一些样品的PPARγ活性情况进行了评估,说明了对观察到的影响的致病分子途径,但其他脂肪生成样品没有,说明与非常规石油和天然气化学品相关的化学物质的影响依赖和独立于PPARγ的影响。总之,这些结果表明,非常规石油和天然气化学品废水在与环境相关的浓度下有可能影响代谢健康[101]。

② 扰乱内分泌活性。

已有证据表明,石油和天然气作业会用到扰乱内分泌的化学物质,污染地表水和地下水。扰乱内分泌化学品定义为任何能干扰激素作用的外源性化学物质或化学物质的混合物[102]。

已经鉴定出多达1000种内分泌干扰物,包括合成的和自然产生的[103]。

通过对人子宫内膜癌细胞的报告基因分析,研究了石油和天然气作业中使用和/或产生的24种化学品对5种核受体的内分泌干扰活性[104]。同时,测定了油气废水样品中16种化学物质的浓度。

用于测试的化学品见表20.2。

表 20.2　试验化学品[104]

化合物	在石油和天然气作业中的用途
1,2,4-三甲苯	表面活性剂
2-(2-甲氧乙氧基)乙醇	抗微生物剂、表面活性剂
2-乙基己醇	消泡剂、破胶剂
2-甲基-4-异噻唑啉-3-酮	抗微生物剂
丙烯酰胺	防垢、降阻剂
苯	防蜡剂、表面活性剂
溴硝丙二醇	抗微生物剂
异丙基苯	防蜡剂
二乙醇胺	降阻剂、腐蚀抑制剂
乙氧基化壬基酚	表面活性剂、腐蚀抑制剂
乙氧基化辛基苯酚	表面活性剂、腐蚀抑制剂
乙苯	防乳化剂、防蜡剂
乙二醇	交联剂、降阻剂
乙二醇一丁醚	表面活性剂、起泡剂萘表面活性剂、酸缓蚀剂
N,N-二甲基甲酰胺	缓蚀剂
石炭酸	支撑剂的树脂涂层
丙二醇	胶凝剂、破胶剂
焦硼酸钠	交联剂
苯乙烯	支撑剂
甲苯	防乳化剂、防蜡剂
三乙二醇	抗微生物剂、脱水剂
二甲苯	防乳化剂、破胶剂

雄性C57BL/6J小鼠产前暴露于这些化合物的混合物后,评估其生殖和发育结果。研究发现,23种常用的石油和天然气作业化学品能够激活或抑制雌激素、雄激素、糖皮质激素、

孕酮和/或甲状腺受体,这些化学品的混合物在体外具有协同性、添加性或拮抗性[104]。

产前暴露于 23 种石油和天然气作业化学品的混合物(3、30 和 300μg/(kg·d),导致雄性小鼠精子数量减少,睾丸、身体、心脏和胸腺重量增加,血清睾酮水平增加,表明对多器官系统有影响[104]。

提出一项研究,用于证明与非常规油气作业相关的化学品混合物是否会影响免疫系统的发育和功能。如前一项研究所述,使用了与非常规石油和天然气有关的 23 种化学品的混合物(表 20.2)。这种混合物被证明会影响老鼠的生殖和发育终点。在整个妊娠期和哺乳期,让 C57Bl/6 小鼠生活在含有两种浓度的 23 种化学品混合物的水中,并对成年雄性和雌性后代的免疫系统进行评估。观察了初级和次级免疫器官的细胞结构。使用三种不同的疾病模型来探索潜在的免疫作用:室内尘螨诱导的过敏性气道疾病、甲型流感病毒感染和实验性自身免疫性脑脊髓炎。

在这三种疾病模型中,发育暴露改变了女性后代(而不是男性后代)某些 T 细胞亚群的反应频率。此外,在实验性自身免疫性脑脊髓炎模型病例中,女性发病更早、更严重。我们的研究结果表明,在发育过程中暴露于这种混合物有持续的免疫力影响,且性别不同,并在自身免疫性脑炎的实验模型中加剧了反应。这些观察结果表明,发育过程中暴露于复杂的水污染物混合物中,例如来自非常规油气作业的水污染物混合物,可能会导致晚年免疫失调和疾病[105]。

上述结果表明,人类和动物如果暴露在与环境相关的潜在石油和天然气化学品中,可能会对发育和生殖健康产生不利影响[104]。

本研究提出了一系列建议,以便科学、准确地评估与石油和天然气作业相关的化学暴露可能产生的内分泌相关风险[106]。

基于暴露于石油和天然气化学品会对健康造成负面影响的假设,以下建议用于评估它们对人类和野生动物构成的风险[106]:

a. 将以内分泌为中心的末点整合到非常规钻井作业区域的人类健康评估中;

b. 对人体中的化学物质及其代谢物进行生物监测研究;

c. 开发一种以效果为导向的筛选方法,以评估混合物的内分泌相关效果;

d. 对接触复杂的石油和天然气化学品混合物的动物进行受控实验室动物研究,以评估对健康有害的结果;

e. 进行体外生物测定以评估受体与复杂混合物的相互作用。

这些建议将为油气资源管理决策提供更好的信息,并最终保护和改善人类健康。

在最近的一项研究中,48 项研究对非常规油气活动现场附近的空气采样进行了评估,发现了 106 种化学物质,在之前的两项或更多研究中检测到了这些化学物质[107]。乙烷、苯和正戊烷是最常见的三种化学物质。21 种化学物质已被证明具有内分泌活性,包括雌激素活性和非雌激素活性以及改变类固醇生成的能力。

文献还表明,一些空气污染物可能会影响生殖、发育和神经生理功能和神经末端,它们都可以由激素调节。这些化学物质包括苯、甲苯、乙苯和二甲苯,以及几种多环芳烃和汞[107]。

③对两栖类蝌蚪的免疫毒性。

非常规油气相关污染物对两栖动物健康的影响以及它们对一种新兴的(由蛙属病毒引起

的)蛙病毒传染病的抵抗能力的影响,尤其是在脆弱的蝌蚪阶段,目前还知之甚少[108]。

两栖类非洲爪蟾的蝌蚪和兰纳青蛙病毒(FV3)被用作与水生环境保护研究相关的模型,以调查暴露于23种具有内分泌干扰化合物活性的非常规石油和天然气相关化学品混合物的免疫毒性效应。

在感染FV3之前,将非洲爪蟾蝌蚪暴露在一种由23种非常规石油和天然气相关化学物质组成的混合物中,浓度在0.1~10μg/L之间,持续3周。数据表明,暴露于非常规石油和天然气化学混合物的生态剂量为5μg/L至10μg/L对蝌蚪是有毒的。

低剂量显著改变了髓系基因的稳态表达,并通过TNF-α、IL-1β和I型IFN基因的表达降低了蝌蚪对FV3的反应,这与病毒载量的增加有关。暴露于六种非常规石油和天然气化学品子类仍然足以扰乱抗病毒基因表达反应。

这些发现表明,低剂量但与环境相关的非常规油气水污染物有可能引起抗病毒免疫功能的急性改变[108]。

20.2.9 采出水处理

采出水是一种重要的废水流,可以进行处理再利用[6]。然而,必须考虑去除水力压裂中添加的化学物质。采出水处理再利用的原因是,目前的处理方法通常为深井注入和渗滤池。此外,石油和天然气的生产往往在干旱地区进行,那里有新的水源的需求。

以加州的水力压裂化学添加剂数据为例,对物理化学和生物降解数据进行汇总,并用于筛选合适的采出水处理技术[6]。研究结果表明,水力压裂化学品在很大程度上是可以处理的。此外,在193种化学添加剂中缺了24种数据。

(1)降解聚丙烯酰胺。

高分子量(1~30MDa)的聚丙烯酰胺通常用作水和废水处理的絮凝剂,用作土壤调节剂,在提高采收率和大规模水力压裂中用作黏度调节剂和降阻剂[109]。

无论是在水管理方面,还是在意外泄漏后对当地供水的污染方面,聚丙烯酰胺的应用可能导致重大的环境挑战。综述了目前高分子量聚丙烯酰胺的应用,包括通过化学、机械、热、光解和生物过程降解聚丙烯酰胺的潜力[109]。

此外,还讨论了含部分降解聚丙烯酰胺废水的处理方法,以及聚丙烯酰胺在处理或意外释放后在环境中的潜在毒性和迁移性问题[109]。

(2)废水中硼的去除。

在水力压裂过程中,一种很有前景的水管理策略是对返排水/采出水的处理和再利用。尤其值得一提的是,含盐的返排水中含有许多压裂中使用的化学物质,再次使用之前需要将其清除。

用硼酸盐基交联剂调节压裂液的流变特性。将明矾和氯化铁作为混凝剂,用于澄清和去除伊格福特(Eagle Ford)页岩一口井的含盐返排水中的硼。

超过9000mg/L或333mM铝和160mM铁(对应的铝/硼和铁/硼质量比约70,摩尔比分别为28和13)是去除约80%硼的必要条件。

用混凝法去除高强度废水中的硼是不可行的。X射线光电子能谱分析表明,新析出的Al

（OH）$_3$和Fe（OH）$_3$表面存在B—O键。这表明硼的吸收主要是通过配体交换进行的。

傅里叶变换红外光谱衰减全反射法提供了非晶态铝和铁氢氧化物表面羟基与内层硼络合的直接证据。由于四面体硼可能的存在状态被严重的AlO干扰所掩盖，因此在铝絮凝体上只能检测到三角硼。在Fe（OH）$_3$表面上发现了硼配合物的三角形和四面体构象[110]。

（3）生物学方法。

对于超过三分之一的有机化学品，有数据表明其生物降解能力，从而表明生物处理是有效的。基于吸附的方法和将化学物质分配到油中进行次组分分离，预计可有效地分离约三分之一的化学物质。以挥发为基础的处理方法，例如空气剥离，只能对大约10%的化学品有效。反渗透是一种很好的综合方法，可以有效去除70%以上的有机化学物质。其他技术，如电凝聚和高级氧化，都很有发展前景，但缺乏经验。

由于发病率、毒性和缺乏数据而最受关注的化学品包括丙炔醇、2-巯基乙醇、四羟甲基膦硫酸酯、巯基乙酸、2-溴-3-腈丙酰胺、甲醛聚合物、丙烯酸聚合物、季铵盐化合物和表面活性剂，如乙氧基醇[6]。

利用工程生物膜研究了尤蒂卡和巴肯页岩采出水样的生物可追踪性[111]。

在归一化总溶解固体浓度下，观察到的总溶解有机碳去除率在1%到87%之间。这表明，采出水的组成，包括有机成分和微量元素，如营养物质和金属，是生物处理性能的重要驱动因素。质谱分析结果表明，所有样品中烷烃含量不同，非离子表面活性剂、卤化化合物和酸性化合物含量也不同。

统计数据简化方法表明，后两组与还原的生物降解动力学相关。这些结果表明，将生物降解性能与有机形态相结合可以指导评价采出水的生物处理[111]。

（4）絮凝—吸附处理。

研究了化学混凝剂和粉状活性炭在4种水力压裂废水中降低浊度、溶解有机碳、总石油烃和聚乙二醇的应用[112]。对粉状活性炭和混凝剂进行了震击试验。操作上确定了处理目标——将浊度、聚乙二醇和总石油烃类降低90%。

混凝作用是一种涉及电荷中和的化学过程，而絮凝是一种物理过程，不涉及电荷中和[113]。使用混凝剂的剂量可以通过瓶式检验来确定[114,115]。瓶式检验包括将相同体积的水样本暴露在不同剂量的混凝剂中，然后在恒定的短时间内同时混合这些样本。

发现粉状活性炭可以有效地去除废水中的聚乙二醇和总石油烃，但如果没有添加混凝剂，就无法沉淀。在有粉状活性炭和没有粉状活性炭的情况下，三氯化铁在低于三氯化铝的用量下可使浊度降低90%。

优化的混凝剂用量本身对溶解有机碳和聚乙二醇的浓度影响很小或没有影响，但在3种水体中，溶解性有机碳的一种微量组分石油烃的去除率均超过80%。

粉末活性炭在1000mg/L时，总离子色谱的去除率达到80%以上，而溶解有机碳去除率为9.5%~48.3%。上述结果表明，用低剂量5mg/L的氯化铁混凝是一种有效的降低水力压裂废水浑浊度和总石油烃的方法。当与粉末活性炭相结合时，该方法还可以去除溶解的有机碳和目标有机污染物，如聚乙二醇[112]。

（5）蒸发的水力压裂废水的氧化。

通过实验量化了水力压裂返排废水12个样品的空气排放物[116]。样品采集于二叠系盆地。

此外,评估了导致颗粒物形成的这些排放的光化学过程。总挥发性碳(即室温下蒸发的碳氢化合物)的平均浓度为每升 29mg 碳。在高 NO_x 条件下光化学氧化后,每毫升废水蒸发后形成的有机颗粒物的量平均为 24μg。硝酸铵的形成量平均为 262μg。

根据在这些实验中观察到的平均直径颗粒物形成情况,估计得克萨斯州返排废水蒸发形成的颗粒物在石油钻井平台使用的柴油发动机中颗粒物排放的估计范围内。返排废水是一种迄今尚未被认识到的二次污染物来源,其蒸发可显著提高环境颗粒物浓度[116]。

(6)膜工艺。

介绍了膜在油气行业中的应用和用于水管理的机会。膜工艺是重复利用技术的关键组成部分,因为它们包括一些最佳可行技术。

已经描述了各种各样的案例研究,包括不同的作业领域,如气田、油田、油砂和页岩油气区。在这些案例研究中,一种广泛应用的膜工艺,包括膜生物反应器、反渗透、微滤、超滤、纳滤、陶瓷膜、渗透、膜蒸馏、减压渗透、膜接触器和/或涉及新的创新型膜材料的工艺,要么通过现场/实验室实验后大规模安装,要么通过桌面研究进行了调查[117]。

反渗透和纳滤分别广泛应用于海水淡化和脱硫。此外,膜过滤和生物反应器经常用于去除无机和有机物的独立处理,或作为脱盐膜的预处理[117]。

为了解决返排水和采出水现场处理的优化设计问题,提出了一个数学模型,将反渗透和正渗透结合起来,同时尽量减少淡水消耗和压裂水的特定成本。结果表明,在这两个目标之间存在明显的权衡,并突出了所提出的技术组合为页岩气—采出水提供环保解决方案的潜力[118]。

可持续的废水管理策略需要尽量减少大容量水力压裂的影响[119]。在大容量水力压裂废水处理中,膜可提供较好的排水水质,但膜污垢严重限制了这些系统的应用。然而,在大容量水力压裂废水中,关键的污垢成分尚未得到明确的识别和表征。

(7)微滤膜。

研究表明,滑溜水压裂液的主要添加剂聚丙烯酰胺是合成返排水对微滤膜造成污垢的主要原因。合成压裂液在玛西拉页岩大容量水力压裂条件下培养(80℃,83bar,24h)生成合成返排水[119]。

不同大容量水力压裂条件和压裂液成分生成了排液水的成垢指数从 $0.1m^{-1}$ 到 $2000m^{-1}$。这些值与峰值分子量(从 $10 \times 10^4 \sim 1.5 \times 10^4 kDa$)和水中高分子量成分的浓度相关。

在大容量水力压裂条件下,用过硫酸铵进一步降解聚丙烯酰胺时,成垢指数最低,尽管在目前的压裂作业中,它很少与聚丙烯酰胺一起使用。

这些结果强调了聚丙烯酰胺及其降解产物在后续膜系统结垢中的重要性,为开发有效处理大量水力压裂废水技术提供了建议[119]。

此外,研究表明,用磺基丙氨酸对氧化铝陶瓷微滤膜(0.22μm 孔径)进行化学功能化,会产生超亲水性表面[120]。这使得碳氢化合物可以从压裂液和采出水中分离而不会产生污垢。

所有样品的单程抑制系数均为90%。当水动力直径小于膜孔径时,碳氢化合物从水中分离,这是由于膜表面具有两性离子荷电的超亲水性。

膜上的污垢基本上被消除了,而流量比可以在低于 2bar 的压力下获得,低于未处理膜达到相同通量所需的 4~8bar[120]。

（8）萃取膜生物反应器。

在另一项研究中，在萃取膜生物反应器中研究了水力压裂废水中特定有机成分的生物降解[121-122]。

通过广泛的文献评价生成了合成水力压裂废水，其中含有高浓度（1000mg/L）一系列不同疏水性的化合物，即：甲乙酮、苯、苯酚、醋酸，以及30～120g/L且pH值低的Cl^-。使用聚合物管循环这种"不友好"的废水，通过富集菌群选择性地将有机化合物通过膜进行生物降解[122]。

16S rDNA分析表明，菌群中存在假单胞菌属、丛毛单胞菌属、无色杆菌属、赖氨酸芽孢杆菌属和草酸杆菌属。间歇式萃取膜生物反应器在72h后对甲基乙基酮、苯和苯酚的去除率达到99%，有效地去除了乙酸直至其电离点。反应器连续运行时，苯和苯酚的去除率为99%，甲基乙基酮的去除率为96%，乙酸的去除率为53%。

这证明了这种反应器中精心挑选的两亲性聚合物对于处理水力压裂废水中亲水和疏水有机物的有效性[122]。

（9）页岩气废水的脱盐。

脱盐技术能够实现水循环和/或水的再利用，这对页岩气行业至关重要。用于处理高盐页岩气废水的液体零排放脱盐工艺的进步可以在减轻公众健康和环境影响以及提高整个工艺的可持续性方面发挥关键作用[123]。

已经在专题论文中总结了最具前景的基于热和基于膜的液体零排放的页岩气废水脱盐替代品[123-124]。

（10）废水地面溢散到农用土壤的模拟。

水力压裂废水中含有来自地层水的合成有机成分和金属离子。水力压裂废水溢出的风险可能影响土壤质量和水资源，是非常令人关注的。

使用柱体实验检测土壤中水力压裂废水中合成成分（如表面活性剂）通过土壤运移并调动金属的能力[125]。

在用于农用土壤的结垢土壤柱体实验中，模拟水力压裂废水的泄漏，模拟了科罗拉多州韦尔德县一年中发生7次10年降雨水平事件的情况。

虽然在渗滤液样本中没有发现表面活性剂或其转化产物，但调动了与环境相关的浓度下的铜、铅和铁。总的来说，在第一次泄漏后，金属浓度呈上升趋势，直到第4次降雨后才开始下降。

研究结果表明，水力压裂废水中高浓度的盐可导致金属的迁移。观察到渗入土壤的速度显著下降，导致水分由于盐度增加而无法渗透，这可能会对作物生产造成严重影响[125]。

20.3 污水的回收

目前已经开发出了一些系统和方法，用于回收通常与采出水相关的污染物，从而生产出质量达标的水，作为压裂水再使用[126]。

采出水中含有来自地下环境的天然污染物，如含油气地层中的碳氢化合物和无机盐。采出水还可能含有人工污染物,这些污染物可能含有压裂液,包括聚合物、无机交联剂、聚合物破胶剂、减阻化学品和人工润滑剂。当采出水又被甲醇污染后,会产生一个特殊的问题,因为甲醇会通过几乎所有可用的膜过滤系统。

污水回收系统包括厌氧菌消化污染水,然后将水曝气调节,以增强生物消化。曝气后,使用浮选操作将水分离,有效去除用过的减阻剂,使处理后的水可以回收,作为压裂水再利用[126]。在该装置的一个单独的分支中,在砂粒充填过滤器之后是一系列的生物反应器,最后是硼处理装置。这样清洗过的废水就可以排放到环境中了。

表20.3列出了从这种系统获得的污染物浓度的典型值和目标值。

表20.3 污染物浓度[126]

污染物	典型值范围,mg/mL	目标值(最大),mg/mL
180℃下总溶解固体量	9000~16000	10000
105℃下总溶解固体量	0~100	75
总有机碳	400~800	700
化学需氧量	1000~3000	2000
生物需氧量	500~1500	1000
铁	1~10	5
氯化物	5000~10000	6000
钾	100~500	300
钙	50~250	150
镁	10~100	25
钠	2000~5000	3000
硫酸盐	40~200	50
碳酸盐	0~100	25
重碳酸盐	100~1200	800
硼	0~20	15

20.3.1 水力压裂废水

水力压裂可产生大量废水。钻井过程包括伴随注入砂子和化学药品混合物的注水。该工艺在超过200bar的压力和超过5L/s的流速下将水泵入裂缝,以便形成与页岩中天然裂缝相交叉的用砂充填的长裂缝。水力压裂工艺总用水量为10000m³[127]。

提出了一种清洗水力压裂后返排水的方法。这种方法包括[127]:

(1)将从返排水中去除油。

(2)用孔径约为0.1μm或更小的超滤器过滤返排水,以便去除固体颗粒和有机大分子,如苯、乙苯、甲苯和二甲苯。

(3)将返排水浓缩,生产出一种盐含量约为返排水总重量15%~40%的盐水。

(4)使用有效数量的反应物进行一次或多次化学沉淀过程,以沉淀出所需的高质量商业产品,如硫酸钡、碳酸锶或碳酸钙。

(5)对经过化学处理并浓缩的返排盐水进行结晶处理,以生产出纯的盐产品,如氯化钠和氯化钙。

采用不锈钢反应器来模拟水力压裂液中常用杀菌剂戊二醛的井下化学性质[8]。结果表明,戊二醛能迅速自聚合($t_{1/2}<1h$),从而形成水溶性二聚体和三聚体。最终在140℃和/或碱性pH值和高温下析出。

发现盐度对戊二醛的转化有明显的抑制作用。压力和页岩不会影响戊二醛的转化和/或从大量流体中去除。在实验拟二阶速率常数的基础上,开发了一个动力学模型,用于预测在测试范围内、任何组合条件下的戊二醛在井下的半衰期。

这些发现表明,在温度较低、酸性较强、盐性较强的页岩中,具有生物活性的戊二醛单体在高温和/或碱性页岩中控制微生物活动的时间有限,并且可能通过返排和采出水返回到地面[8]。

五种水力压裂化合物(2-丙醇、乙二醇、丙炔醇、2-丁氧乙醇和2-乙基己醇)在抗微生物剂戊二醛存在或不存在的情况下,在一系列氧化还原条件下,利用沉积物-地下水微环境和通过液柱流动的降解动力学[75]。

生物处理是去除采出水中残留有机物的一项重要技术[128]。压裂液和采出水中通常都加入抗微生物剂,以限制有害的微生物活性。戊二醛是水力压裂中最常用的抗微生物剂。采出水中残留的抗微生物剂会限制生物处理的效率。在工程生物膜处理中,针对水力压裂液中最常见的5种有机化合物,对戊二醛的生物降解效果进行了评估。

研究结果表明,戊二醛通过引入生物降解滞后期延迟了生物有机质的去除。此外,戊二醛对降解速度较快的化合物的影响更为显著。

戊二醛的存在并没有降低微生物的丰度,也没有促进微生物的群落结构的改变。这表明,观察到的影响是由于微生物活性的改变。这些结果强调了在处理可能存在残留抗微生物剂的复杂废液时有必要考虑共污染物相互作用[128]。

20.3.2 从返排液中回收磷

磷酸酯是用于压裂的胶凝剂。在作业过程中,泄漏的原油中可能含有磷。然而,已描述从磷酸酯油凝胶中产生的挥发性磷成分引起的炼油厂设备堵塞,这是一个潜在的风险。

为了避免成本高昂的计划外炼油厂关闭,已提出在原油中挥发性磷的上限为0.5mg/L。本规范是基于新化学成分和一般的现场稀释相结合所能达到的效果。然而,该规范是基于添加到油中用于凝胶磷的平均浓度,并假定油最初不含磷。

在对返排流体的研究中,观察到总的磷浓度和产生的挥发性磷浓度远远超过添加的磷浓度。说明了磷浓度明显高于最初添加的磷浓度的潜在理由[129]。

一种基于电感耦合等离子体光学发射光谱的方法已被开发用于分析原油馏分中总挥发性磷[130]。但该方法精度不高，检出极限为 0.5mg/mL。

另一种方法是综合使用二维气相色谱和氮磷检测器。该方法提供了工业石油样品中烷基磷酸盐的定性分析和定量图谱，提高了测定精度。研究人员对压裂液样品的回收进行了研究，并对回收的四种压裂液或返排原油混合物中的烷基磷酸盐进行了分析研究[130]。

20.4 绿色配方

20.4.1 生物可降解的螯合剂

当今石油公司要求使用"绿色"压裂液化学进行处理。常用的破乳剂和阻垢剂往往有环境问题，且不具有多功能特性。

可生物降解的无毒螯合剂可以通过螯合离子在压裂液中发挥多种有益的作用。其中一些多重功能包括以下多种组合[131]：

（1）反乳化剂。
（2）反乳化剂增强剂。
（3）阻垢剂。
（4）延迟交联剂。
（5）交联凝胶稳定剂。
（6）酶破胶剂，以及。
（7）稳定剂。

20.4.2 无毒返排配方

当注入裂缝性油藏时，无毒、环保、绿色的返排助剂，它可以减少水堵塞[132]。

制备 20.1：返排助剂是用 15 份乳酸乙酯溶解到 15 份乳酸甲酯中制备的。然后，将 12.5 份以 6 摩尔环氧乙烷的月桂醇与 12.5 份 70% 十二烷基磺酸琥珀酸钠水溶液混合，制得第 2 种溶液。最后，两种溶液在搅拌下混合，慢慢加入 55 份水，形成一种清澈的低黏度稳定溶液。

20.4.3 交联剂

IVB 族金属醇盐交联剂易燃程度较低，而且在运输和环境方面更容易为人们所接受[133]。这些产品在市场上可以买到，现列于表 20.4 中。

表 20.4 环境友好型交联剂[133]

化学描述	商品名称
C_6 醇氧化锆	Vertec XL985
羟甲基(2-乙基己基)锆酸盐	

化学描述	商品名称
C_4乙二醇醇化锆	Vertec XL980
C_6醇钛醇	Vertec XL121
羟甲基(2-乙基己基)钛酸盐	
C_4乙二醇钛醇	Vertec XL990

详细介绍了几种用这些化合物制备交联剂的方法,以及这些化合物的流变性能和阻燃程度[133]。

20.5 自降解发泡成分

描述了一种与 pH 值有关的泡沫压裂液。这种压裂液由胶凝剂、表面活性剂和支撑剂组合而成。表面活性剂能在初始 pH 值环境下促进压裂液起泡,改变 pH 值后能使压裂液消泡。压裂液的 pH 值在就地条件下与酸性物质接触会发生改变,导致压裂液中的泡沫质量降低。由于泡沫的减少,压裂液支撑剂沉积到岩层形成的裂缝中[134]。压裂液可以返排回地面回收。通过恢复其 pH 值,压裂液重新发泡,然后再次注入井下。

两性表面活性剂和阴离子表面活性剂均可使用。叔烷基胺乙氧基盐是合适的表面活性剂。该化合物可通过添加氢离子从起泡表面活性剂转化为消泡表面活性剂。加入氢氧化物后,则又逆转为起泡剂。质子化反应如图 20.4 所示。

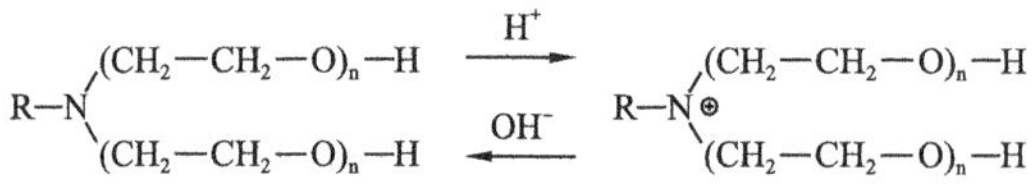

图 20.4 质子化反应[134]

自降解泡沫是一种阴离子表面活性剂和非离子表面活性剂组成的混合物。在泡沫压裂液回收过程中,压裂液形成的泡沫稳定性大大降低[135]。

自降解发泡成分中的首选阴离子表面活性剂为月桂酰胺单乙醇胺磺基琥珀酸二钠。聚乙二醇的聚氧基脂肪酸酯是一种非离子表面活性剂。研究发现,在较高的 pH 值下,泡沫质量下降更快。

参 考 文 献

[1] D.J. Rozell, S.J. Reaven, Water pollution risk associated with natural gas extraction from the Marcellus Shale [J]. Risk Analysis, August 2012,32(8): 1382-1393.
[2] A. Aminto, M.S. Olson, Four-compartment partition model of hazardous components in hydraulic fracturing fluid additives [J]. Journal of Natural Gas Science and Engineering, 2012,7: 16-21.
[3] M. Holloway, Fracking: Further Investigations Into the Environmental Consideration and Operations of Hydraulic Fracturing, 2nd edition [M]. John Wiley & Sons, Inc. Scrivener Publishing LLC, Hoboken, New Jersey Beverley, MA, 2018.

［4］W.T. Stringfellow, J.K. Domen, M.K. Camarillo, W.L. Sandelin, S. Borglin, Physical, chemical, and biological characteristics of compounds used in hydraulic fracturing［J］. Journal of Hazardous Materials, 2014, 275: 37-54.

［5］E.V. Wattenberg, J.M. Bielicki, A.E. Suchomel, J.T. Sweet, E.M. Vold, G. Ramachandran, Assessment of the acute and chronic health hazards of hydraulic fracturing fluids［J］. Journal of Occupational and Environmental Hygiene, 2015, 12（9）: 611-624.

［6］M.K. Camarillo, J.K. Domen, W.T. Stringfellow, Physical-chemical evaluation of hydraulic fracturing chemicals in the context of produced water treatment［J］. Journal of Environmental Management, 2016, 183: 164-174.

［7］W.T. Stringfellow, M.K. Camarillo, J.K. Domen, W.L. Sandelin, C. Varadharajan, P.D. Jordan, M.T. Reagan, H. Cooley, M.G. Heberger, J.T. Birkholzer, Identifying chemicals of concern in hydraulic fracturing fluids used for oil production［J］. Environmental Pollution, 2017, 220: 41-420.

［8］G.A. Kahrilas, J. Blotevogel, E.R. Corrin, T. Borch, Downhole transformation of the hydraulic fracturing fluid biocide glutaraldehyde: implications for flowback and produced water quality［J］. Environmental Science & Technology, 2016, 50（20）: 11414-11423.

［9］E.E. Yost, J. Stanek, R.S. DeWoskin, L.D. Burgoon, Overview of chronic oral toxicity values for chemicals present in hydraulic fracturing fluids, flowback, and produced waters［J］. Environmental Science & Technology, 2016, 50（9）: 4788-4797.

［10］J.E. Johnston, E. Lim, H. Roh, Impact of upstream oil extraction and environmental public health: a review of the evidence［J］.Science of the Total Environment, 2019, 657: 187-199.

［11］D. Costa, J. Jesus, D. Branco, A. Danko, A. Fiúza, Extensive review of shale gas environmental impacts from scientific literature（2010-2015）［J］. Environmental Science and Pollution Research, Jun 2017, 24（17）: 14579-14594.

［12］A.J. Krupnick, I. Echarte, Health impacts of unconventional oil and gas development［R］. RFF report, Resources for the Future, Washington, DC, 2017.

［13］I. Gorski, B.S. Schwartz, Environmental Health Concerns From Unconventional Natural Gas Development［M］. February 2019.

［14］S.L. Stacy, A review of the human health impacts of unconventional natural gas development［R］. Current Epidemiology Reports, March 2017, 4（1）: 38-45.

［15］G.A. Gagnon, W. Krkosek, L. Anderson, E. McBean, M. Mohseni, M. Bazri, I. Mauro, Impacts of hydraulic fracturing on water quality: a review of literature, regulatory frameworks and an analysis of information gaps［J］. Environmental Reviews, 2016, 24（2）: 122-131.

［16］Y. Sun, D. Wang, D.C. Tsang, L. Wang, Y.S. Ok, Y. Feng, A critical review of risks, characteristics, and treatment strategies for potentially toxic elements in wastewater from shale gas extraction［J］. Environment International, 2019, 125: 452-469.

［17］W. Orem, M. Varonka, L. Crosby, K. Haase, K. Loftin, M. Hladik, D.M. Akob, C. Tatu, A. Mumford, J. Jaeschke, A. Bates, T. Schell, I. Cozzarelli, Organic geochemistry and toxicology of a stream impacted by unconventional oil and gas wastewater disposal operations［J］.Applied Geochemistry, 2017, 80: 155-167.

［18］A.K. Rice, J.E. McCray, K. Singha, Methane leakage from hydrocarbon wellbores into overlying groundwater: numerical investigation of the multiphase flow processes governing migration［J］. Water Resources Research, 2018, 54（4）: 2959-2975.

［19］E. Webb, J. Moon, L. Dyrszka, B. Rodriguez, C. Cox, H. Patisaul, S. Bushkin, E. London, Neurodevelopmental and neurological effects of chemicals associated with unconventional oil and natural gas operations and their potential effects on infants and children［J］. Reviews on Environmental Health, 2018,

33(1): 3-29.

[20] I.C. Santos, A. Chaumette, J. Smuts, Z.L. Hildenbrand, K.A. Schug, Analysis of bacteria stress responses to contaminants derived from shale energy extraction [J]. Environmental Science: Processes & Impacts, 2019, 21: 269-278.

[21] E.G. Elliott, P. Trinh, X. Ma, B.P. Leaderer, M.H. Ward, N.C. Deziel, Unconventional oil and gas development and risk of childhood leukemia: assessing the evidence [J]. Science of the Total Environment, 2017, 576: 138-147.

[22] M. Elsner, K. Hoelzer, Quantitative survey and structural classification of hydraulic fracturing chemicals reported in unconventional gas production [J]. Environmental Science & Technology, 2016, 50(7): 3290-3314.

[23] E.G. Elliott, A.S. Ettinger, B.P. Leaderer, M.B. Bracken, N.C. Deziel, A systematic evaluation of chemicals in hydraulic-fracturing fluids and wastewater for reproductive and developmental toxicity [J]. Journal of Exposure Science and Environmental Epidemiology, January 2016, 27: 90-99.

[24] K. Konschnik, A. Dayalu, Hydraulic fracturing chemicals reporting: analysis of available data and recommendations for policymakers [J]. Energy Policy, 2016, 88: 504-514.

[25] FracFocus, Fracfocus chemical disclosure registry [Z]. electronic: https://fracfocus.org/, 2018.

[26] L. Ma, A. Hurtado, S. Eguilior, J.F.L. Borrajo, A model for predicting organic compounds concentration change in water associated with horizontal hydraulic fracturing [J]. Science of the Total Environment, 2018, 625: 1164-1174.

[27] G. Hu, T. Liu, J. Hager, K. Hewage, R. Sadiq, Hazard assessment of hydraulic fracturing chemicals using an indexing method [J]. Science of the Total Environment, 2018, 619-620: 281-290.

[28] G. Hu, M. Kaur, K. Hewage, R. Sadiq, An integrated chemical management methodology for hydraulic fracturing: a fuzzy-based indexing approach [J]. Journal of Cleaner Production, 2018, 187: 63-75.

[29] G. Hu, M. Kaur, K. Hewage, R. Sadiq, Fuzzy clustering analysis of hydraulic fracturing additives for environmental and human health risk mitigation [J]. Clean Technologies and Environmental Policy, 2019, 1-15.

[30] D. Mallants, J. Šimunek, M.T.v. Genuchten, D. Jacques, Simulating the fate and transport of coal seam gas chemicals in variably-saturated soils using hydrus [J]. Water, May 2017, 9(6): 385.

[31] S.H. Inayat-Hussain, M. Fukumura, A.M. Aziz, C.M. Jin, L.W. Jin, R. Garcia-Milian, V. Vasiliou, N.C. Deziel, Prioritization of reproductive toxicants in unconventional oil and gas operations using a multi-country regulatory data-driven hazard assessment [J]. Environment International, 2018, 117: 348-358.

[32] Wikipedia contributors, Cytoscape - Wikipedia, the free encyclopedia [Z]. https://en.wikipedia.org/w/index.php?title=Cytoscape&oldid=876974021, 2019. (Accessed 27 March 2019), online.

[33] H. Chen, K.E. Carter, Modeling potential occupational inhalation exposures and associated risks of toxic organics from chemical storage tanks used in hydraulic fracturing using aermod [J]. Environmental Pollution, 2017, 224: 300-309.

[34] A.J. Cimorelli, S.G. Perry, A. Venkatram, J.C. Weil, R.J. Paine, W.D. Peters, AER-MOD - description of model formulation [R]. Technical report U.S. Environmental Protection Agency, Washington, D.C., 1998.

[35] W.T. Stringfellow, M.K. Camarillo, J.K. Domen, S.B. Shonkoff, Comparison of chemical-use between hydraulic fracturing, acidizing, and routine oil and gas development [J]. PLoS ONE, 2017, 12(4): e0175344.

[36] D. Garcia, N. Fujiwara, Notification and reporting requirements for oil and gas wells and chemical suppliers [Z]. Rule 1148.2, South Coast Air Quality Management District (SCAQMD), 1865 Copley Dr, Diamond Bar, CA 91765, 2016.

[37] M. Gray, N. Deutsch, M. Marrero, Current regulatory issues regarding hydraulic fracturing, in: SPE Hydraulic Fracturing Technology Conference and Exhibition [C]. Number SPE-184859-MS in Conference Proceedings, Society of Petroleum Engineers, The Woodlands, Texas, USA, 2017, p. 12.

[38] G.A. Kahrilas, J. Blotevogel, P.S. Stewart, T. Borch, Biocides in hydraulic fracturing fluids: a critical review of their usage, mobility, degradation, and toxicity [C]. Environmental Science & Technology, 2015, 49(1): 16–32.

[39] J.D. Rogers, T.L. Burke, S.G. Osborn, J.N. Ryan, A framework for identifying organic compounds of concern in hydraulic fracturing fluids based on their mobility and persistence in groundwater [J]. Environmental Science & Technology Letters, 2015, 2(6): 158–164.

[40] P.A. Bain, A. Kumar, In-vitro nuclear receptor inhibition and cytotoxicity of hydraulic fracturing chemicals and their binary mixtures [J]. Chemosphere, 2018, 198: 565–573.

[41] N. Wang, J.L. Kunz, D. Cleveland, J.A. Steevens, I.M. Cozzarelli, Biological effects of elevated major ions in surface water contaminated by a produced water from oil production [J]. Archives of Environmental Contamination and Toxicology, 2019, 1–8.

[42] D.J. Soeder, Groundwater quality and hydraulic fracturing: current understanding and science needs [J]. Groundwater, 2018, 56(6): 852–858.

[43] T.G. Burton, H.S. Rifai, Z.L. Hildenbrand, D.D. Carlton, B.E. Fontenot, K.A. Schug, Elucidating hydraulic fracturing impacts on groundwater quality using a regional geospatial statistical modeling approach [J]. Science of the Total Environment, 2016, 545–546, 114–126.

[44] Wikipedia contributors, Arcgis. Wikipedia [Z]. The Free Encyclopedia, 2019.

[45] J.J. Marrugo-Hernandez, R. Prinsloo, S. Sunba, R.A. Marriott, Downhole kinetics of reactions involving alcohol-based hydraulic fracturing additives with implications in delayed H2S production [J]. Energy & Fuels, 2018, 32(4): 4724–4731.

[46] E.E. Yost, J. Stanek, L.D. Burgoon, A decision analysis framework for estimating the potential hazards for drinking water resources of chemicals used in hydraulic fracturing fluids [J]. Science of the Total Environment, 2017, 574: 1544–1558.

[47] J. Mitchell, N. Pabon, Z.A. Collier, P.P. Egeghy, E. Cohen-Hubal, I. Linkov, D.A. Vallero, A decision analytic approach to exposure-based chemical prioritization [J]. PLoS ONE, 2013, 8(8): e70911.

[48] I. Ferrer, E.M. Thurman, Chemical constituents and analytical approaches for hydraulic fracturing waters [J]. Trends in Environmental Analytical Chemistry, 2015, 5: 18–25.

[49] K. Oetjen, C.G.S. Giddings, M. McLaughlin, M. Nell, J. Blotevogel, D.E. Helbling, D. Mueller, C.P. Higgins, Emerging analytical methods for the characterization and quantification of organic contaminants in flowback and produced water [J]. Trends in Environmental Analytical Chemistry, 2017, 15: 12–23.

[50] I. Santos, Z.L. Hildenbrand, K.A. Schug, A review of analytical methods for characterizing the potential environmental impacts of unconventional oil and gas development [J]. Analytical Chemistry, 2019, 91(1): 689–703.

[51] A.J. Sumner, D.L. Plata, Exploring the hydraulic fracturing parameter space: a novel high-pressure, high-throughput reactor system for investigating subsurface chemical transformations [J]. Environmental Science: Processes & Impacts, 2018, 20: 318–331.

[52] A. Sumner, D.L. Plata, Halogenation chemistry of hydraulic fracturing additives under highly saline simulated subsurface conditions [J]. Environmental Science & Technology, 2018, 52(16): 9097–9107.

[53] I. Ferrer, E.M. Thurman, Analysis of hydraulic fracturing additives by LC/Q-TOF-MS [J]. Analytical and Bioanalytical Chemistry, 2015, 407(21): 6417–6428.

[54] E.M. Thurman, I. Ferrer, Tools for unknown identification: accurate mass analysis of hydraulic fracturing

waters, in: A. Cappiello, Pierangela Palma (Eds.), Advances in the Use of Liquid Chromatography Mass Spectrometry (LC-MS): Instrumentation Developments and Applications, Chapter 5 [M]. in: Comprehensive Analytical Chemistry, vol. 79, Elsevier, 2018, pp. 125-146.

[55] A.-H. Faber, M. Annevelink, H.K. Gilissen, P. Schot, M. van Rijswick, P. de Voogt, A. van Wezel, How to adapt chemical risk assessment for unconventional hydrocarbon extraction related to the water system [M]. in: Reviews of Environmental Contamination and Toxicology, vol. 246, Springer International Publishing, Cham, 2019, pp. 1-32.

[56] M. Nell, D.E. Helbling, Exploring matrix effects and quantifying organic additives in hydraulic fracturing associated fluids using liquid chromatography electrospray ionization mass spectrometry [M]. Environmental Science: Processes & Impacts, 2019.

[57] J. Dai, D. Vu, S. Nagel, C.-H. Lin, M.F. de Cortalezzi, Colloidal crystal templated molecular imprinted polymer for the detection of 2-butoxyethanol in water contaminated by hydraulic fracturing [J]. Mikrochimica Acta, 2018, 185(1): 32.

[58] K. Hoelzer, A.J. Sumner, O. Karatum, R.K. Nelson, B.D. Drollette, M.P. O'Connor, E.L. D'Ambro, G.J. Getzinger, P.L. Ferguson, C.M. Reddy, M. Elsner, D.L. Plata, Indications of transformation products from hydraulic fracturing additives in shale-gas wastewater [J]. Environmental Science & Technology, 2016, 50(15): 8036-8048.

[59] A.C. Mumford, D.M. Akob, J.G. Klinges, I.M. Cozzarelli, Common hydraulic fracturing fluid additives alter the structure and function of anaerobic microbial communities [J]. Applied and Environmental Microbiology, 2018, 84(8).

[60] S. Entrekin, A. Trainor, J. Saiers, L. Patterson, K. Maloney, J. Fargione, J. Kiesecker, S. Baruch-Mordo, K. Konschnik, H. Wiseman, J.-P. Nicot, J.N. Ryan, Water stress from high-volume hydraulic fracturing potentially threatens aquatic biodiversity and ecosystem services in Arkansas, United States [J]. Environmental Science & Technology, 2018, 52(4): 2349-2358.

[61] A. Butkovskyi, H. Bruning, S.A.E. Kools, H.H.M. Rijnaarts, A.P. Van Wezel, Organic pollutants in shale gas flowback and produced waters: identification, potential ecological impact, and implications for treatment strategies [J]. Environmental Science & Technology, 2017, 51(9): 4740-4754.

[62] K. Oetjen, K.E. Chan, K. Gulmark, J.H. Christensen, J. Blotevogel, T. Borch, J.R. Spear, T.Y. Cath, C.P. Higgins, Temporal characterization and statistical analysis of flowback and produced waters and their potential for reuse [J]. Science of the Total Environment, 2018, 619-620, 654-664.

[63] N.R. Warner, T.H. Darrah, R.B. Jackson, R. Millot, W. Kloppmann, A. Vengosh, New tracers identify hydraulic fracturing fluids and accidental releases from oil and gas operations [J]. Environmental Science & Technology, 2014, 48(21): 12552-12560.

[64] W. Lin, A.M. Bergquist, K. Mohanty, C.J. Werth, Environmental impacts of replacing slickwater with low/no-water fracturing fluids for shale gas recovery [J]. ACS Sustainable Chemistry & Engineering, 2018, 6(6): 7515-7524.

[65] K. Vafi, A. Brandt GHGfrack, An open-source model for estimating greenhouse gas emissions from combustion of fuel during drilling and hydraulic fracturing [J]. Environmental Science & Technology, 2016, 50(14): 7913-7920.

[66] R.W.J. Edwards, F. Doster, M.A. Celia, K.W. Bandilla, Numerical modeling of gas and water flow in shale gas formations with a focus on the fate of hydraulic fracturing fluid [J]. Environmental Science & Technology, 2017, 51(23): 13779-13787.

[67] R.W.J. Edwards, Energy and the Subsurface: Modeling Hydraulic Fracturing and Geological Carbon Storage [D]. PhD thesis, Princeton University, 2018.

[68] R.W.J. Edwards, M.A. Celia, Shale gas well, hydraulic fracturing, and formation data to support modeling of gas and water flow in shale formations [J]. Water Resources Research, 2018, 54(4): 3196-3206.

[69] J.L. Luek, M. Gonsior, Organic compounds in hydraulic fracturing fluids and wastewaters: a review [J]. Water Research, 2017, 123: 536-548.

[70] J. Regnery, B.D. Coday, S.M. Riley, T.Y. Cath, Solid-phase extraction followed by gas chromatography-mass spectrometry for the quantitative analysis of semivolatile hydrocarbons in hydraulic fracturing wastewaters [J]. Analytical Methods, 2016, 8: 2058-2068.

[71] E.M. Thurman, I. Ferrer, J. Rosenblum, K. Linden, J.N. Ryan, Identification of polypropylene glycols and polyethylene glycol carboxylates in flowback and produced water from hydraulic fracturing [J]. Journal of Hazardous Materials, 2017, 323: 11-17, Special Issue on Emerging Contaminants in engineered and natural environment.

[72] E. Kendrick, A mass scale based on CH_2 = 14.0000 for high resolution mass spectrometry of organic compounds [J]. Analytical Chemistry, 1963, 35(13): 2146-2154.

[73] J.L. Luek, P. Schmitt-Kopplin, P.J. Mouser, W.T. Petty, S.D. Richardson, M. Gonsior, Halogenated organic compounds identified in hydraulic fracturing wastewaters using ultrahigh resolution mass spectrometry [J]. Environmental Science & Technology, 2017, 51(10): 5377-5385.

[74] J.C. McIntosh, M.J. Hendry, C. Ballentine, R.S. Haszeldine, B. Mayer, G. Etiope, M. Elsner, T.H. Darrah, A. Prinzhofer, S. Osborn, L. Stalker, O. Kuloyo, Z.T. Lu, A. Martini, B.S. Lollar, A critical review of state-of-the-art and emerging approaches to identify fracking-derived gases and associated contaminants in aquifers [J]. Environmental Science & Technology, 2019, 53(3): 1063-1077.

[75] J.D. Rogers, I. Ferrer, S.S. Tummings, A.R. Bielefeldt, J.N. Ryan, Inhibition of biodegradation of hydraulic fracturing compounds by glutaraldehyde: groundwater column and microcosm experiments [J]. Environmental Science & Technology, 2017, 51(17): 10251-10261.

[76] M. Campa, S.M. Techtmann, C.M. Gibson, X. Zhu, M. Patterson, A. Garcia de Matos Amaral, N. Ulrich, S.R. Campagna, C.J. Grant, R. Lamendella, T.C. Hazen, Impacts of glutaraldehyde on microbial community structure and degradation potential in streams impacted by hydraulic fracturing [J]. Environmental Science & Technology, 2018, 52(10): 5989-5999.

[77] J.D. Rogers, E.M. Thurman, I. Ferrer, J.S. Rosenblum, M.V. Evans, P.J. Mouser, J.N. Ryan, Degradation of polyethylene glycols and polypropylene glycols in microcosms simulating a spill of produced water in shallow groundwater [J]. Environmental Science: Processes & Impacts, 2019, 21: 256-268.

[78] K.M. Heyob, J. Blotevogel, M. Brooker, M.V. Evans, J.J. Lenhart, J. Wright, R. Lamendella, T. Borch, P.J. Mouser, Natural attenuation of nonionic surfactants used in hydraulic fracturing fluids: degradation rates, pathways, and mechanisms [J]. Environmental Science & Technology, 2017, 51(23): 13985-13994.

[79] S. Hong, T. Ratpukdi, B. Sungthong, J. Sivaguru, E. Khan, A sustainable solution for removal of glutaraldehyde in saline water with visible light photocatalysis [J]. Chemosphere, 2019, 220: 1083-1090.

[80] M.K. Camarillo, W.T. Stringfellow, Biological treatment of oil and gas produced water: a review and meta-analysis [J]. Clean Technologies and Environmental Policy, August 2018, 20(6): 1127-1146.

[81] Y. Lester, T. Yacob, I. Morrissey, K.G. Linden, Can we treat hydraulic fracturing flow-back with a conventional biological process? The case of guar gum [J]. Environmental Science & Technology Letters, 2014, 1(1): 133-136.

[82] T.L. Silva, S. Morales-Torres, S. Castro-Silva, J.L. Figueiredo, A.M. Silva, An overview on exploration and environmental impact of unconventional gas sources and treatment options for produced water [J]. Journal of Environmental Management, 2017, 200: 511-529.

[83] X. Zhang, A. Chen, D. Zhang, S. Kou, P. Lu, The treatment of flowback water in a sequencing batch reactor

with aerobic granular sludge: performance and microbial community structure [J]. Chemosphere, 2018, 211: 1065–1072.

[84] M.C. McLaughlin, T. Borch, J. Blotevogel, Spills of hydraulic fracturing chemicals on agricultural topsoil: biodegradation, sorption, and co-contaminant interactions [J]. Environmental Science & Technology, 2016, 50(11): 6071–6078.

[85] S.S. Chen, Y. Sun, D.C. Tsang, N.J. Graham, Y.S. Ok, Y. Feng, X.-D. Li, Potential impact of flowback water from hydraulic fracturing on agricultural soil quality: metal/metalloid bioaccessibility, microtox bioassay, and enzyme activities [J]. Science of the Total Environment, 2017, 579: 1419–1426.

[86] D. Kekacs, B.D. Drollette, M. Brooker, D.L. Plata, P.J. Mouser, Aerobic biodegradation of organic compounds in hydraulic fracturing fluids [J]. Biodegradation, 2015, 26(4): 271–287.

[87] OECD, Test No. 301: Ready Biodegradability [Z]. OECD, 1992.

[88] A.J. Hanson, J.L. Luek, S.S. Tummings, M.C. McLaughlin, J. Blotevogel, P.J. Mouser, High total dissolved solids in shale gas wastewater inhibit biodegradation of alkyl and nonylphenol ethoxylate surfactants [J]. Science of the Total Environment, 2019, 668: 1094–1103.

[89] N. Shrestha, G. Chilkoor, J. Wilder, Z.J. Ren, V. Gadhamshetty, Comparative performances of microbial capacitive deionization cell and microbial fuel cell fed with produced water from the Bakken shale [J]. Bioelectrochemistry, 2018, 121: 56–64.

[90] M. Stefaniuk, P. Oleszczuk, Y.S. Ok, Review on nano zerovalent iron (nZVI): from synthesis to environmental applications [J]. Chemical Engineering Journal, 2016, 287: 618–632.

[91] F.L. Lobo, H. Wang, T. Huggins, J. Rosenblum, K.G. Linden, Z.J. Ren, Low-energy hydraulic fracturing wastewater treatment via AC powered electrocoagulation with biochar [J]. Journal of Hazardous Materials, 2016, 309: 180–184.

[92] H. Chang, T. Liu, Q. He, D. Li, J. Crittenden, B. Liu, Removal of calcium and magnesium ions from shale gas flowback water by chemically activated zeolite [J]. Water Science and Technology, 2017, 76(3): 575–583.

[93] A. Butkovskyi, A.-H. Faber, Y. Wang, K. Grolle, R. Hofman-Caris, H. Bruning, A.P.V. Wezel, H.H. Rijnaarts, Removal of organic compounds from shale gas flow-back water [J]. Water Research, 2018, 138: 47–55.

[94] A.U. Rajapaksha, S.S. Chen, D.C. Tsang, M. Zhang, M. Vithanage, S. Mandal, B.Gao, N.S. Bolan, Y.S. Ok, Engineered/designer biochar for contaminant removal/immobilization from soil and water: potential and implication of biochar modification [J]. Chemosphere, 2016, 148: 276–291.

[95] S. Zhu, S.-H. Ho, X. Huang, D. Wang, F. Yang, L. Wang, C. Wang, X. Cao, F. Ma, Magnetic nanoscale zerovalent iron assisted biochar: interfacial chemical behaviors and heavy metals remediation performance [J]. ACS Sustainable Chemistry & Engineering, 2017, 5(11): 9673–9682.

[96] Y. Sun, I.K. Yu, D.C. Tsang, X. Cao, D. Lin, L. Wang, N.J. Graham, D.S. Alessi, M. Komárek, Y.S. Ok, Y. Feng, X.-D. Li, Multifunctional iron-biochar composites for the removal of potentially toxic elements, inherent cations, and hetero-chloride from hydraulic fracturing wastewater [J]. Environment International, 2019, 124: 521–532.

[97] A.M. Hormann, C.D. Kassotis, S.C. Nagel, D.E. Tillitt, J.W. Davis, Estrogen and androgen receptor activities of hydraulic fracturing chemicals and surface and ground water in a drilling-dense region [J]. Endocrinology, March 2014, 155(3): 897–907.

[98] C.D. Kassotis, D.C. Vu, P.H. Vo, C.-H. Lin, J.N. Cornelius-Green, S. Patton, S.C. Nagel, Endocrine-disrupting activities and organic contaminants associated with oil and gas operations in Wyoming groundwater [J]. Archives of Environmental Contamination and Toxicology, August 2018, 75(2): 247–258.

[99] N.M. Hull, J.S. Rosenblum, C.E. Robertson, J.K. Harris, K.G. Linden, Succession of toxicity and microbiota in hydraulic fracturing flowback and produced water in the Denver–Julesburg basin [J]. Science of the Total Environment, 2018, 644: 183–192.

[100] C.D. Kassotis, H.M. Stapleton, Endocrine-mediated mechanisms of metabolic disruption and new approaches to examine the public health threat [J]. Frontiers in Endocrinology, February 2019, 10: 39.

[101] C.D. Kassotis, S.C. Nagel, H.M. Stapleton, Unconventional oil and gas chemicals and wastewater-impacted water samples promote adipogenesis via PPARγ-dependent and independent mechanisms in 3T3-L1 cells [J]. Science of the Total Environment, 2018, 640-641: 1601–1610.

[102] R.T. Zoeller, T.R. Brown, L.L. Doan, A.C. Gore, N.E. Skakkebaek, A.M. Soto, T.J. Woodruff, F.S. Vom Saal, Endocrine-disrupting chemicals and public health protection: a statement of principles from the endocrine society [J]. Endocrinology, 2012, 153(9): 4097–4110.

[103] TEDX, The endocrine disruption exchange (TEDX). TEDX list of potential endocrine disruptors [Z]. electronic: https://endocrinedisruption.org/interactive-tools/ tedx-list-of-potential-endocrine-disruptors/search-the-tedx-list, 2018.

[104] C.D. Kassotis, C.J. Isiguzo, C.-X. Meng, E.Z. Drobnis, K.C. Klemp, V.D. Balise, C.-H. Lin, D.C. Vu, M.A. Williams, S.C. Nagel, C.L. Besch-Williford, L. Pinatti, R.T. Zoeller, D.E. Tillitt, Endocrine-disrupting activity of hydraulic fracturing chemicals and adverse health outcomes after prenatal exposure in male mice [J]. Endocrinology, 2015, 156(12): 4458–4473.

[105] C. O'Dell, L.A. Boulé, S.N. Georas, J. Robert, B.P. Lawrence, S.E. Hillman, T.J. Chapman, C.D. Kassotis, S.C. Nagel, Developmental exposure to a mixture of 23 chemicals associated with unconventional oil and gas operations alters the immune system of mice [J]. Toxicological Sciences, May 2018, 163(2): 639–654.

[106] C.D. Kassotis, D.E. Tillitt, C.-H. Lin, J.A. McElroy, S.C. Nagel, Endocrine-disrupting chemicals and oil and natural gas operations: potential environmental contamination and recommendations to assess complex environmental mixtures [J]. Environmental Health Perspectives, 2016, 124(3): 256–264.

[107] A.L. Bolden, K. Schultz, K.E. Pelch, C.F. Kwiatkowski, Exploring the endocrine activity of air pollutants associated with unconventional oil and gas extraction [J]. Environmental Health, 2018, 17(1): 26.

[108] F. Kim, F. De Jesús Andino, B.P. Lawrence, C.C. McGuire, J. Robert, S.C. Nagel, S.J. Price, Water contaminants associated with unconventional oil and gas extraction cause immunotoxicity to amphibian tadpoles [J]. Toxicological Sciences, July 2018, 166(1): 39–50.

[109] B. Xiong, R.D. Loss, D. Shields, T. Pawlik, R. Hochreiter, A.L. Zydney, M. Kumar, Polyacrylamide degradation and its implications in environmental systems [J]. NPJ Clean Water, 2018, 1(1): 17.

[110] D. Chorghe, M.A. Sari, S. Chellam, Boron removal from hydraulic fracturing wastewater by aluminum and iron coagulation: mechanisms and limitations [J]. Water Research, 2017, 126: 481–487.

[111] B. Akyon, M. McLaughlin, F. Hernández, J. Blotevogel, K. Bibby, Characterization and biological removal of organic compounds from hydraulic fracturing produced water [J]. Environmental Science: Processes & Impacts, 2019.

[112] J.S. Rosenblum, K.A. Sitterley, E.M. Thurman, I. Ferrer, K.G. Linden, Hydraulic fracturing wastewater treatment by coagulation-adsorption for removal of organic compounds and turbidity [J]. Journal of Environmental Chemical Engineering, 2016, 4(2): 1978–1984.

[113] Wikipedia contributors, Coagulation (Water Treatment). Wikipedia [Z]. The Free Encyclopedia, 2019.

[114] P. Aragonés-Beltrán, J.A. Mendoza-Roca, A. Bes-Piá, M. García-Melón, E. Parra-Ruiz, Application of multicriteria decision analysis to jar-test results for chemicals selection in the physical-chemical treatment of textile wastewater [J]. Journal of Hazardous Materials, 2009, 164(1): 288–295.

[115] J.-Q. Jiang, The role of coagulation in water treatment [J]. Current Opinion in Chemical Engineering, 2015, 8: 36-44.

[116] J. Bean, S. Bhandari, A. Bilotto, L. Hildebrandt Ruiz, Formation of particulate matter from the oxidation of evaporated hydraulic fracturing wastewater [J]. Environmental Science & Technology, 2018, 52(8): 4960-4968.

[117] S. Adham, A. Hussain, J. Minier-Matar, A. Janson, R. Sharma, Membrane applications and opportunities for water management in the oil & gas industry [J]. Desalination, 2018, 440: 2-17.

[118] R. Salcedo-Díaz, R. Ruiz-Femenia, A. Carrero-Parreño, V.C. Onishi, J.A. Reyes-Labarta, J.A. Caballero, Combining forward and reverse osmosis for shale gas wastewater treatment to minimize cost and freshwater consumption [C]. in: A. Espuña, M. Graells, L. Puigjaner (Eds.), 27th European Symposium on Computer Aided Process Engineering, in: Computer Aided Chemical Engineering, vol. 40, Elsevier, 2017, pp. 2725-2730.

[119] B. Xiong, S. Roman-White, B. Piechowicz, Z. Miller, B. Farina, T. Tasker, W. Burgos, A.L. Zydney, M. Kumar, Polyacrylamide in hydraulic fracturing fluid causes severe membrane fouling during flowback water treatment [J]. Journal of Membrane Science, 2018, 560: 125-131.

[120] S.J. Maguire-Boyle, J.E. Huseman, T.J. Ainscough, D.L. Oatley-Radcliffe, A.A. Alabdulkarem, S.F. Al-Mojil, A.R. Barron [R]. Scientific Reports, 2017, 7(1): 12267.

[121] N.R. Mullins, A.J. Daugulis, Characterization of transport through polymers for fracking fluid treatment and organic acid concentration in extractive membrane bioreactors [J]. Journal of Chemical Technology and Biotechnology, 2019, 94(3): 690-700.

[122] N.R. Mullins, A.J. Daugulis, The biological treatment of synthetic fracking fluid in an extractive membrane bioreactor: selective transport and biodegradation of hydrophobic and hydrophilic contaminants [J]. Journal of Hazardous Materials, June 2019, 371: 734-742.

[123] V.C. Onishi, E.S. Fraga, J.A. Reyes-Labarta, J. Caballero, Desalination of shale gas wastewater: thermal and membrane applications for zero-liquid discharge [M]. in: V.G. Gude (Ed.), Emerging Technologies for Sustainable Desalination Handbook, Butterworth-Heinemann, 2018, pp. 399-431.

[124] V.C. Onishi, J.A. Reyes-Labarta, J. Caballero, Membrane desalination in shale gas industry: applications and perspectives [M]. in: A. Basile, E. Curcio, Inamuddin (Eds.), Current Trends and Future Developments on (Bio-) Membranes, Chapter 10, Elsevier, 2019, pp. 243-267.

[125] K. Oetjen, J. Blotevogel, T. Borch, J.F. Ranville, C.P. Higgins, Simulation of a hydraulic fracturing wastewater surface spill on agricultural soil [J]. Science of the Total Environment, 2018, 645: 229-234.

[126] L.L. Shafer, J.W. James, R.D. Rath, J. Eubank, Method for generating fracturing water [P]. US Patent 7 527 736, assigned to Anticline Disposal, LLC, Rapid City, SD, May 5, 2009.

[127] F.A. DiTommaso, P.N. DiTommaso, Method of making pure salt from frac-water/wastewater [P]. US Patent 8 273 320, assigned to FracPure Holdings LLC, Dover, DE, September 25, 2012.

[128] B. Akyon, D. Lipus, K. Bibby, Glutaraldehyde inhibits biological treatment of organic additives in hydraulic fracturing produced water [J]. Science of the Total Environment, 2019, 666: 1161-1168.

[129] G. Fyten, P. Houle, R.S. Taylor, P.S. Stemler, A. Lemieux, Total phosphorus recovery in flowback fluids after gelled hydrocarbon fracturing fluid treatments [J]. Journal of Canadian Petroleum Technology, 2007, 46(12): 17-21.

[130] K.D. Nizio, J.J. Harynuk, Analysis of alkyl phosphates in petroleum samples by comprehensive two-dimensional gas chromatography with nitrogen phosphorus detection and post-column deans switching [J]. Journal of Chromatography, 2012, A 1252: 171-176.

[131] J.B. Crews, Biodegradable chelant compositions for fracturing fluid [P]. US Patent 7 078 370, assigned to

Baker Hughes Incorporated, Houston, TX, July 18, 2006.

[132] P.D. Berger, C.H. Berger, Environmental friendly fracturing and stimulation composition and method of using the same [P]. US Patent 7 998 911, assigned to Oil Chem. Technologies, Sugar Land, TX, August 16, 2011.

[133] D.E. Vaughn, R.H. Duncan, D.N. Harry, D.A. Williams, Non-flammable, non-aqueous group IVB metal alkoxide crosslinkers and fracturing fluid compositions incorporating same [P]. US Patent 7 879 771, assigned to Benchmark Performance Group, Inc., Houston, TX, February 1, 2011.

[134] J. Chatterji, K.L. King, B.J. King, B.F. Slabaugh, Methods of fracturing a subterranean formation using a pH dependent foamed fracturing fluid [P]. US Patent 6 966 379, assigned to Halliburton Energy Services, Inc., Duncan, OK, November 22, 2005.

[135] M.S. Dahanayake, S. Kesavan, A. Colaco, Method of recycling fracturing fluids using a self-degrading foaming composition [P]. US Patent 7 404 442, assigned to Rhodia Inc., Cranbury, NJ, July 29, 2008.

附 录

有机化合物缩写

AA
丙烯酸

AM
丙烯酰胺

AMPS
2-丙烯酰胺-2-甲基丙磺酸

CMC
羧甲基纤维素

EDTA
乙二胺四乙酸

EG
乙二醇

EO
环氧乙烷

HEC
羟乙基纤维素

HPC
羟基丙基纤维素

IFT
界面张力

MA
马来酐

PAA
聚(丙烯酸)

PAM
聚(丙烯酰胺)

PEG
聚(乙二醇)

PEI
聚(乙醚)

PO
环氧丙烷

PPCA
磷酸聚(羧酸)

PVS
聚(乙烯基磺酸盐)

VES
黏弹性表面活性剂

化学品

乙酸

2-丙烯酰胺-2-甲基-1-丙烷磺酸

丙烯酰氧乙基三甲基氯化铵

己二酸

1-烯丙氧基-2-羟丙基磺酸

异丙醇铝

双六亚甲基三胺戊二酸(亚甲基膦酸)

N,N-双(2-羟乙基)甘氨酸

四羟甲基硫酸磷

硼酸盐离子

配料

2-溴己烷

胺基二乙酸
β-(氨乙基)-δ-氨基丙基三甲氧基硅烷
氨基三(甲烯膦酸)
过硫酸铵
直链淀粉
对叔丁基苯酚
阿糖醇
砷唑
2,2'-偶氮(2-脒基丙烷)二盐酸
2,2'-偶氮(2-脒基丙烷)二盐酸盐
2,2'-偶氮(脒基丙烷)二盐酸盐
偶氮(异丁腈)
甲酸

安息香酸

苄基二甲基溴化铵
甜菜碱
二乙烯三胺四亚甲基膦酸
乙基戊二酸(甲烯膦酸)
二羟基异丙基酰亚胺-n,n-二乙酸
邻苯二甲酸二异丁酯
2,5-二巯基-1,3,4-噻二唑
$N,N-$二甲基丙烯酰胺
甲基丙烯酸二甲基氨基乙酯
$N,N-$二甲基氨基丙基甲基丙烯酰胺
α,α-二甲基苯甲醇
二甲基二烯丙基氯化铵
4,4-二甲氧唑嗪
$N-$十二烯-1-基-$N,N-$双(2-羟乙基)-$N-$甲基氯化铵
十二烷基苯磺酸
十二烷基三甲基溴化铵
三十二基五氟丙酸乙酯
半乳糖醇

2-溴-2-硝基-1,3-丙二醇
9-溴硬脂酸盐
溴硝丙二醇
2-(2-丁氧乙氧基)-乙醇
1,2-氧化丁烯
过氧化钙
羧甲基羟基纤维素
纤维素
溴化十六烷基三甲铵
脱乙酰壳多糖
丙酸氯甲基
胆碱
柠檬酸
$N,N-$二烯丙基-$N-$烷基-$N-$(磺基烷基)甜菜碱铵
2,2-二溴-3-硝基丙胺
戊二亚四胺
富马酸
糠醛
糠醇
葡糖酸
葡萄糖酸-δ-内酯
右旋葡萄糖
右旋葡糖醛酸
戊二醛
甘油酸
甘油
$N-$甘油酰胺,$N,N-$二乙酸
羟基乙酸

乙二醛
瓜尔胶
瓜胶
十六基溴化物

琥珀酰胺丙基甜菜碱	羟基醋酸
N-芥基-N,N-双(2-羟乙基)-N-甲基氯化铵	羟乙二胺四乙酸
赤藓醇	羟乙基乙二胺四乙酸
乙氧基壬基酚	1-羟基亚乙基-1,1-二磷酸
乙二胺四乙酸	羟乙基-三(羟丙基)乙二胺
2″丙烯酸乙酯	正(3-羟丙基)亚胺-N
蚁酸	正-(3-羟丙基)亚胺-n,正二乙酸
2-咪唑安定	正(2-羟丙基)亚胺-n,正二乙酸
环己六醇	4-酮噻唑啉-2-硫醇
1-碘十八烷	乳酸
异噻唑啉	十二烷基甜菜碱
过氧化镁	氟化镁
马来酸	2-甲基油酸钾
苹果酸	过硫酸钾
丙二酸	正2-巯基吡啶氧化物
扁桃酸	2-巯基吡啶氧化物
甘露醇	玫瑰精-B
多汁乳菇糖	次氯酸钠
巯基苯并咪唑	过硫酸钠
2-巯基苯并咪唑	水杨酸钠
2-巯基苯并噻唑	单油酸山梨醇酐酯
2-巯基苯并恶唑	山梨糖醇
2-噻唑啉	丁二酸
2-甲氧基乙基亚胺-n,正二乙酸	琥珀酰聚糖
3-甲氧基丙胺基-N,N二乙酸	氨基磺酸
甲基氨基-N,N-二乙酸	柳胺丙胺
2-甲基油酸	酒石酸
硝基三乙酸	四氢噻吩-1,1-二氧化物
十八烷基三氯硅烷	硫酸四基甲基膦
三氟乙酸辛酯	硫酸四(羟甲基)膦
草酸	四丙基氧化锆
胶囊	锆酸四正丙酯
对磺酰肼二苯醚	1,3,4-噻二唑-2,5-二硫醇

邻苯二甲酰胺
聚(二甲基二烯基氯化铵)
三(1-氯-2-丙基)磷酸盐
N-乙烯基内酰胺
N-乙烯基-2-吡咯烷酮
2-硫咪唑酮

对甲苯磺酰肼
邻苯二酸
正乙酸三甲酯
三(羟甲基)甲基氨基-正二乙酸
乙烯基膦酸
乙烯磺酸

术语

吸收
表面活性剂
水
酸化压裂
酸化
黏合剂-包膜材料支撑剂
脂肪生成活性
吸附细菌
聚合物
曝气生物降解
沥青质稳定
细菌抗微生物剂
化学处理
可控降解
检测
环境适应
烃类-氧化
假单胞菌属
固着
硫酸盐还原
硫生细菌
黄单胞菌
细菌控制
杀菌剂剂量
缩合产物
羟基醋酸

硫酸盐还原细菌
压裂液
选择
抗微生物剂
生物可降解配方
巴克利-莱弗里特方程
缓冲剂
陶瓷颗粒
硫族杂环化合物
螯合
螯合剂
生物可降解的
干扰
耐化学性
色谱
排除尺寸
黏土稳定
团聚
包被
黏土稳定
包膜
支撑剂
连续油管
络合剂
过滤速度
指数定律

控制溶解度的化合物
交联剂
硼酸
多价金属阳离子
清除岩屑
循环伏安法
Cytoscape 分析
消泡
反乳化剂有效性
扩散
气体
孔隙压力
页岩的稳定性
驱替乳液
乳液稳定剂
岩石
两相不相容
白云石
动态张力梯度
乳化剂
环境健康问题
环氧树脂
蚀刻
需气发酵
压裂
煤层
效率
液体
流体、液压
流体损耗
铁控制
摩擦损失
石榴石型
破胶剂

流速
流体损耗
瓜尔胶
机理
降滤失剂
控制降解
老化
保持酶的降解
胶凝糖
木素磺化盐
聚（羟基醋酸）
淀粉
单宁酚醛树脂
泡沫稳定性
泡沫
弹性膨胀
膜变薄
压裂作业
马兰各尼效应
稳定性
地层伤害
气井
FracFocus 软件
裂缝传导性
吸入暴露
界面张力
铁络合剂
铁稳定剂
交联动力学
老化动力学
膨胀动力学
致白血病物质
数理模型
新陈代谢

酸	甲烷泄漏
络合剂	胶束
氧化剂	微生物燃料电池
醋酸钠	微观
可胶凝聚合物	精密过滤膜
胶凝剂	微生物群落
地化指纹	微生物
地理空间模型	打击
颗粒	腐蚀
砾石回填	矿物油
地下水污染	矿化作用
灌浆	混合金属氢氧化物
发热系统	水平井
水平井	配方
HYDRUS 模型	热激活
指标法	分子印迹聚合物
泥浆	米糠萃取物
生物可降解的	风险系数方法
混合金属氢氧化物	结垢抑制剂
页岩抑制	胶囊
神经发育影响	剪切黏度
养分	淤泥
模拟	表面活性剂
水溶性	表面张力
渗透性	稠化剂
渗透膨胀	UnsatChem 模块
除氧剂	废水处理替代品
质子化反应	软水剂
反渗透	蜡颗粒

国外油气勘探开发新进展丛书（一）

书号：3592
定价：56.00元

书号：3663
定价：120.00元

书号：3700
定价：110.00元

书号：3718
定价：145.00元

书号：3722
定价：90.00元

国外油气勘探开发新进展丛书（二）

书号：4217
定价：96.00元

书号：4226
定价：60.00元

书号：4352
定价：32.00元

书号：4334
定价：115.00元

书号：4297
定价：28.00元

国外油气勘探开发新进展丛书（三）

书号：4539
定价：120.00元

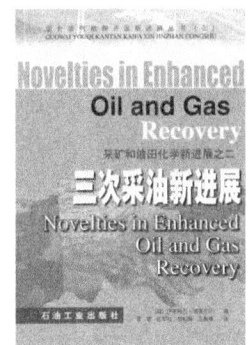

书号：4725
定价：88.00元

书号：4707
定价：60.00元

书号：4681
定价：48.00元

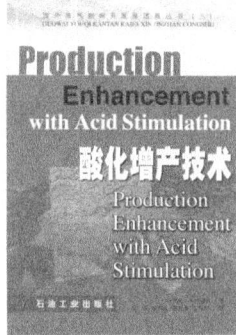

书号：4689
定价：50.00元

书号：4764
定价：78.00元

国外油气勘探开发新进展丛书(四)

书号：5554
定价：78.00元

书号：5429
定价：35.00元

书号：5599
定价：98.00元

书号：5702
定价：120.00元

书号：5676
定价：48.00元

书号：5750
定价：68.00元

国外油气勘探开发新进展丛书(五)

书号：6449
定价：52.00元

书号：5929
定价：70.00元

书号：6471
定价：128.00元

书号：6402
定价：96.00元

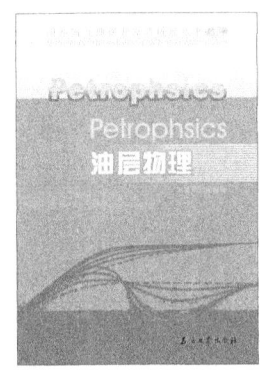

书号：6309
定价：185.00元

书号：6718
定价：150.00元

国外油气勘探开发新进展丛书（六）

书号：7055
定价：290.00元

书号：7000
定价：50.00元

书号：7035
定价：32.00元

书号：7075
定价：128.00元

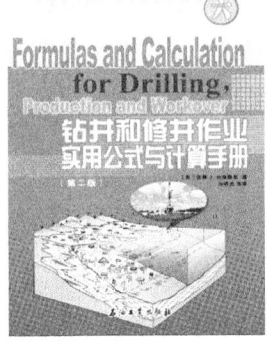

书号：6966
定价：42.00元

书号：6967
定价：32.00元

国外油气勘探开发新进展丛书(七)

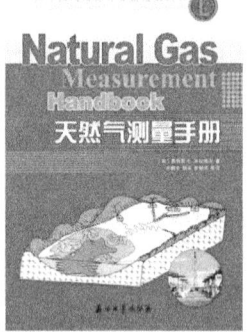

书号：7533
定价：65.00元

书号：7802
定价：110.00元

书号：7555
定价：60.00元

书号：7290
定价：98.00元

书号：7088
定价：120.00元

书号：7690
定价：93.00元

国外油气勘探开发新进展丛书(八)

书号：7446
定价：38.00元

书号：8065
定价：98.00元

书号：8356
定价：98.00元

书号：8092
定价：38.00元

书号：8804
定价：38.00元

书号：9483
定价：140.00元

国外油气勘探开发新进展丛书（九）

书号：8351
定价：68.00元

书号：8782
定价：180.00元

书号：8336
定价：80.00元

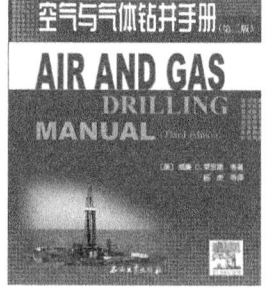
书号：8899
定价：150.00元

书号：9013
定价：160.00元

书号：7634
定价：65.00元

国外油气勘探开发新进展丛书（十）

书号：9009
定价：110.00元

书号：9989
定价：110.00元

书号：9574
定价：80.00元

书号：9024
定价：96.00元

书号：9322
定价：96.00元

书号：9576
定价：96.00元

国外油气勘探开发新进展丛书（十一）

书号：0042
定价：120.00元

书号：9943
定价：75.00元

书号：0732
定价：75.00元

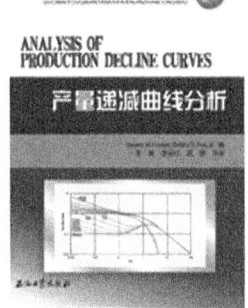

书号:0916
定价:80.00元

书号:0867
定价:65.00元

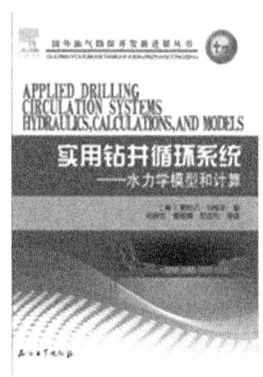

书号:0732
定价:75.00元

国外油气勘探开发新进展丛书(十二)

书号:0661
定价:80.00元

书号:0870
定价:116.00元

书号:0851
定价:120.00元

书号:1172
定价:120.00元

书号:0958
定价:66.00元

书号:1529
定价:66.00元

国外油气勘探开发新进展丛书（十三）

书号：1046
定价：158.00元

书号：1167
定价：165.00元

书号：1645
定价：70.00元

书号：1259
定价：60.00元

书号：1875
定价：158.00元

书号：1477
定价：256.00元

国外油气勘探开发新进展丛书（十四）

书号：1456
定价：128.00元

书号：1855
定价：60.00元

书号：1874
定价：280.00元

书号：2857
定价：80.00元

书号：2362
定价：76.00元

国外油气勘探开发新进展丛书（十五）

书号：3053
定价：260.00元

书号：3682
定价：180.00元

书号：2216
定价：180.00元

书号：3052
定价：260.00元

书号：2703
定价：280.00元

书号：2419
定价：300.00元

国外油气勘探开发新进展丛书(十六)

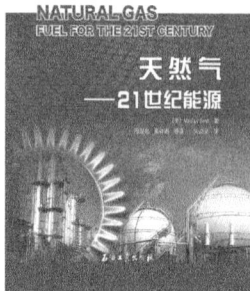

书号：2274
定价：68.00元

书号：2428
定价：168.00元

书号：1979
定价：65.00元

书号：3450
定价：280.00元

书号：3384
定价：168.00元

书号：5259
定价：280.00元

国外油气勘探开发新进展丛书(十七)

书号：2862
定价：160.00元

书号：3081
定价：86.00元

书号：3514
定价：96.00元

书号：3512
定价：298.00元

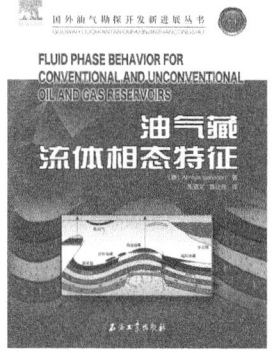

书号：3980
定价：220.00元

书号：5701
定价：158.00元

国外油气勘探开发新进展丛书（十八）

书号：3702
定价：75.00元

书号：3734
定价：200.00元

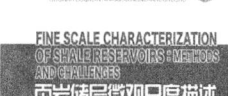

书号：3693
定价：48.00元

书号：3513
定价：278.00元

书号：3772
定价：80.00元

书号：3792
定价：68.00元

国外油气勘探开发新进展丛书（十九）

书号：3834
定价：200.00元

书号：3991
定价：180.00元

书号：3988
定价：96.00元

书号：3979
定价：120.00元

书号：4043
定价：100.00元

书号：4259
定价：150.00元

国外油气勘探开发新进展丛书（二十）

书号：4071
定价：160.00元

书号：4192
定价：75.00元

书号：4770
定价：118.00元

书号：4764
定价：100.00元

书号：5138
定价：118.00元

书号：5299
定价：80.00元

国外油气勘探开发新进展丛书（二十一）

书号：4005
定价：150.00元

书号：4013
定价：45.00元

书号：4075
定价：100.00元

书号：4008
定价：130.00元

书号：4580
定价：140.00元

书号：5537
定价：200.00元

国外油气勘探开发新进展丛书（二十二）

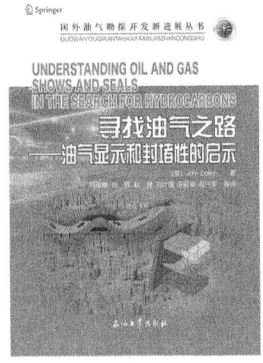

书号：4296
定价：220.00元

书号：4324
定价：150.00元

书号：4399
定价：100.00元

书号：4824
定价：190.00元

书号：4618
定价：200.00元

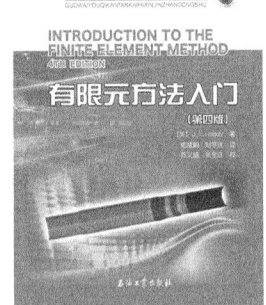

书号：4872
定价：220.00元

国外油气勘探开发新进展丛书（二十三）

书号：4469
定价：88.00元

书号：4673
定价：48.00元

书号：4362
定价：160.00元

书号：4466
定价：50.00元

书号：4773
定价：100.00元

书号：4729
定价：55.00元

国外油气勘探开发新进展丛书（二十四）

书号：4658
定价：58.00元

书号：4785
定价：75.00元

书号：4659
定价：80.00元

书号：4900
定价：160.00元

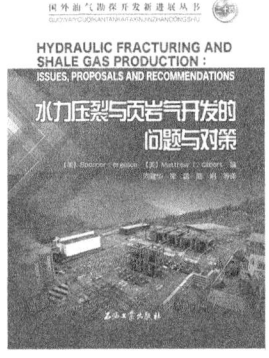

书号：4805
定价：68.00元

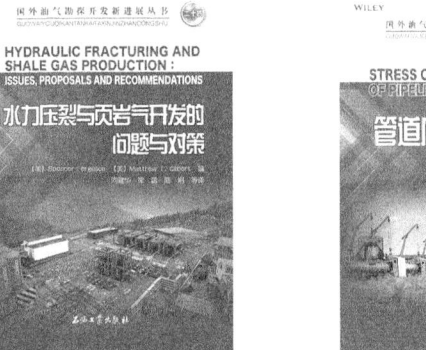

书号：5702
定价：90.00元

国外油气勘探开发新进展丛书（二十五）

书号：5349
定价：130.00元

书号：5449
定价：78.00元

书号：5280
定价：100.00元

书号：5317
定价：180.00元

书号：6509
定价：258.00元

书号：5718
定价：90.00元

国外油气勘探开发新进展丛书（二十六）